JN209947

ドイツ国防軍冬季戦必携教本

Taschenbuch für den Winterkrieg

ドイツ国防軍陸軍総司令部
大木毅【訳・解説】

作品社

ドイツ国防軍
冬季戦必携教本

一九四二年十一月一日発行

ドイツ国防軍　冬季戦必携教本　目次

E. 行軍、野営、宿営　43

付録一三　雪板による塹壕の掩蔽　355

解説

訳者註釈

一、「編制」、「編成」、「編組」については、左の定義に従い、使い分けた。「軍令に規定された軍の永続性を有する組織を編制といい、平時における国軍の組織を規定したものを『平時編制』、戦時における国軍の組織を定めたものを戦時編制という」。「ある目的のため所定の編制をとらせること、あるいは編制にもとづくことなく臨時に定めるところにより部隊などを編合組成することを編成という。たとえば『第○連隊の編成成る』とか『臨時派遣隊編成』など」。「また作戦（または戦闘実施）の必要に基き、建制上の部隊を適宜に編合組成するのを編組と呼んだ。たとえば前衛の編組、支隊の編組など」（すべて、秦郁彦編『日本陸海軍総合事典』、東京大学出版会、一九九一年、七三一頁より引用）。

二、本書に頻出するドイツ軍の用語 Verband（複数形は Verbände）は、さまざまな使い方がされる。通常は、師団、もしくは師団に相当する部隊を表すのに使われるが、それ以上の規模の部隊を示すこともある。また、師団の建制内にない独立部隊を指す場合に用いられることもある。本訳書では「団隊」とし、必要に応じて「大規模団隊」などと補足した。

三、あきらかな誤記、誤植については、とくに注記することなく、修正した。

四、〔　〕内は訳者の補註である。

五、原語を示したほうがよいと思われる場合は、訳語に原語にもとづくカナ表記をルビで付し、そのあとに原綴を記した。おおむね初出のみであるが、繰り返したほうがよいと思われた場合にはそのかぎりではない。

六、Erkundungは、旧陸軍の用語でいう「偵察」(地勢を確認すること)、Aufklärung は「捜索」(敵の位置、兵力、行動等の解明)とし、訳しわけた。

七、今日の人権意識に鑑みれば、問題のある表現も存在するが、歴史的文書であることを考慮して、ママとした。

A・冬季事情

I．冬季が、地形、気象、日中帯におよぼす影響

一、ロシアの冬は、長期にわたる厳寒をもたらす（マイナス四十度ないし五十度）。短い融雪期、降雪、嵐、霧、曇天が、めまぐるしく入れ替わることもしばしばだ。
日中帯は、季節が進むにつれ、しだいに短くなり、わずか数時間となることも多い。日中帯が再び長くなるのは、ごくゆっくりとしたペースである。

二、冬季における気温の変化と降水は、地表の通行可能性に顕著な影響をおよぼす。
多大なる降雪がなく、厚く結氷する早春には、踏破不能とみなされていた地表の通過が可能となる。河川や湖沼は、陸上車輌の通路となる。湿地も、積雪の下で凍るが、完全に氷結するわけではない。その氷層のほとんどはごく薄く、通行可能な厚さになることはまずない。

三、冬期には、降水量も増え、厳寒が訪れる。現地の事情によっては、雪のため、舗装道路以外、あらゆる装輪・装軌車輌が移動不能になることもある。

四、早春の到来とともに、雪が固まりはじめ、すべての移動が容易になる。しかしながら、

気温の変化によって、雪の軟度も上下し、不利に作用することもある。
融雪の影響については、「泥濘期」の章に記す。

五、わずかな降雪といえども、風を受けて雪の吹き溜まりができ、ひどい交通渋滞を引き起こすこともある。こうした吹き溜まりは、すでに早春に発生することがあるし、とくに、広大なステップ地帯では、きわめて大きなものとなる。

六、寒天のもとでは、視界はおおむね良好である。物音も、遠距離で聞き取れる。曇天は観測を困難にする。丘陵や窪地も判然としなくなるから、正確な地形判定や目標標定が不可能になることがある。また、距離測定に大なる誤差を引き起こす。

Ⅱ．降雪下の環境とその特性

七、ヨーロッパ・ロシアにおける積雪は、南部（ウクライナおよびヴォルガ川流域）でおよそ四か月、中部（モスクワ地域）で四ないし六か月、北部（アルハンゲリスク）で六ないし七か月続く。同様に、厳寒も長期にわたる。最初の氷結が生じるのは、通常十月初頭である。

八、積雪量は地域によって異なる。開けた平坦な土地では、風が雪をかき寄せ、つかえとなる物や窪地に積み上げていく。森林においても、雪は同様に相当な高さに積もる。積雪高は平均して、南部ロシアで十ないし四十センチ、中部・北部ロシアで五十ないし百センチとみられる。局所的な雪の堆積（雪の吹き溜まり）が、二ないし三メートルの高さになることも稀《まれ》ではない。

九、雪の特性。

ロシアの冬に慣れていない者、なかんずく同地の冬季戦を経験していない軍人は、以下のような不利があることを知らなければならない。が、雪がもたらす利点も理解しなければならぬ。後者は適切に利用できるのである。

不利な点

―雪は、あらゆる移動を阻害する。

―雪は寒冷をもたらす（ただし、利点もあることを参照せよ）。

―融雪時に湿る。

有利な点

—正しく利用すれば、雪は防寒に使える（「雪による構築」の項をみよ）。

—雪は防風に使える。ただし、通気性を保つ（換気）。

—充分な強度を持たせれば（厚さ三メートル）、銃弾を防ぐ。

—雪は、優れた偽装手段となる。


一〇、雪の種類。


—雪は、さほど寒冷でないときに降り、大きな結晶か、雪片となる（浅く積もる）。寒さが厳しくなると、粒子が細かくなる。

—風によって、雪が押し固められることがある（雪の堆積）。

—厚く積もった軟雪の表面が凍結している場合には、移動が容易になることがある。しかし、積雪の負荷抗堪性が充分でないときには、移動は困難になる。凍結層の通過は、徒歩の者には負担となり、スキーを使っても危険であることがしばしばだ。馬匹や犬は足を傷めかねない。凍結層の負荷抗堪性は、日中帯の長さによって異なる。とくに晴天の際にしかり。

郵便はがき

料金受取人払郵便

102-8790

麹町支店承認

9089

差出有効期間
2020年10月
14日まで

切手を貼らずに
お出しください

102

［受取人］
東京都千代田区
飯田橋2－7－4
株式会社 作品社
営業部読者係　行

【書籍ご購入お申し込み欄】

お問い合わせ　作品社営業部
TEL 03(3262)9753／FAX 03(3262)9757

小社へ直接ご注文の場合は、このはがきでお申し込み下さい。宅急便でご自宅までお届けいたします。送料は冊数に関係なく300円（ただしご購入の金額が1500円以上の場合は無料）、手数料は一律230円です。お申し込みから一週間前後で宅配いたします。書籍代金（税込）、送料、手数料は、お届け時にお支払い下さい。

書名		定価　　　円	冊
書名		定価　　　円	冊
書名		定価　　　円	冊
お名前	TEL　（　　　）		
ご住所	〒		

フリガナ
お名前

男・女　　　　歳

ご住所
〒

Eメール
アドレス

ご職業

ご購入図書名

●本書をお求めになった書店名

●ご購読の新聞・雑誌名

●本書を何でお知りになりましたか。

イ　店頭で

ロ　友人・知人の推薦

ハ　広告をみて（　　　　　　　　　　）

ニ　書評・紹介記事をみて（　　　　　）

ホ　その他（　　　　　　　　　　　　）

●本書についてのご感想をお聞かせください。

ご購入ありがとうございました。このカードによる皆様のご意見は、今後の出版の貴重な資料として生かしていきたいと存じます。また、ご記入いただいたご住所、Eメールアドレスに、小社の出版物のご案内をさしあげることがあります。上記以外の目的で、お客様の個人情報を使用することはありません。

B．冬季戦準備

一、過去の経験は、わが軍の将兵が冬の困難を克服するすべを心得ていたことを証明している。

かかる優越性は、以下の前提にもとづく。

—冬季戦の苛酷さに対する心の準備。

—相応の訓練と習熟。

—信頼できる冬季戦法の存在。

—適切な装備、もしくは、補助手段の使用。

二、ロシアの冬の苛酷さに対する闘いにおいては、とどのつまり、精神的姿勢が決定的となる。注意散漫、無頓着、無関心によって、多々、凍傷が引き起こされる。大なる負担を課されたのちの疲弊《ひへい》状態、または、眠らずに歩哨に立ったあとの過労状態にあっては、凍傷の危険は、とりわけ大きくなる。従って、軍人たるもの、警戒、気力、注意深さを維持するために、意志の力を振り絞らなければならない。戦友精神の掟からは、かかる努力を互いに支援し、生きる意志を強め、鼓舞することが求められる。自らの力を恃《たの》む気持が消えたとき、深刻な危険が生じるのである。

三、教育訓練の目的は、冬季に生き延び、戦うために必要な知識を、将兵一人一人まで伝えることでなければならない。それと並んで、極寒、湿気、雪に慣れることが考慮の対象となる。

かかる教育訓練の領域をいかに構成するか、個々人がどんな知識を有しておく必要があるかは、本教本の後段の章で示す。

四、大量の積雪は、通常の編制・装備を取った部隊の戦闘遂行を著しく阻害するような影響をおよぼす。一方、スキーや小型橇《そり》を用いる部隊が、乾季には快速部隊（自動車化部隊、騎馬、自転車）に与えられるような任務を引き受けることになる。

五、冬季戦向けに指定された部隊の個々の兵、もしくは総員の被服・装備は、極寒・豪雪時の生存や移動のみならず、戦闘、さらには攻撃をも許すものでなくてはならない。当該部隊に与えられた手段では充分でない場合には、命令により、あらゆる手段を用いて強化するか、それらを交換すべし。応急措置を構じるにあたり、個々の将兵、指揮官の機転が利けば、その部隊の能力は高まり、損害も節約される。

六、冬季の被服、装備、兵器等に対して、要求される事項の細目は左の通り。

—被服は、過剰に暖かいものではなく、防風性に優れ、素早い動き（跳躍、匍匐《ほふく》前進、射撃）

を許すものでなくてはならない。大休止と野営に際しては、汗をかいたのちの着替え用肌着ならびに保温用の追加被服（セーター）を携行すること。

―偽装被服を給与する。入手できぬ場合には、応急処置として自作する。

―脚部の被服は、とくに重要である。最適なのはフェルト製長靴（地面が湿っている場合のみ不適）。ほかに、足の甲を革で包んでおけば（オーバーシューズ、中包み）、深刻な凍傷を防いでくれる。足に着ける靴下、紙片、足布（行軍の際、靴下の代わりに足に巻く布）、加えて、靴の中敷きは、あまり締め付けないように付け、足指などを動かせるようにする。

―建築物以外に宿営するための野営装備。これには、フィンランド式の布製天幕がいちばんである。応急用の天幕布地（下敷きとしても使用可能）、合板天幕、携行可能のストーブ、烹炊《ほうすい》のための調理器具などを用いる。

―スキー部隊、斥候隊、伝令、情報員、衛生隊等のためのスキー。スキー装着に、もっとも適するのはフェルト製長靴である。ほかに、編み上げ式の短靴を使うこともできる。応急用に、スノータイヤやかんじきを使うこともある。

―装輪車輌の代用としての橇。相前後するかたちで馬をつないだ一条橇（二頭立て）。野戦烹炊機や重火器は荷台に積載すること。多くの場合、橇の牽引に適さないからである。

—前進継続、とくに路外移動のための道路啓開機材。なじんだかたちの鋤《すき》を使うが、ほかに、間に合わせにつくった機材を用いることもある。兵器は、いかなる天候に際しても、射撃可能にしておくこと。

—自動車は、いかなる天候に際しても、始動可能にしておかなければならない。それによって、積雪帯などの移動が容易になる。

—乾季におけるよりも、いっそう大規模な衛生装備の用意。とくに、負傷者用の防寒資材を、輸送手段ともども（最前線には人力橇で運ぶ！）、豊富に準備しておくべし。

さらなる細目は、本教本の後段の章に示す。

C. 泥濘期

天候・道路事情

一、ロシアの秋と春にあっては、道が無きにひとしくなる時期がやってくる。秋の驟雨《しゅうう》もしくは降雪と、それに続く融雪、また春の融雪が、そうした期間をもたらすのだ。降雨量、積雪量、気温、風とならんで、とくに地表の状態が、この道路不通の程度を決めるものである。

軟弱な地質、とくに砂は、すぐに水を流し去り、あるいは浸透させてしまう。一方、たとえばウクライナの黒土は、ほとんど通過不能の強い粘性を帯びた泥濘に変わる。

二、天候により前後するが、泥濘期はおおよそ十月なかばに訪れ、極寒（一九四一年から一九四二年にかけての冬には、マイナス三十五度になった）、もしくは降雪によって終わることがしばしばである。春の融雪は、南部ロシアにおいては三月にはじまり、しだいに北方におよんでいく。それにより、多くの地域に増水がもたらされる。

三、以下のような現象によって、春の泥濘期到来が確認される。

――舗装されていない道路・街道にあっては、あらゆる装輪・無限軌道車輌を利用できなくなる。

—窪地を通る舗装道路の一部に、一時的な増水が生じ、通行困難になることがある。

—深く壕を掘った陣地や拠点が浸水する。

—氾濫や氷塊が流れをせきとめることにより、充分堅固に構築されていない橋梁が崩壊する危険がある。

—舗装されていない道路が、乾季前に通行可能になることはあり得ない。同様に、完全に乾燥していない道路に車輌を進めることは許されない。そんなことをして、いくばくかの時間が稼げたとしても、乾燥前に踏み荒らされた道路を再び使えるようにするために投じなければならない長い時間と多大なる労力を考えれば、間尺に合わないのである。

D. 冬季の戦闘方法

天候・道路事情

一、天候によって、いかなる不快を被ることがあろうとも、各将兵が冬季における行動の自由をなくすようなことは許されない。あらゆる手段を尽くして、敵を攻撃し、消耗させ、殲滅するよう試みなければならないのである。戦野における機動力、敵を欺騙し、おとしいれる能力によって、兵力数が乏しくとも、優越感が得られるのだ。

二、行軍開始時、または、その実施中にも、すでに、戦闘を勝利にみちびくための土台を築き得る。なるべく、敵を奇襲するようにしなければならない。部隊が街道や道路以外を行軍するなら（通行不能と思われている地域を通るのがいちばんである）、奇襲成功の可能性はいっそう高まる。そうした場所では、敵の抵抗が最小になることは、経験的にあきらかである。路外行軍はまた、往々にして敵の包囲を可能とする（第三条参照）。

三、敵は、冬季においてはとくに、側背からの攻撃に敏感になる。豪雪の場合、スキーを使っても、正面攻撃はきわめて困難である。計画的な準備と待機陣地の構築は、夏季よりもずっと重要になり、多くの時間を必要とする（夏季よりも二倍以上の時間がかかる）。

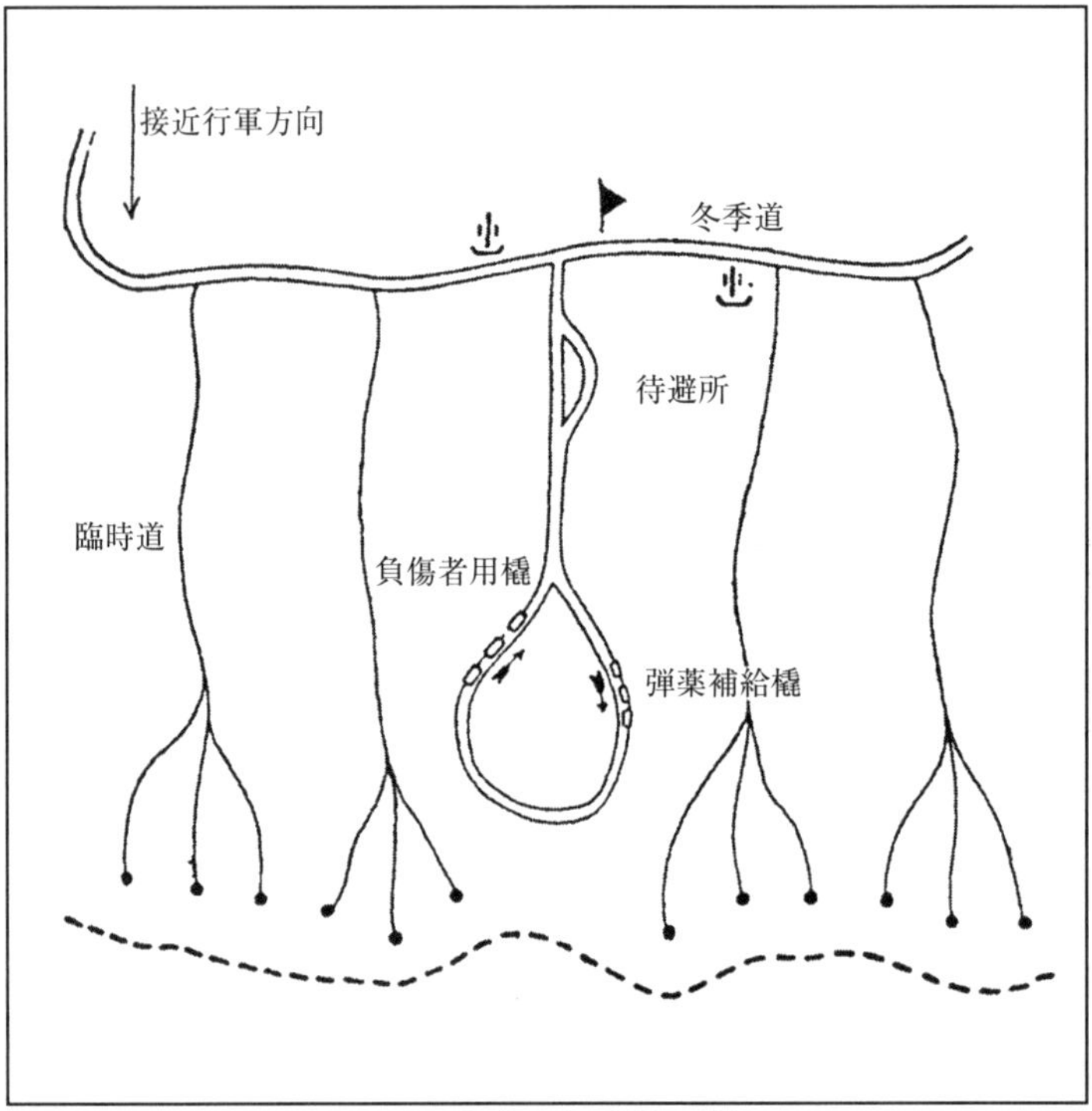

図一。ある待機陣地における歩道・冬季道の構築。

作業順序は以下の通り。

一、臨時道構築。

二、火砲を含む重火器を陣地に設置する。

三、可能なかぎり、スキーか、踏みならされてできた小道を用いて、歩兵を前進させる。

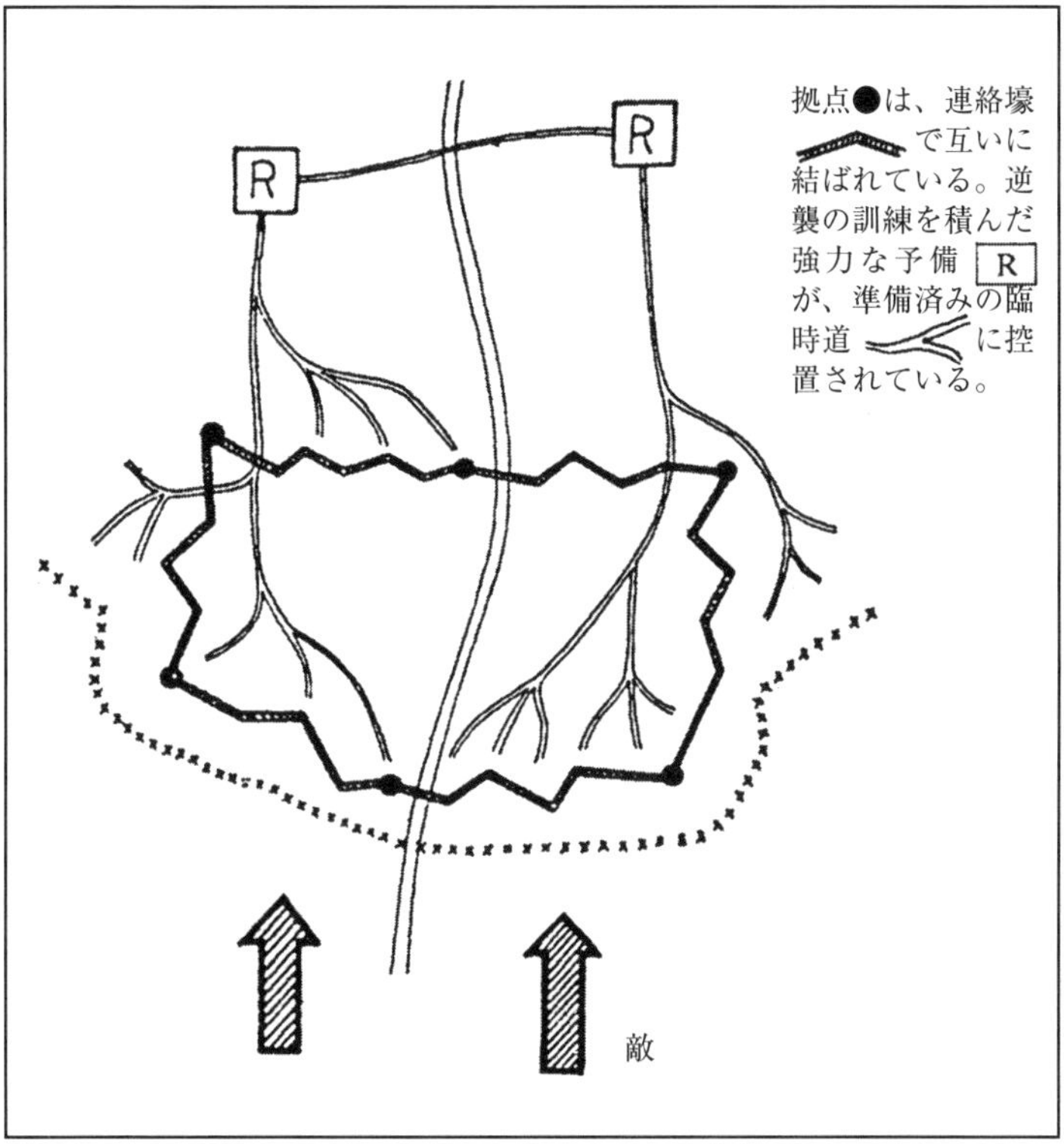

図二。ある防御陣地における歩道準備の実例。

準備にあたっては、天候事情に細心の注意を払うこと（付録「一般的な天気予報の原則」をみよ）（図一）。

四、部隊が、機関銃・小銃の射撃に好適な距離まで躍進したのち、積雪や堅固な地表に壕を掘り、敵に対する掩護物ならびに防寒保護を得て、逆襲に対する防御態勢を整えなければならないことが、しばしばある（雪中陣地構築）。

体温が上がるような、身体に負担をかける攻撃運動ののち、敵近くの吹きさらしの地で、無防備のまま長期間伏せていると、極寒のために大損害を出す、もしくは、身体的に重い障害を引き起こすことにつながりかねない。

五、地表が凍結していたり、積雪はなはだしい場合に防御陣を構築する際には、陣地への重火器の設置、陣地と障害物の構築、予備兵力の投入準備（投入予定地区への歩道構築！図二）に、多大なる時間と労力を必要とする。

六、守兵がとぎれとぎれにしか配されていない正面ならびに休息中の部隊は、個々の拠点か、定置斥候隊ならびに多数の機動性ある斥候隊（可能なかぎり、スキーを用いる）によって、保安措置を講じるべし。宿営・野営においては、周囲に警戒用の環状歩道をめぐらせるのが、もっとも目的にかなっている。

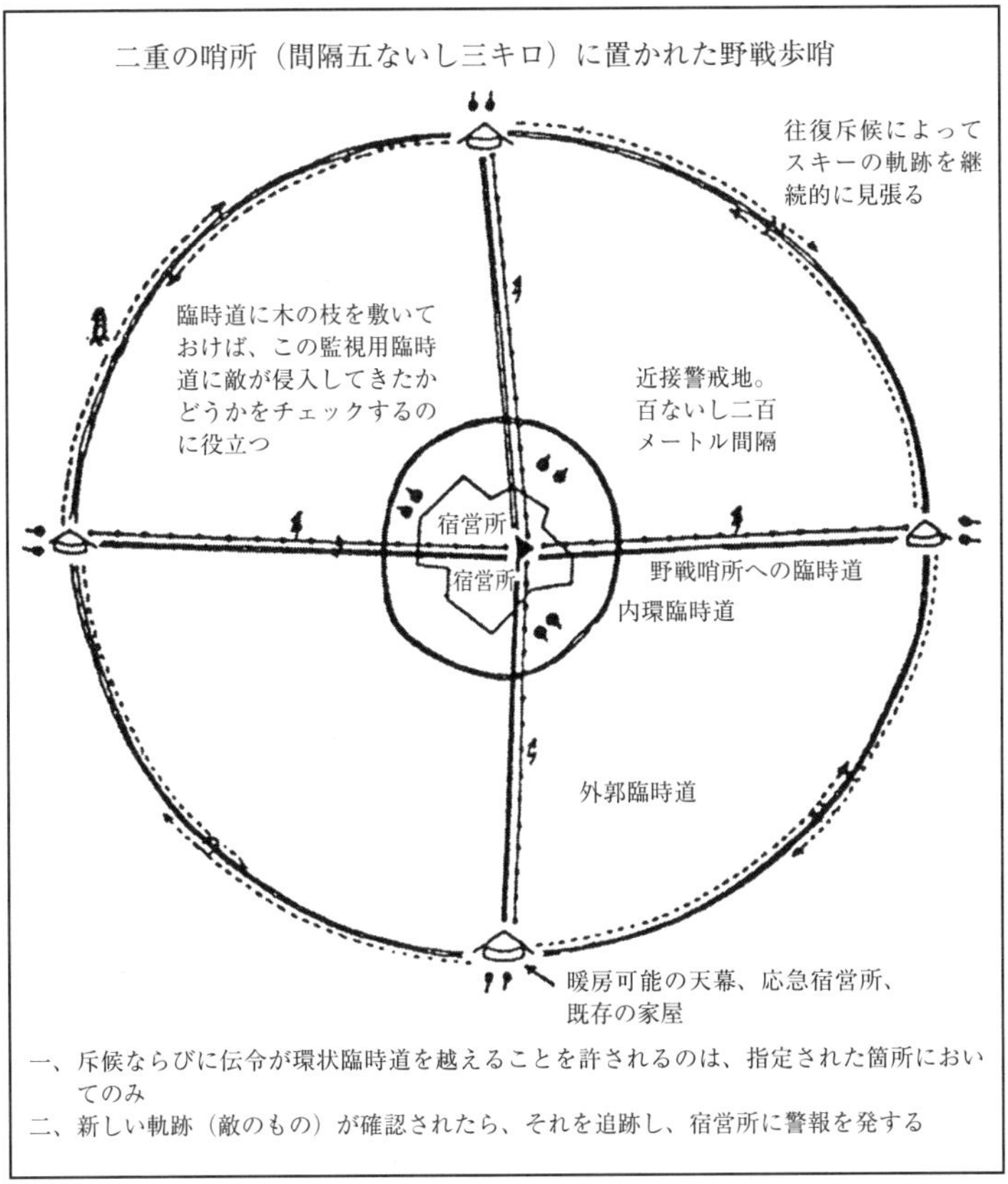

図三。環状歩道による宿営地保安の説明図。

E．行軍、野営、宿営

I．行軍

偵察

一、冬季のいかなる行軍においても、あらかじめ早期に詳細な偵察を行う。道路偵察は一般に、以下の諸点にまでおよぶことになる。

―積雪の高さや雪質（たとえば、湿っているか、凍結しているかなど）、道路の地盤の状態。

―利用し得る道路の幅がどれぐらいか（踏みならされた道路か、道路縁の状態はどうか）。あるいは、新しく道路を構築するほうが適切か否か。

―どこに、上り坂、カーブ、勾配《こうばい》、隘路があるか。

―どこに雪崩や落石の恐れがあるか（山岳地帯のみ）。

―どの区間が車輌通行不能か（タイヤの状態、雪の吹き溜まりなどをみる）。どうすれば、車輌通行可能にできるか（必要な人員、資材、時間）。

―付近に撒布資材〔滑り止めの塩や砂〕があるかどうか。

―障害物や道路の状態が劣悪な区間を迂回できるかどうか。

—どこかの箇所で車輌をすれ違わせることができるか。どこに待避所を設置し得るか。

—橋梁がどの程度まで荷重に耐えられるか（流氷に注意すべし）。水面が結氷している場合も同様に偵察する。

—霧中や夜間においても、容易に道路を見つけられるよう、道標を設置することが必要になる。

—どこに、風よけされた休息地や掩蔽された場所があるか。

—どこに水飼いできる場所があるか。

行軍準備

二、行軍能力は、ゆきとどいた行軍準備によって維持・向上されるものである。
三、各員の被服装備を点検すべし。それによって、行軍中の凍傷をまぬがれることができる。極寒期には、朝のひげ剃りを禁じる。凍傷防止軟膏を配給すること。行軍糧食は、ただちに摂取可能な状態にして、紙に包み、ズボンのポケットに入れるか、抱えていく。
四、車輌および自動車の冬季装備を追加しておく。人力牽引、もしくは自動車や馬匹による牽引用の綱を、撒布資材や厚板とともに携行し、即時使用できる状態にしておくこと。

独行する車輛には、副運転手か、助手を充分な数だけ付けてやる。滑り板を装着していないオートバイは、豪雪の際には、車輛の荷台に積むのが適当である。

五、乗馬用・牽引用馬匹の蹄鉄を点検すべし。予備の蹄鉄と蹄鉄留め金も準備する。

六、行軍前には、温かい食事をふんだんに給与すること。行軍中の飲用に供するため、温かい飲み物を携行するのも可である。樹木の乏しい地域を行軍する際には、野営の焚火《たきび》用燃料材を携行することが必要になる場合もある。

七、適時、道路啓開作業に着手すべし。さもなくば、本隊が前遣隊に追いつけない。車輛や自動車の押し出し・保持要員ならびに、牽引車や馬匹を備えた特別牽引隊を、行軍縦隊に組み込むか、危険な地点に待機させること。

八、歩道や道路の警戒については、「道路啓開」の節をみよ。

偵察済みの道路には、後続部隊のために目印を付しておくこと。その設置原則については、「道路標識」の節をみよ。

追越しやすれ違い交通（伝令、補給等）を規制するため、待避所を準備すべし。

行軍中の行動

九、極寒の際には、移動中の部隊を行軍縦隊に組むことが必要である。いかなる場合であれ、長期にわたり（とくに強風に吹かれたまま）立ち止まることは避けるべし。車輌に馬をつなぐのは、可能なかぎり、あとに回すこと。これに対し、自動車の運転準備には、たっぷりと時間をかけるように配慮する。エンジンは、行軍開始前に暖機運転しておかねばならない。

一〇、行軍開始時には、緩慢な歩調を取ること。極寒・強風の場合には、緩やかなテンポを取り、ごく短い小休止を与えるのみで長距離行軍を貫徹するのが適当である。

一一、既存の歩道を利用すべし。緊急の場合には、大規模団隊といえども、一列、もしくは二列縦隊で歩道を用いなければならない。豪雪、極寒、強風の際には、最前方、もしくは風に向いていている隊列を頻繁に交代させるべし。騎手は、多くの場合、下馬し、徒歩で行軍する。

一二、上着の脱衣、あるいは、特別の防寒措置は、現地の事情に適合していなければならず、それゆえ、行軍長径の長い縦隊を一律に規制するのは適当でない。両手をポケットに入れて温められるよう、小銃等は肩に掛ける。凍傷を防ぐための最良の方法は、そうした徴候が出ていないか、相互に観察することである。

一三、車輌に搭乗した人員が暖を取るため、およそ一時間置きに、座席を離れ、身体を温めるための小休止を設定すること。座席が露出した車輌では、適宜運転手を交代させるように予定を組むべし。

一四、障害があったり、行軍渋滞になった場合には、車間距離を詰めるのではなく、むしろ間隔を開くこと。あらかじめ途上に牽引隊の配置を予定し得ない場合は、停止を余儀なくされている車輌すべてから手押し隊を編合して、前方に送るべし。

一五、行軍縦隊の後尾には、落伍した人員や馬匹、自動車を収容する特別隊を配置すること。部隊から一人はぐれた者は、冬季には凍死に至る可能性がある。

小休止と大休止

一六、五ないし十分の小休止が、もっとも適切である。それによって、将兵は、長期に寒気にさらされることなく、必要とされる休養を得られる。

一七、大休止の場の偵察と準備のため、いくつかの隊を先遣すべし。その主たる任務は以下の通り。

―行軍縦隊が円滑に着到し、進発できるようにする。
―兵員、馬匹、車輌、自動車、武器、機材、スキーの宿営準備。
―舎営所があれば、その清掃と暖房措置。
―野戦烹炊機がない場合には、温かい飲み物等を用意する。
―衛生要員の作業場をつくり、自動車修理、スキーの手入れ等を可能にすること。

一八、大休止の場に適しているのは、防風がなされたところがいちばんである。小枝でつくった風よけ、雪を積んでつくった防風壁により、速やかに防風を向上させることができる。暖を取るための焚火が許されるかどうかは、状況によって定められる。長い大休止を取る際には、簡便な天幕を張ったり、雪洞を掘ること。凍傷を防ぐため、個々の将兵を一定の間隔で起こしてやる不寝番を置くべし。天幕、雪小屋〔かまくら〕等の設置については、「冬季野営」の節をみよ。

一九、大休止に際しては、行軍中よりも暖かい被服を要する。外套《がいとう》を着用し、天幕布や毛布をかぶること。長期の大休止にあっては、汗を吸った肌着を替える。肌着の着替えについては、命令・監督すべし。

なるべく、温かい給養物、とくに温かい飲み物を支給すべし。酒類は与えてはならない。

Ⅱ．積雪地での方向測定

一般

一、冬の積雪によって、風景は大幅に変わる。東部戦線においては、広大な平原は夏季よりも単調な様相を示し、方向を示す特定の目印がまったく無くなってしまうこともしばしばである。また、地表の通行可能性も、雪と寒気によって変化する。幾筋ものあらたな道が生じる一方、夏季には利用可能だった道が通行不能になり、加えて、積雪により見分けがつかなくなる。従って、地図上の道路標示も、積雪地での方向測定の手がかりとしては、まったく頼りにならない。それゆえ、連丘、谷の一部、森林、集落、人工物（線路、電話線）や、積雪によって大きく変化しないような地点が持つ意味は大きくなる。

二、積雪地における方向測定は、冬季の気象条件によって、とりわけ困難になる。気温が氷点下に低下すると、行軍コンパスの確実な利用が難しくなる。霧と雪嵐は、至近距離

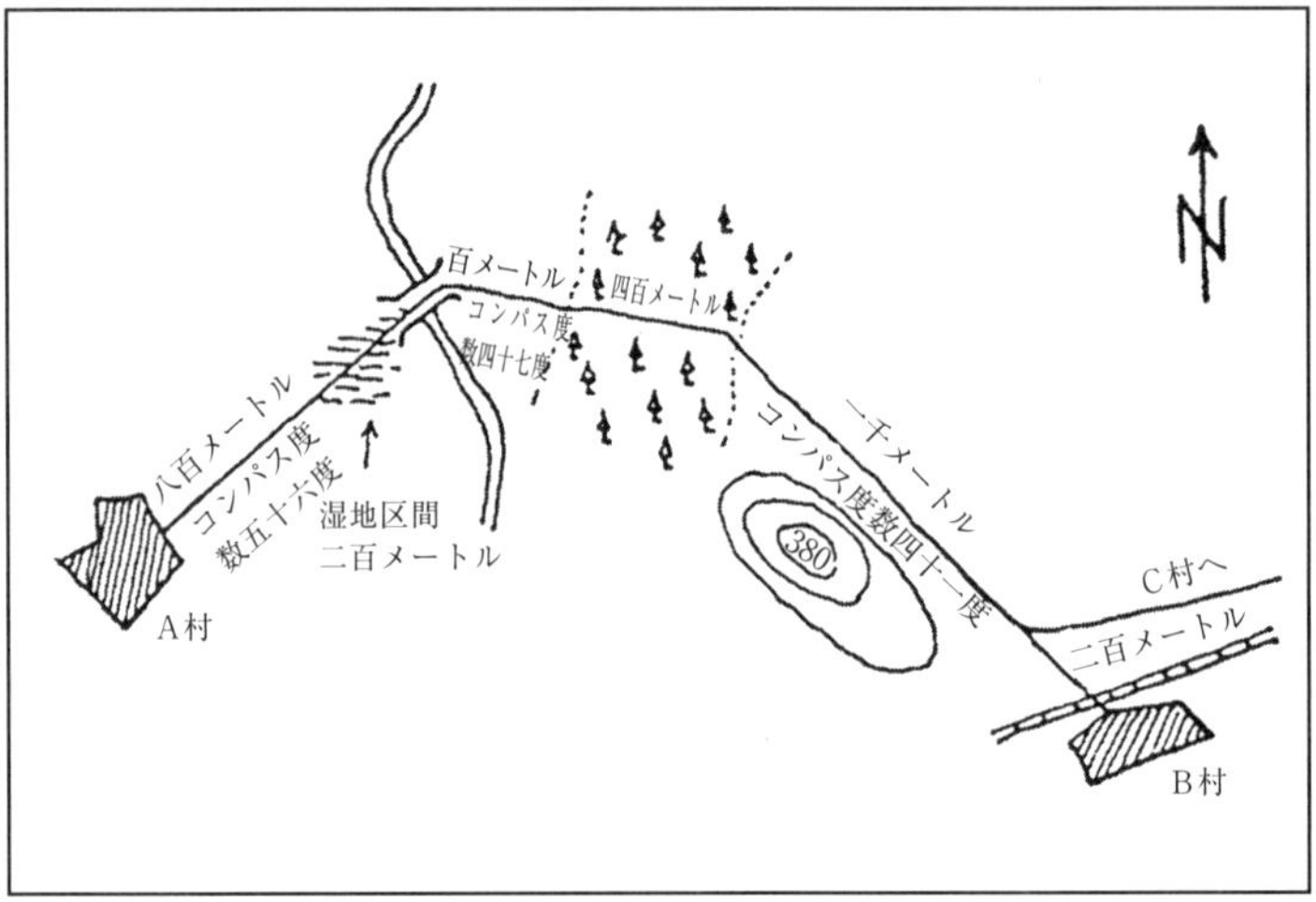

図四。道路略図の実例。

での視認までも不可能にする。方向測定に使用し得るあらゆる補助手段を利用できるようにするため、将兵が最悪の状況にあったとしても、なお気力と注意力を維持することが、いっそう重要になるのだ。その際、経験と訓練とが決定的な役割を演じるのである。講習・座学により、訓練を補完することは可能であるが、けっして代替することはできない。

三、既存の臨時道を利用する場合には、注意を払うこと。そうした道はしばしば、誤った方向への前進を誘導する。敵が欺瞞用に設置したもので、待ち伏せ場所に続いているかもしれないのだ。吹雪があったり、雪が吹き寄せられたところでは、臨時道はたちまち消え失せてしまう。

四、スキーで滑降するときには、とくに方向を見失いやすい。見通しの利かない地勢、また、視界が悪い場合には、一人ずつ滑降するものとし、他の者は、その滑降者が取る方向を確認してやること。

方向測定の原則と補助手段

五、あらゆる位置・方向測定において基本となるのは、自らの現在位置の認識である。行軍中においても、おのが現在位置を常に確認しておくことが重要なのだ。方向を誤る危険がとくに大きくなる霧や吹雪の際には、百メートルごとに現在位置を確認する必要がある。

六、自分の現在位置を確認したのち、地勢と地図を比べることによって、周囲一帯の全体像が得られる。地図の方向設定は、行軍コンパス、星座測定、視認可能な特定地点などによって、実行する。

七、さらに、方位や時刻の確認、行軍踏破済みの距離の計測なども、方向測定に使われる（第二四条参照）。

八、道路略図を以て、地図の代用に供することも可能である。そこには、方位、距離、コンパスの度数、目印となる特定地点に関する記述が付せられている。標高や地表の障害物についても記載すべし（図四）。

九、いちばん重要な補助手段は行軍コンパスである。各個に行軍する隊・斥候はすべて、なるべく多くの行軍コンパスを携行しなければならない。一定の方向を維持するための応急手段としては、どんなものであれ、他の種類のコンパスで充分である。

さまざまな種類の方向測定手段

一〇、位置確認のやり方は、視界条件、すなわち、方向測定が日中、夜間、霧や吹雪のあいだのいずれにおいて実行されるかによって決まる。

一一、日中の方向測定は、おおむね容易な条件下で行われる。はるか遠くの特定地点も、位置確認に参照し得るからである。

方位は、太陽の位置によってあきらかになる。太陽は、午前六時には東、午後十二時には南、午後六時には西にある。影は、そのつど、太陽とは反対の方位を指す。

一二、曇天で太陽が見えなくとも、植物のある地域では、木々や枝、木造小屋の、苔《こけ》や地衣植物が繁茂している側が日陰であるから、方位測定の一定の手がかりとなる。すべてのヨーロッパ諸国において、日陰側は一般に西を示すが、ロシアでは他の方向を向く（適宜、コンパスで確認すること！）。

従って、たとえ日陰側が明確な方位を示さなかったとしても、それによって、一定の方向を取ることが可能になる。

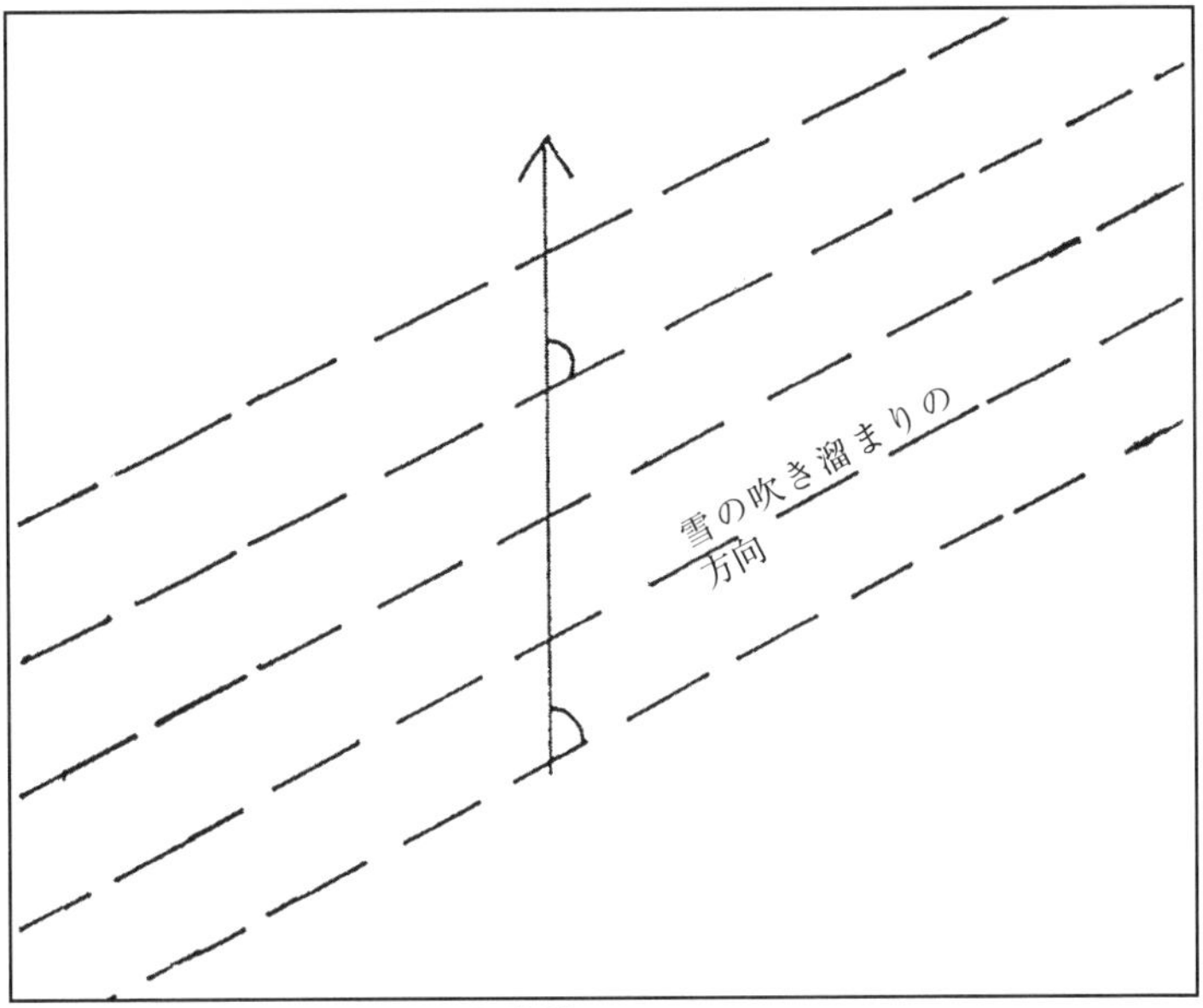

図五。同一角度での積雪障害横断。

冬季には一般に、日陰側のほうが他の面よりも深い雪に覆われている。

一三、方向確定のためのさらなる補助手段は以下の通り。

—自分の影が差す方向。太陽の位置に注意すべし。

—広く、平らな地表において、同一方向に走っている雪の吹き溜まり（積雪障害）。積雪障害は、常に同一の角度で横断すること（図五）！

—多くの地区にしばしば存在する、同じ方向に走る連丘や小川の流れ。

一四、無影灯（散光）のもとでは、人工的に影をつくることが適切である。

実例。雪中の視認困難な臨時道を進んでいる。一人が小型橇で臨時道のすぐ脇に位置し、それによって、臨時道に影をつくった。この影は、二メートル

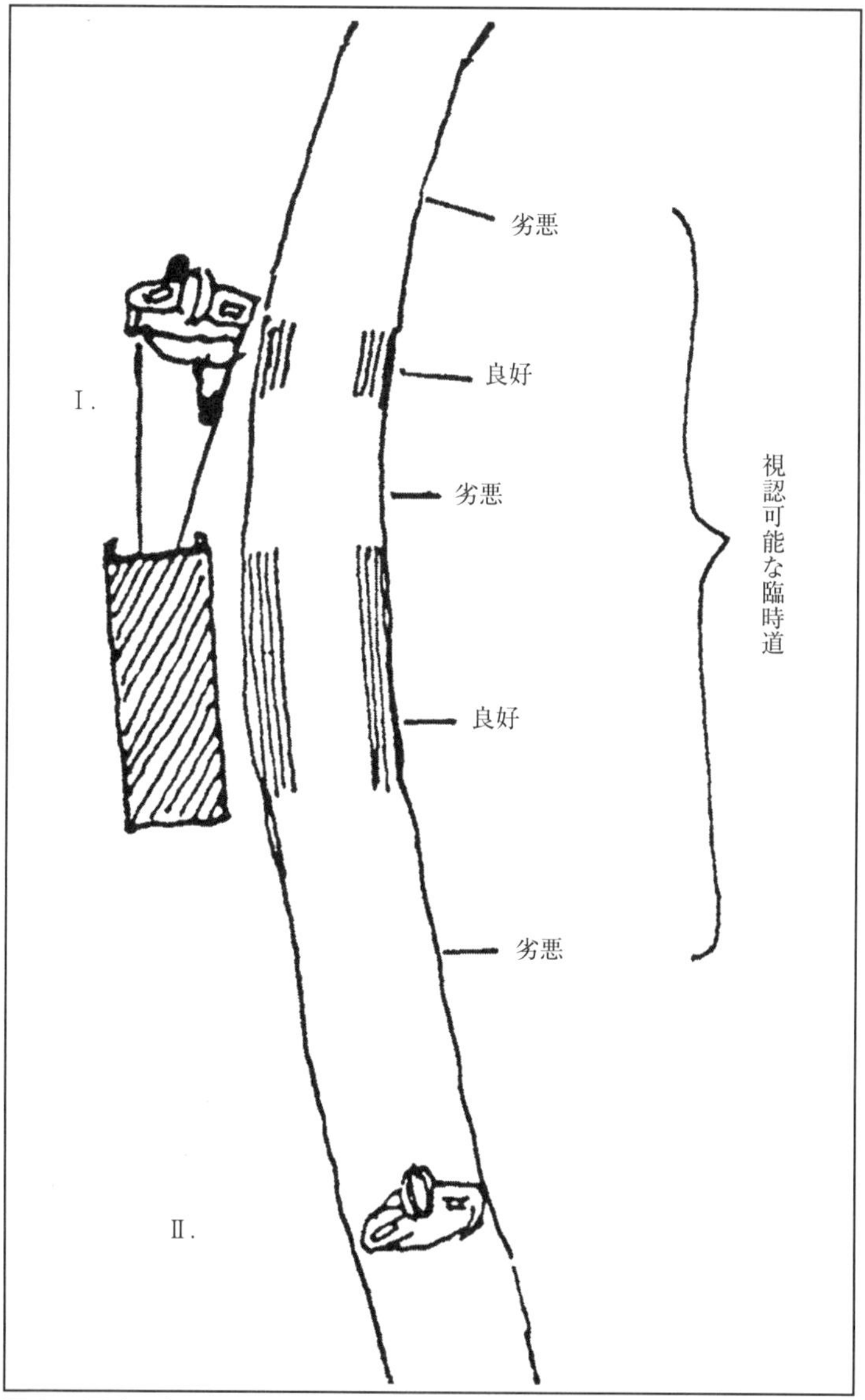

図六。雪中の視認困難な臨時道における追随。

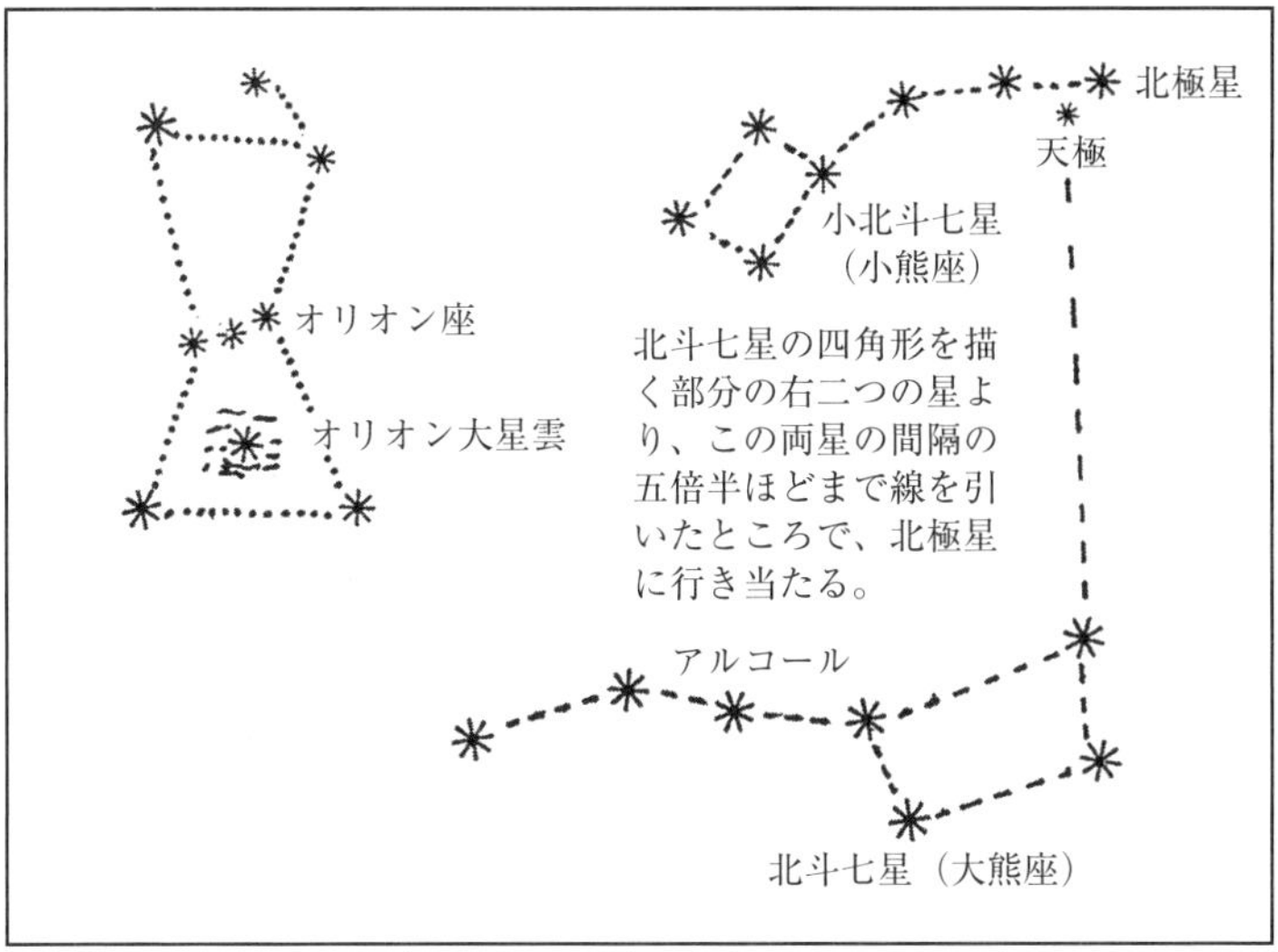

図七。

後方に在るもう一人によって視認し得る。行軍に際しては、後者が前者に声を掛けて、進路を示すので、橇は進むべき臨時道にいつでも影を落とすことになるのである(図六)。

一五、層雲《そううん》は、視界良好な場合には、遠距離にあっても、地表の明度や色彩を示すものである。積雪があるときには、層雲は明るい。針葉樹の密林や水面の上空では暗くなる。

一六、夜間の晴天の場合には、星座によって、方位・行軍方向を確定される。

北の方位を定めるには、主として、北極星が役に立つ。北極星は、星座「北斗七星」と「小北斗七星」の助けにより、容易に見つけることができる。多数の星座について知っておけば、空の一部が雲に覆われている場合にも、有利である。冬空にあって、もっとも眼につく星座は

「オリオン」だ。その「帯」（「オリオン」星座の中ほどにある三つの星々）は、真東から昇り、西に沈む。あらゆる時間と場所において、方向測定に使えるのである（図七）。

一七、月。月が肥えていくときには夜間前半期、痩せていくときには夜間後半期、満月の際には一夜を通じて、あたり一帯が明るくなる。満月は太陽と正対する位置にある。半月は、太陽の右直角の位置にある。従って、太陽のもとにある場合と同様に、懐中時計を用いて、南北の線が確定される。

一八、夜間、地上に光が現れれば、非常に遠距離でも視認できることがしばしばで、ゆえに方向測定にも有用である。たとえば、自動車のライト、炎上している集落、射撃光、懐中電灯などだ。

一九、霧は視覚を制限する。他の感覚、とりわけ聴覚をよりいっそうとぎすまさなければならない。積雪、氷結した地表、人気《ひとけ》のない地区では、物音はずっと遠くまで伝わっていく。よりよく聴音するためには、立ち止まって、耳を澄まし、ヘルメットの代わりに野戦帽をかぶること。寒さに耐えられるかぎりは、一時耳を鉄兜《てつかぶと》や耳覆いから離しておくことが適当である。

物音によって方向を測定する際には、地表状態を顧慮し、その音が直接聞こえてくるものなのか、森の周縁部、斜面、家屋の壁に反響しているのかを吟味すべし。

二〇、霧中にあっては、嗅覚《きゅうかく》がさらなる助けとなる。風があれば、においは遠くまでただよっていく。それゆえ、たとえば、切り倒されたばかりの樹木、工業施設、家畜小屋は、遠距離にあっても、もう特徴的なにおいにより、そうと察知し得る。

そうした場合には、犬の鋭敏な嗅覚を用いて、大きな成果をあげることができる。

二一、暴風雪は、感覚による認識を、ほとんど不可能にする。よって、霧中、もしくは暴風雪に際しては、常にコンパスを使用すべし。応急的に利用できるのは風である。顔に受ける風の方向により、一定の行軍方向が維持される。

行軍方向を測定・維持するための諸措置

二二、見通しの利かない地区、たとえば広大な森林においては、とくに、行軍方向を測定・維持するための、経験に則《のっと》った特別措置が必要になる。

二三、個々の隊や斥候の指揮官は、方向測定の責任を負う。困難な状況下にあっては、指揮官は、複数の人員の支援を得なければならない。その区分は、部隊の員数により、以下のごとくになる。

—行軍コンパス要員一名。
—地図・時計要員一名。
—歩数記録計要員二名。

さらに道路標識要員を配分できる場合には、特別指揮官一名のもとにすべての要員を置き、方向指示隊を編合し得る（フィンランド方式）。

二四、行軍済みの区間は、距離と時間によって確定されなければならない。推測は常に間違いにつながる。自らの歩幅を正確に知っておくことが必要である。夜間、もしくは雪嵐のときには、紐《ひも》か、古い電話ケーブルを使うほうがよい。踏破した距離、行軍時間、コンパスの度数等は、適宜、第八条に従って道路略図に書き込むか、図八のような表に記載する。とくに斥候や追跡部隊は、この方式を綿密に実行すべし。

二五、敵と衝突し、現在地確認が不可能となった場合には、後刻、あらゆる手段を以て、優先的にそれを行わなければならない。暗闇が訪れる前に、現在地確認を行うことができなければ、格別に危険な状態のまま、その場で夜明けを待つはめになることがある。道路脇で夜を明かすことを余儀なくされたときには、夜となった時点での現在位置を書

行軍路　A村—C村									
	距離				時間				
行軍路	コンパス度数	地図上の距離(メートル)	歩数による推定	歩数で測った実際の距離	進発時刻	行軍時間	計算上の到着時刻	実際の到着時刻	註
1. A村—B村	48	1540	1410	X	8.15	46分	9.00	X	X
2. B村—北東2.2キロの高地	56	2200	2008	X	X	1時間12分	X	X	X
3. B村北東2.2キロの高地—C村		1460	1332	X	X	42分	X	X	X
		5200	4750	X	X 1)	2時間40分 20分			
					合計	3時間	12.00		

註　(1)地図より歩数を計算した場合は10パーセント加算する。
(2)Xを付した箇所は**行軍時**に記入する。

図八。行軍表の実例。

き留めておき、翌日、その場所を間違いなく見つけられるようにしておくこと。濃霧の際は、見知らぬ地に前進するよりも、既知の路上にある霧が消えるか、切れ目ができるまで待つほうが適切である。

二六、状況や地勢が許すかぎりは、可能なかぎり直進するように試みるべし。迂回を強いるような障害を越えたのちは、あらためて、もとの行軍方向を取ること。

道に迷った際の行動

二七、道からそれたり、臨時道が無くなってしまったときには、何よりも、落ち着いて熟考するべし。急《せ》いてみたり、無思慮に道を捜しても、多くの場合は何の成果も得られず、事故や疲労をみちびくだけのことになる。逆に、逃れる方策を見いだすため、状況を冷静に考察し、直近の行程やできごとを想起してみるほうが正しいのである。

すでに疲弊している者は、警戒措置をほどこした上で、防備のある場所に下がらせる。一方、指揮官は、選抜された要員とともに進路捜しに着手すること。進路捜しに参加しない者は、その場を離れてはならない。

二八、退路が見つからない場合には、付近の到達し得る距離内にあり、以後の方向測定に利用できるような見知った場所（街道、鉄道、渓谷）に向かい、さらに行軍するのが適当かどうかを判定すべし。そうした際には、遠回りの道をも厭うべきではない。かかる可能性が絶無であるとあきらかになったならば、風を防げる場所を捜し、凍傷防護と敵に対する警戒措置を整えること。その位置で、方向測定が可能となるような好天を待つべし。

Ⅲ．道路標識

一、冬季には、降雪と積雪によって、しばしば、多くの道路の所在がわからなくなる。それゆえ、注意深く道路標識を置くことが必要不可欠となる。

二、直通道路は、可能なかぎり、最初の降雪前に統一的な標識を置くべし。道路標識の種類は、その道路を利用する部隊に知らせておかねばならない。道路標識を撤去したり、薪《たきぎ》にしてしまうようなことは破壊行為になる。

三、道路標識を置くにあたり、それが常設道を示しているのか、臨時に使用されている道路なのかを区別すべし。

四、常設道は、堅牢《けんろう》な標識によって示す。開豁地《かいかつち》においては、少なくとも一・五メートル、できれば二・五メートルの竿に方向指示板や方向指示矢を付したもの、巨大な雪像、ワラぼうき、灌木《かんぼく》細工、ケルン、旗などを用いる。雪でつくった標識は、着色して（尿やコーヒーのかすを使う）、より視認しやすくすることができる（もっとも視認しやすいのは黄色である）。

五、雪嵐、霧、見通しが利かない地勢にあっては、とりわけ徹底的に、多数の道路標識を置くことが必要になる。行軍方向に対して、番号を付せられた道路標識が等間隔で並べられていたなら、方向測定も容易になる。

六、およそ一ないし一・二メートルの高さに、レンガ状の雪を積み上げた像は、非常に目的にかなったものであると証明されている。それらは行軍方向に設置し、八十センチほ

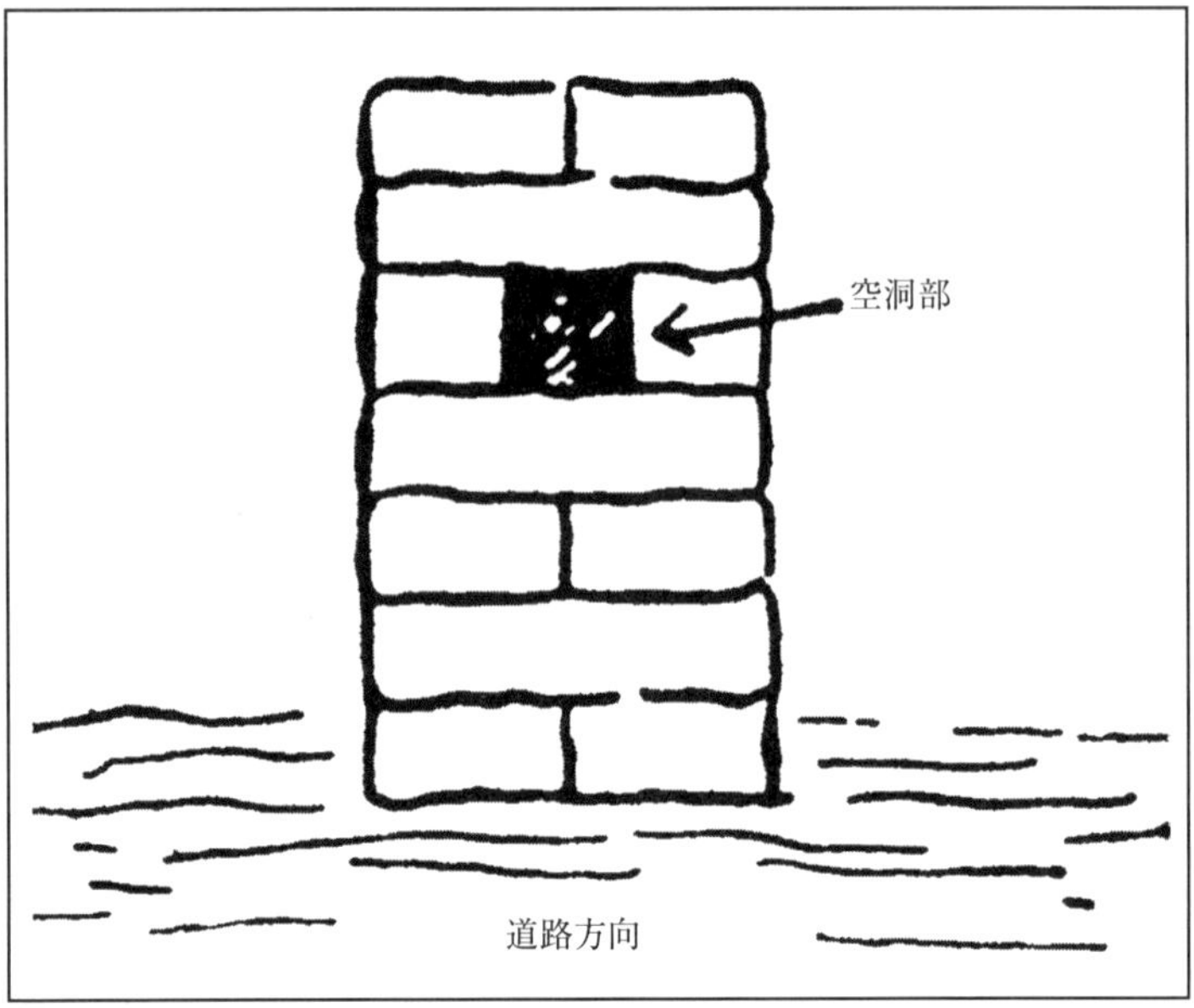

図九。穴を開けた雪像による道路標識。

どの高さのところに穴を貫く。その穴には、薄い雪レンガをはめこむこと。そこを通過する光がきらめいて、視界不良の場合にも、遠距離から視認できるのである（図九）。

七、道路利用者によって標識がこわされないよう、路肩から少なくとも一メートルは離して設置すべし。

八、森林では、木の幹に標識を打ち付ける、もしくは彩色する、木の枝を折る、板や紙、余り布を貼るなどの処置を取る。

九、連続した道路標識を設置できない場合には、眼につくような地点に、行軍方向や目標までの距離を記した方向指示標識を配する。短距離であれば、方向指示矢で充分である。

一〇、長期にわたり道路標識を維持する際には、警戒下に置かねばならない。敵が、その標識を動かすこともあり得るからだ。
道路敷設等を行う場合、道路標識の間隔については考慮を払うべし。

一一、臨時に用いる道路を示すには（たとえば、斥候の進路）、雪上に簡単な印を付けるだけで充分である。たとえば、〔スキー〕ストックのバスケットによる刻印三つを並べる、小雪像等をつくるといったことだ。

一二、自分の進路に見知らぬ軌跡が交差しているようなときには、おのが軌跡近くの一帯を均しておくこと。そうした場所には監視をほどこし、後続団隊への指示のため、歩哨を残すことが、しばしば目的にかなう。

Ⅳ．道路啓開

一、冬季の道路構築は、工兵のみの特別任務にあらず、すべての部隊、あらゆる兵科の業務となる。
厳寒に際しては、既存の道路を除雪しつづけるよりも、好都合な場所に新しい道路を敷設し、使用可能な状態を維持することが容易である場合が多い（たとえば、切り通しを迂回する）。また、状況によっては、野原を横断する新道路の敷設が必要になることもしばしばである（迂回行軍、重兵器の陣地への設置等のため）。

二、冬季の道なき積雪地における道路啓開は、スキーで先行する臨時道敷設隊と、より大きな編制の徒歩道路啓開隊によって遂行される。

臨時道路敷設隊は偵察を行い、新しい臨時道を構築する。一方、道路啓開隊は、主として車道を敷設する。

三、冬季の戦争においては、あらゆる団隊において、かかる臨時道路敷設隊および道路啓開隊を編成・装備し、訓練をほどこしておくことが必要不可欠となる。

四、戦術的ならびに技術的な見地からみて、連絡線敷設にもっとも適しているのは、以下の地形である。平地、高原、疎林《そりん》、風からさえぎられた森林道、凍結した河川・湖・湿地、既存の農道。開豁地においては、臨時道はできるだけ、電信線や垣根ほかの目印に沿って敷設すべし。

雪が吹き寄せられた区間は〔道路敷設に〕適当ではない。ゆえに、森林周縁部から百ないし百五十メートル内の地域は避け、もっとも狭隘な部分の伐採地を横断するようにすべし。

困難で、そのため、なるべく迂回すべき地形は、稠密《ちゅうみつ》な森林、凍結不充分な湿地、融氷している地点、雪が溜まった窪地、深い溝、隘路、切り通し、急斜面である。

雪の滞留によって、障害となりかねないもの、農場、石山、叢林《そうりん》等は、除去するか、障害物の高さの十倍にあたる距離を置いて、迂回しなければならない。

一対十以上の勾配では、傾斜に対し、つづら折りの臨時道を付けること。

橇が急カーブを曲がるのは、装輪車輌がそうするよりも難しいことであるから、旋回半径は極力大きく取るようにすべし。

五、臨時道の偵察および確定の際、その道がのちに単線、もしくは複線の車道として維持されることになるのか否か、すでに注意しておかねばならない。

最初は、単線区間（橇幅、もしくは通常幅の三メートル）のみが敷設され、ついで、修理・待避所を設置する（橇幅の倍、もしくは五メートル幅を取り、長さは少なくとも十五メートルとする）。最後に、全区間を車輌用複線道路（橇幅の倍、もしくは五メートル幅）に整備することができる。複線道路一本のほうが、中央分離線で分けられた単線道路二本よりも優れている。単線道路は、交通渋滞や積雪の悪影響を受けやすいからだ。

実行

六、利用企図、積雪量、使用し得る機材によって、道路敷設要領が決まる。人力で牽引する橇を持つ程度の小さなスキー部隊には、斥候がつくるスキー道で充分である。輓馬橇や装輪車輌を持つ、より大規模な団隊には、道路敷設隊の投入が必要となる。臨時道啓開隊は、約一時間ほど早く、先遣されなければならない。道路敷設隊には、数時間のときが与えられる（道路敷設区間の長さによる）。

臨時道啓開隊は、積雪量や地勢に応じて、おおむね下士官一名、兵六ないし十二名で構成され、スキーを使用する。複数の臨時道啓開隊を編合して、臨時道啓開大隊がつくられる。積雪量を測るために、スキーのストックにデジメートル〔十センチ〕目盛を刻んでおくのは、目的にかなう。

七、臨時道啓開隊は、後続部隊が追随しやすいよう、一本、もしくは複数のスキー道を刻んでいく。同隊は、必要とされるかぎりにおいて、障害物を除去し、簡便な道路標識を設置する。臨時道啓開大隊が小型橇を進める場合には、臨時道啓開隊の兵員二名を前後するかたちで滑走させる。後方の走者は、前方の走者のシュプールに沿って、さらなるシュプールを刻んでいく。そうすることで、小型橇用の臨時道が形成されるのである（図

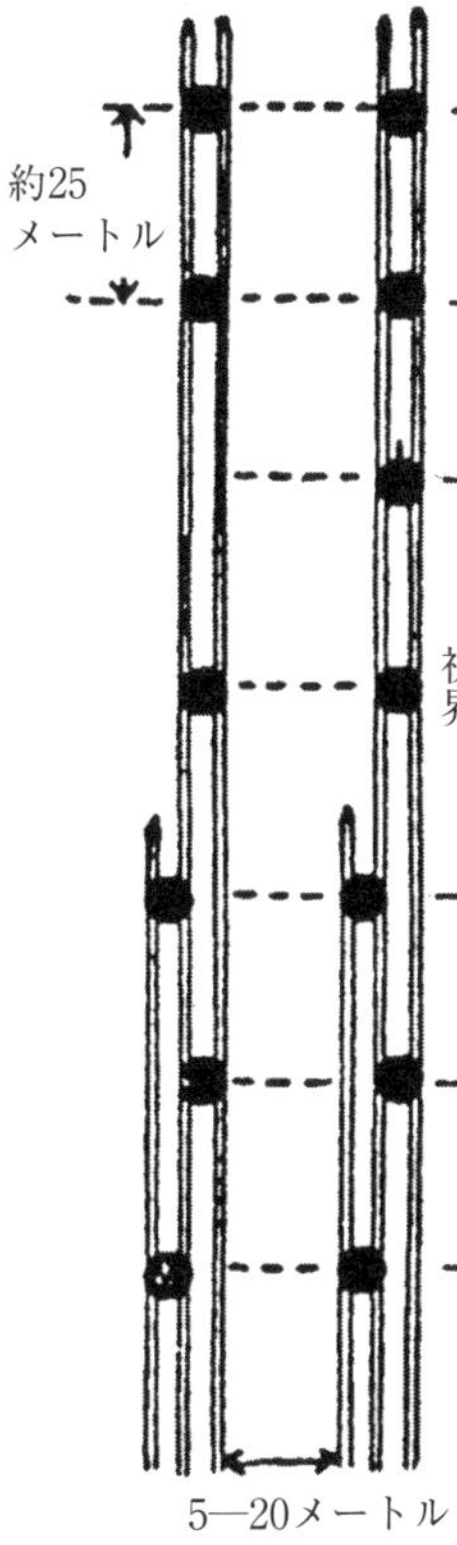
最初の臨時道を敷く
約25
メートル
カーブをまっすぐに直す
要所要所で主要方向を示す
視界
障害物を除去する
橇を使用するために臨時道を広げる（三線臨時道）
均して平らにする
標識を付し、橇利用のために車線を刻む
5—20メートル

図一〇。臨時道啓開隊。

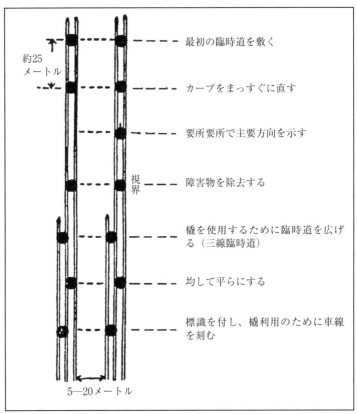

一〇)。

スキー部隊に関する細目は、『スキー部隊の訓練と戦闘に関する暫定方針』に記載されている。

八、道路敷設隊は、通常、将校一名が指揮する、増強された一個小隊より成る。

行軍縦隊を組んだ兵員が雪を踏み固め（豪雪の際には、スキー手が先行する）、障害物を排除する。輓馬橇を調達、雪を圧縮して、車道を構築する。縦隊の先頭には、スコップと斧を積んだだけの軽量の橇を走らせ、それに他の橇を後続させる。後者には、樹皮を剝いだ木材や針葉樹を固縛しておく。最後に、輜重《しちょう》橇と装輪車輌が合流する。かくのごとく、さまざまな荷を積んだ橇を走らせることにより、主力諸団隊のための道が生起するのである。詳細については、図一一をみよ。先頭に投入された兵員や牽引用の役畜《えきちく》は、適宜、新手と交代させること。

九、行軍長径の大きな縦隊が利用することによって、新設された道路といえども、あちこちが損傷するものであるから、個々の大規模な行軍隊が到来する前に、車道の修復のため、道路敷設大隊を配置しておくことを推奨する。

一〇、中程度の積雪（およそ五十センチまでの積雪）で、地表層も同程度の厚みがある場合に

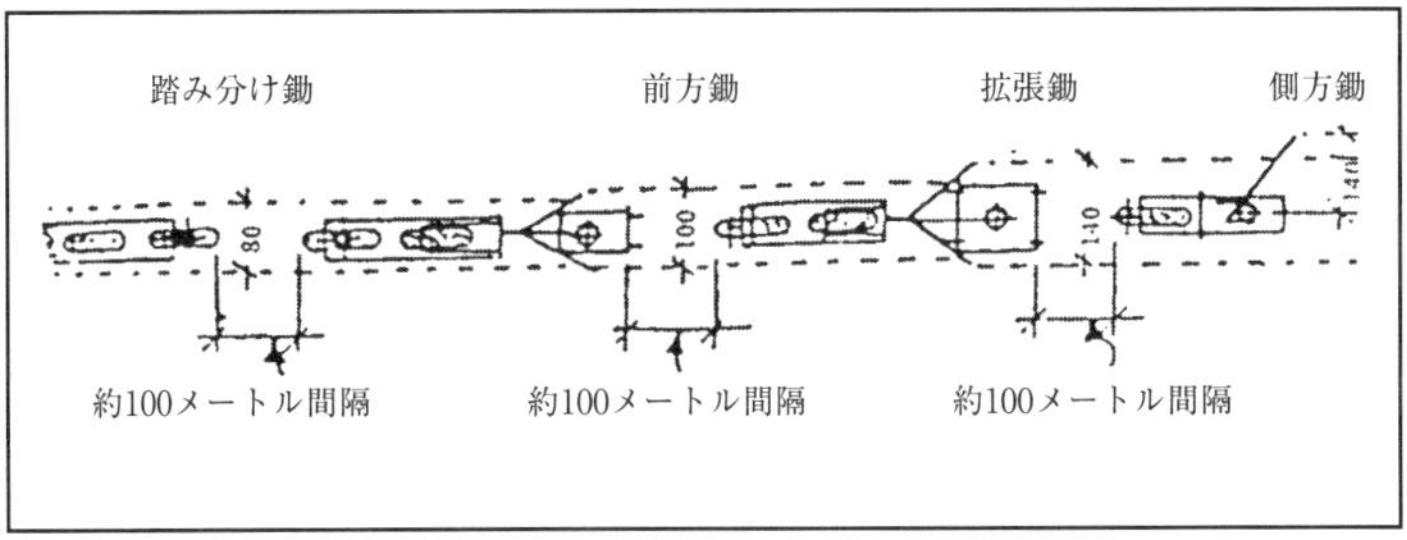

図一二。鋤による道路敷設。

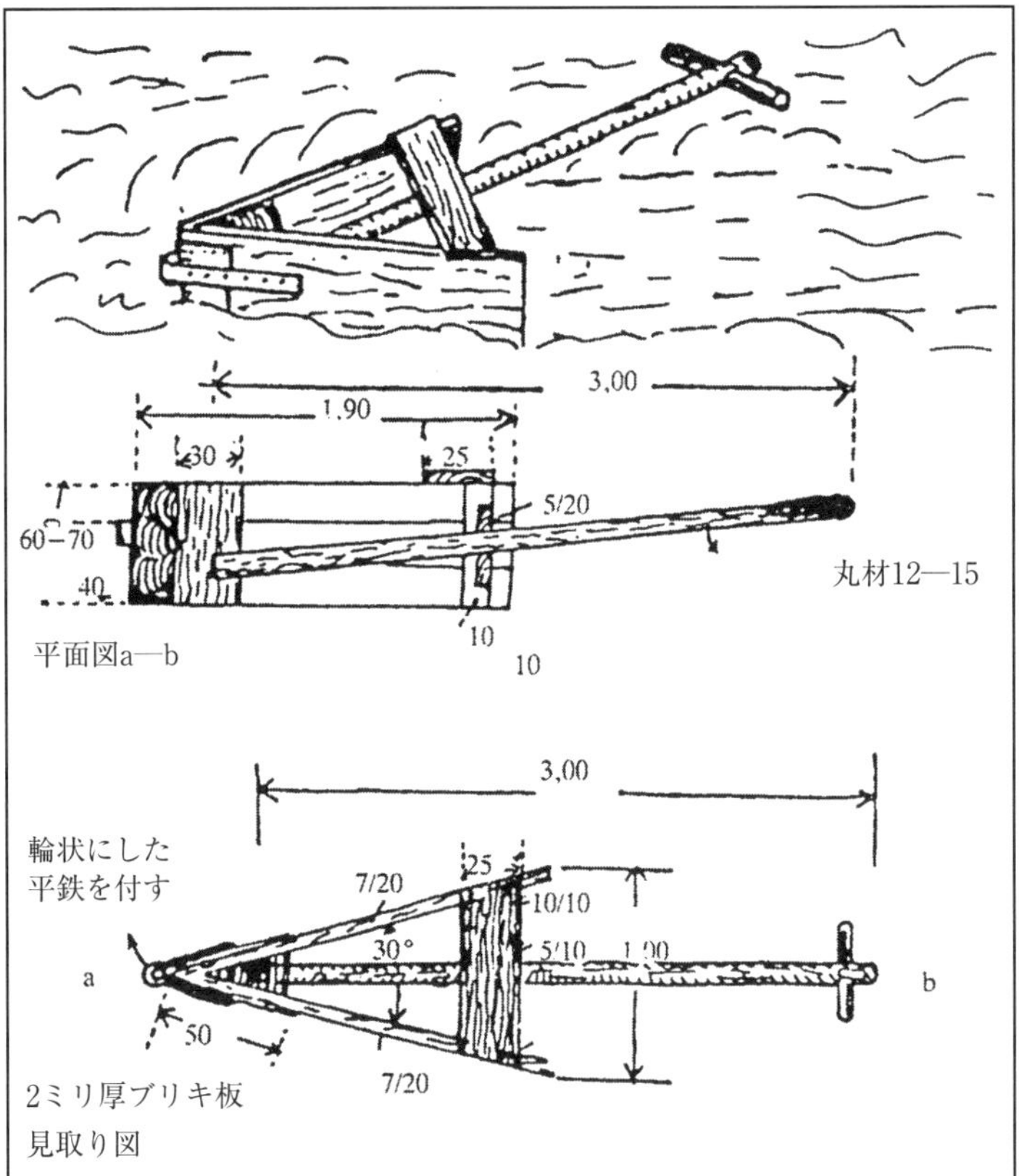

図一三。木製の鋤。〔単位はメートル・センチ〕

	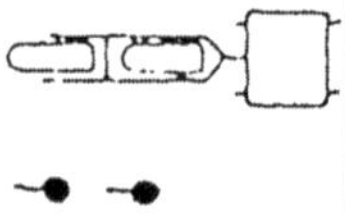	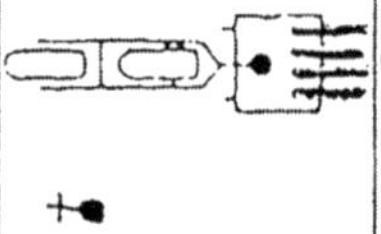	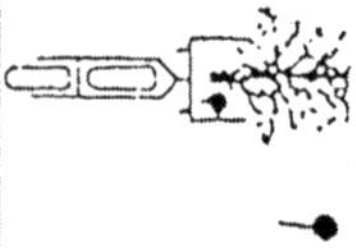
	荷重をかけた橇	木の幹を牽いた橇	モミの木を牽いた橇
	兵三名、馬二頭	下士官一名、兵一名、馬二頭	兵二名、馬二頭
	橇道のさらなる掘削と地固め。	徒歩・車輛道の除雪。	徒歩・車輛道の除雪。
	スコップ六本、斧八本、つるはし六本、バール三本、のこぎり三本、針金用ハサミ一本、フィンランド式つるはし四本、ハンマー一本、ペンチ一本、爆破・点火器材、巻き尺、建築資材、針金。	斧一本、つるはし一本、除雪スコップ一本、かすがい五本、もしくは鎖。	斧一本、つるはし一本、除雪スコップ一本、かすがい五本、もしくは鎖。

a．部隊区分	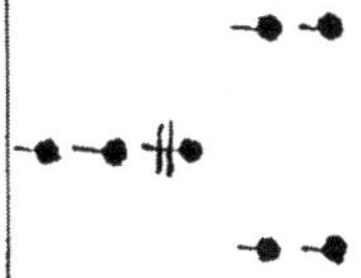	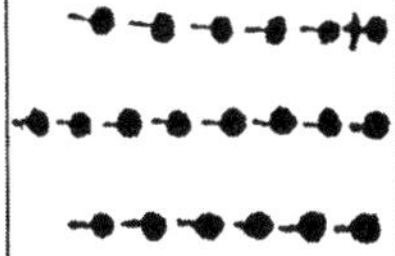	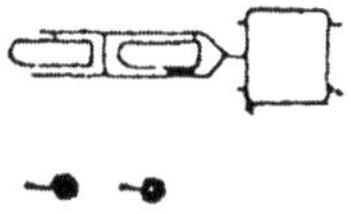
b．名称	道路測量・選定隊（スキー）	臨時道路敷設隊（スキーなし）	軽荷重の橇
c．兵力	将校一名、兵六名	下士官二名、兵十八名	兵二名、馬二頭。
d．任務	臨時道路敷設の訓練を受けた将校が指揮する。敷設済み臨時道のカーブを削って直線化すること。小障害物（枝など）の除去。標識設置。	1．臨時道路を堅固に踏み固める。 2．障害物の除去と樹木伐採。 3．脆弱な地点を固める。 4．道路測量・選定隊との交代。	最初の橇道の敷設
装備	コンパス、針金用ハサミ、バール、削氷機、物差し、斧二本、標識器材、スキー	軽機関銃一ないし二挺、携帯できる土工用具、その他の器材も搭載すること！	スコップ四本、斧二本、つるはし四本、バール一本、のこぎり一本、爆破・点火器材、削氷機一基、氷厚測定器材。

図一一。道路敷設大隊（補助機材装備）。

は、鋤を使って道路を啓開することが可能である。それについては、いわゆる踏み分け鋤、前方鋤、拡張鋤、側方鋤の順で使用すること（図一二）。

踏み分け鋤は、牽引するのではなく、馬匹によって押し出すものである（資材は一部支給される。鋤製作の手引きは、図一三を参照）。鋤部隊は常に、障害物除去のため、スコップ、斧、つるはしを与えられ、多数の人員を付せられた一隊でなければならない。

V. 冬季街道業務

一般

一、戦争遂行上重要な街道・道路のすべてにおいて、恒常的に安定した運行がなされることは、冬季にあっても保証されなければならない。

二、平坦な区間では、以下の積雪量まで走行可能である。

輓馬車輌　三十センチまで

民間用乗用車　二十センチまで

民間用トラック　三十センチまで
路外走行可能な乗用車（チェーン装着）　三十五センチまで
路外走行可能なトラック（チェーン装着）　四十センチまで
牽引車両および戦車　五十五センチまで

路面が凍結した際には、街道、なかでも上り坂の区間は、補助器具がなければ利用できない。

三、街道は、降雪ごとに清掃し、アイスバーンを削り取る。冬季の街道では、アイスバーンにより、特別業務が必要となるのだ。冬季街道業務は、あらゆる部隊の任務となる。

四、冬季街道業務の主たるものは交通管制・監督である。これあってこそ、他のすべての措置が完全に機能するようになる。

指揮官は、十二分に交通業務を遂行しなければならない。それは、可能なかぎり、既存の通信網に連動させるべし。区間を切っての交通に際しては、区間のあいだに通信連絡手段を設置すること。個々の道路利用者はすべて、とくに自動車運転手としての交通教育を受け、交通標識板に注意、下達された命令を遵守して、共益性に配慮しなければならない。渋滞や事故の際は、とりわけ戦友精神にもとづく援助を行うこと。

準備

五、冬がはじまるとともに、あらゆる重要な街道・道路に、個々の道に沿って交通哨所を配置し、哨所間ならびに指揮所との通信連絡手段を用意して、冬季業務を行う。各道路哨所は、最初の降雪前に所定の道路区間を偵察する。厳寒の到来や降雪前に走行してみて、その状態や有用性を観察すること。

交通哨所は、降雪の開始やその規模、積雪や路面氷結について、ただちに報告すべし。

六、街道沿いの宿営地にいる人員ならびに補助員は、あらかじめ配属を決め、武装させておく（交代・予備要員も含む）。また、所定の街道区間ごとに指揮官を指定する。作業機材は、追加の補助要員分も準備しておくこと。

装備は、全天候型の被服、良質の靴、ミトン、雪めがね、ヘルメット、豊富な作業機材（大型で平らな平スコップ・剣先スコップ、つるはし、平鍬《ひらぐわ》、金鍬《かなぐわ》）とする。

七、車道からは、交通や清掃を妨げ得る物すべて、たとえば、さまざまに突き出した石、がらくた、道路散布材、堆積した砂利、木などを除去すべし。

八、表面が舗装されていない道路は、最初の厳寒が到来する直前に、モーターグレーダー、農業用耕運機、重いまぐわなどで均しておく。それによって、のちの作業が非常に容易になる。
九、スノーポールを立てる。これは、車道の縁、視線誘導石標、街路樹、手すり等の内側の溝に刺す。同様に、道路資材置き場、通路、あらゆる種類の障害がある場所にも立てるが、可能なかぎり、その両側に設置すること（図一四）。待避区間については、斜線を交差させた印を立て、とくに判別しやすいようにすべし（図一五）。
一〇、街道に沿って、防雪柵と道路散布材を用意し、積み上げておくこと。

除雪

一一、除雪は、スコップを使った手作業、除雪鋤や雪均しローラーを付した役畜、除雪機（鋤やフライスを付す）などの機材を使って行う。
鋤を使う場合は、まず狭い範囲の予備掘削からはじめ、しかるのちに拡大鋤を用いて、幅を広げていく（図一六）。
フライスを使う場合は、まず幅の狭い軽量のものを用い、それから、幅広の重いものに

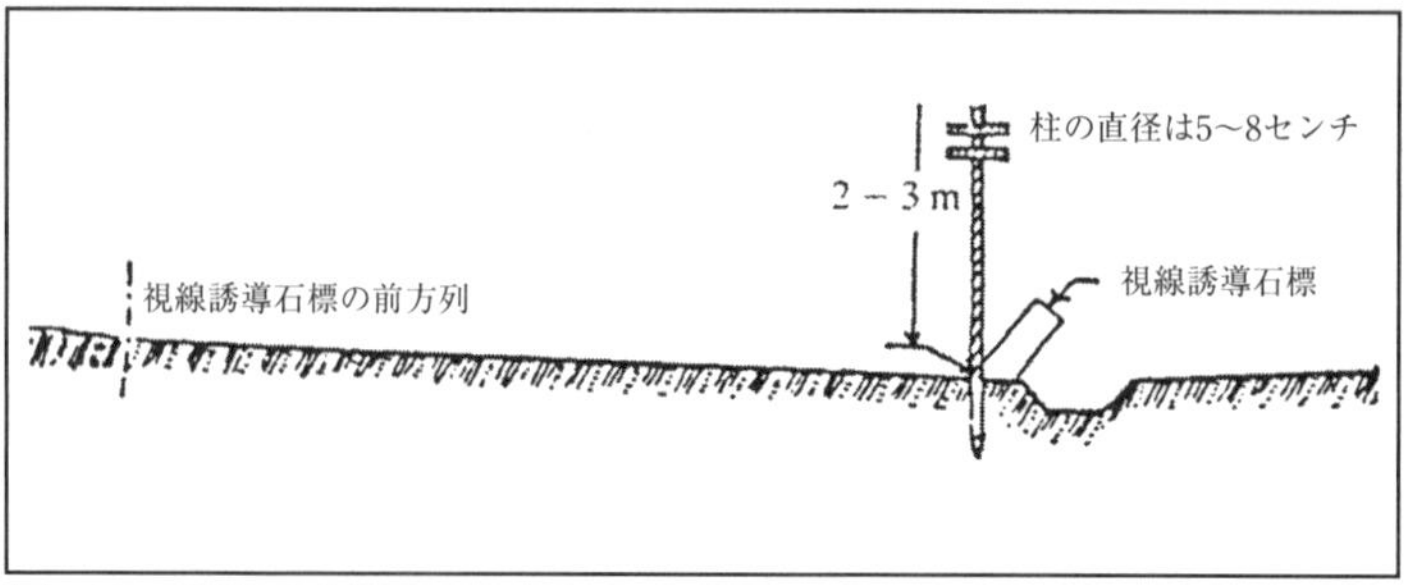

図一四。街道の縁のスノーポール。

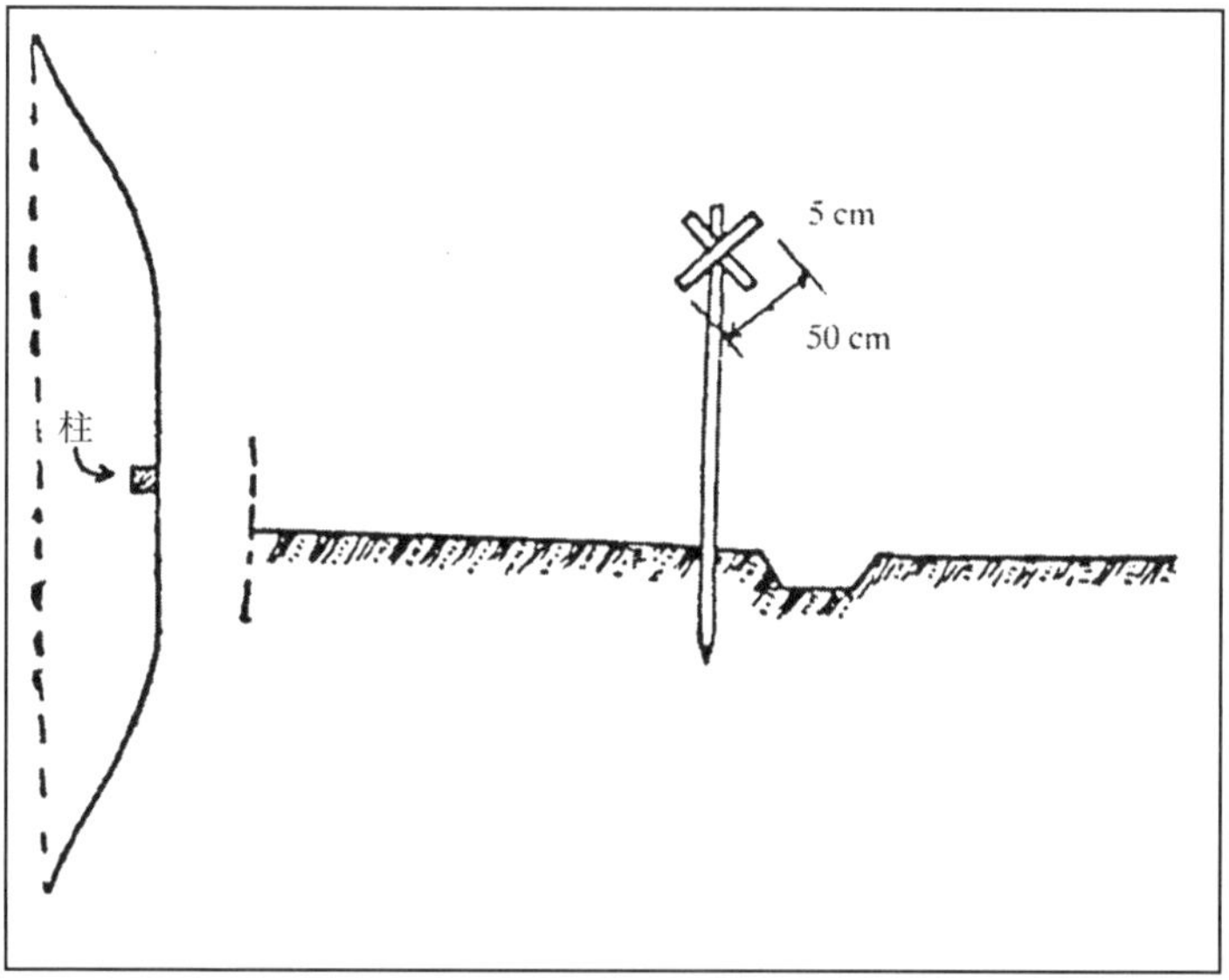

図一五。待避区間のスノーポール。

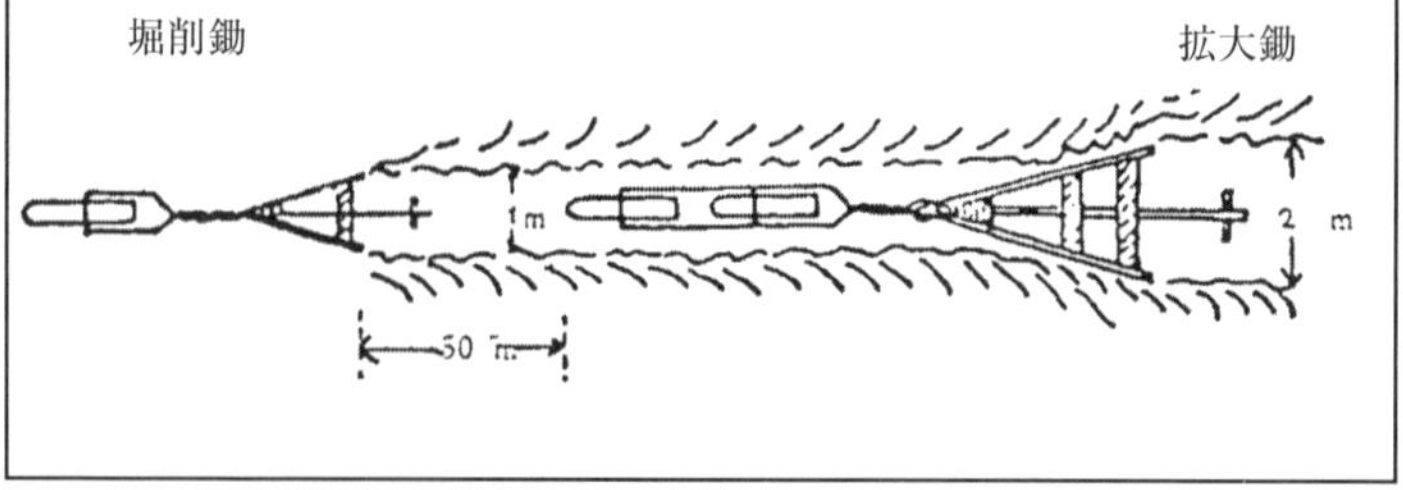

図一六。輓馬除雪鋤を備えた除雪鋤隊。

していく。
一二、激しい降雪のあとには、いつでも、人力の大量投入が必要になる。除雪作業は、最初の降雪、もしくは積雪の直後に、遅滞なく開始しなければならない。待てば待つほど、あとの除雪は困難になる。除雪は重ねて継続的に行わなければならない。
一三、可能なかぎり、道路のところまで除雪すべし。橇を往来させるために、ある程度の積雪を残す場合には、最低限に留めること（三ないし十センチ）。
一四、車道は、まず片方の線のみを除雪し、その後、待避所を設置する。しかるのちに、もう一方の線も除雪する（「道路啓開」の節参照）。
一五、雪は、街道側溝の外側に、広く散らしてやらねばならない。除去した雪を積み上げ、雪の山をつくってはならない。そんなことをすれば、すぐに新しい雪の堆積ができやすくなるからだ（一回かぎりの重労働で報われるのである）。
一六、踏み固められ、硬雪化《こうせつか》した凸凹の積雪層に、軌跡が深く刻まれた状態になったら、耕作用の鋤や重いまぐわで、あらためて均しておくこと。剝ぎ取った雪は溝に埋めるか、路傍《ろぼう》に排する。
一七、融けた水は、路傍から遠くまで流れていくようにする。車道から、雪のぬかるみや泥を除去すべし。

一八、あらゆる交通標識、とくに鉄道踏切の警告標識までは、通行容易にしておき、継続的に警戒しなければならない。

防雪柵

一九、防雪柵は、積雪に対する有効な予防・防護手段である（図一七a〜h）。防雪柵の両側に直接接している場所を柵で覆い、そこに雪を捨てる。この誘導柵を設けることで、雪は風によって柵沿いに運ばれ、街道から離れた適当な場所に堆積していく。

二〇、防雪柵は、並列して立てられる、運搬・輸送可能な板、もしくは堅固に固定された板より成る。高さと幅がおよそ一ないし二・五メートルの木摺《きずり》〔細い板〕と竿を組み合わせたものだ（図一八）。これらは、早期に準備し、最初の降雪前に設置しなければならない（すでに厳寒期前に設置することもしばしばである）。

二一、自然の地勢から、雪の堆積があり得るところには、どこであろうと、すべて防雪柵を設置する。道路の縁から、柵の高さの十ないし二十倍の距離を取って設置するべし。防雪柵は、一直線に、可能なかぎり、もっとも多く風が吹いてくる方向に対して、斜め

図一七。いくつかの街道防雪柵の実例。

防雪柵はすべて、街道の縁から少なくとも二十ないし二十五メートル離して、設置しなければならない。当該地域の広さによっては、さらに三十ないし四十メートルの距離を置いて、別の柵を設置する。

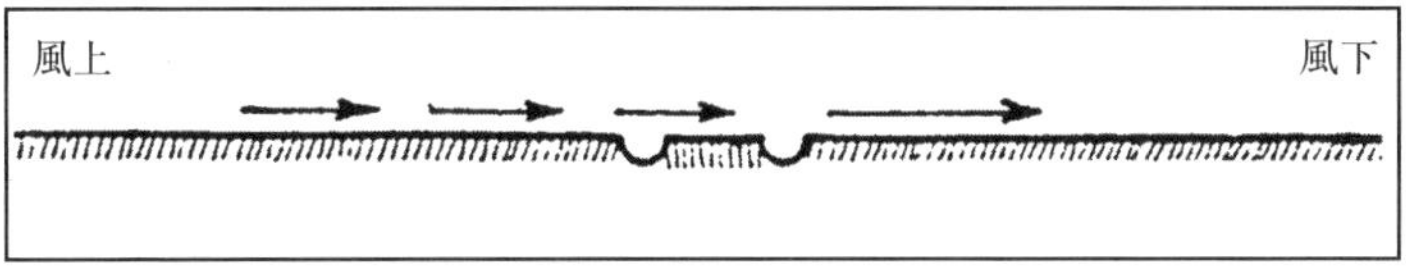

a．周囲を整えた平地の街道は、雪の吹き寄せをまぬがれる。

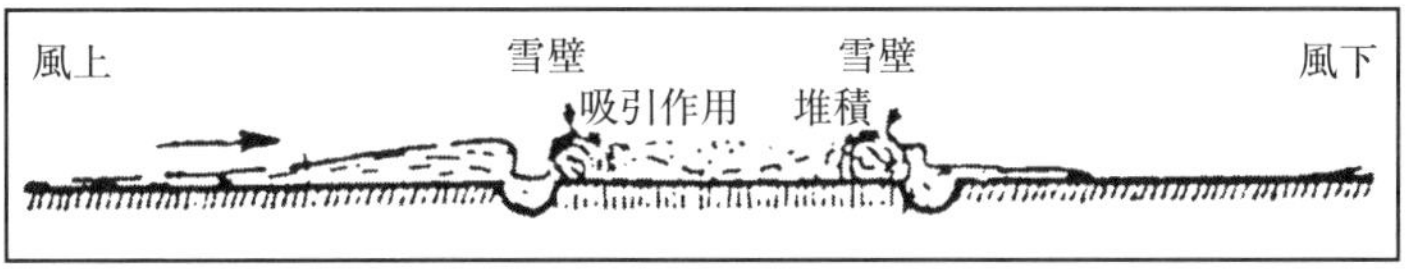

b．雪に覆われた街道。除雪鋤で雪を排する。その際、街道の両側に積み上げげた雪の壁は、さらに雪を吸い、堆積させていく。それによって、街道はまた雪に埋もれてしまうのである。よって、雪の壁は、ただちに崩して、均さなければならない。

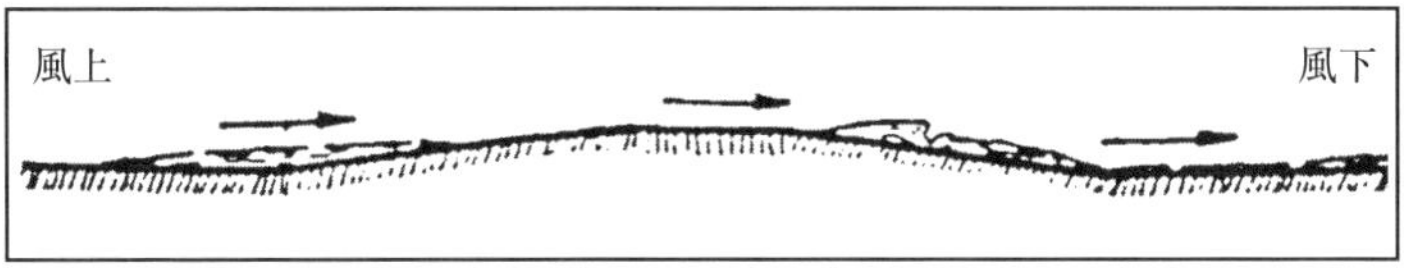

c．ゆるやかな斜面上の道は、一般に往来自由のままになる。

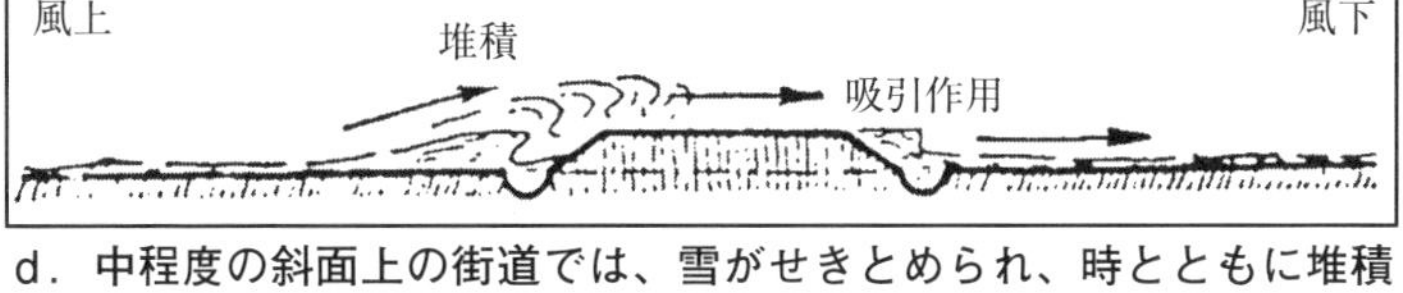

d．中程度の斜面上の街道では、雪がせきとめられ、時とともに堆積していく。保安措置が必要である。

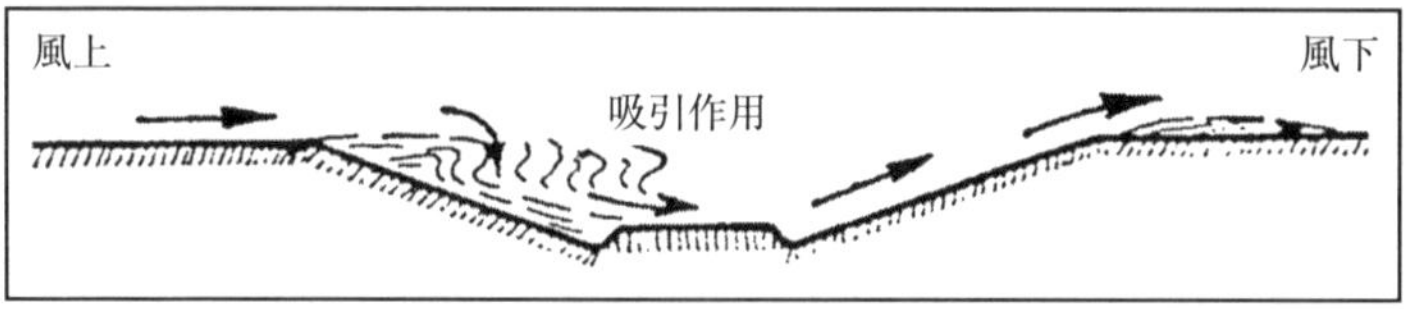

e．風上に対して切り込まれたかたちの街道には吸引力が生じ、時とともに雪が堆積していく。保安措置が必要である。

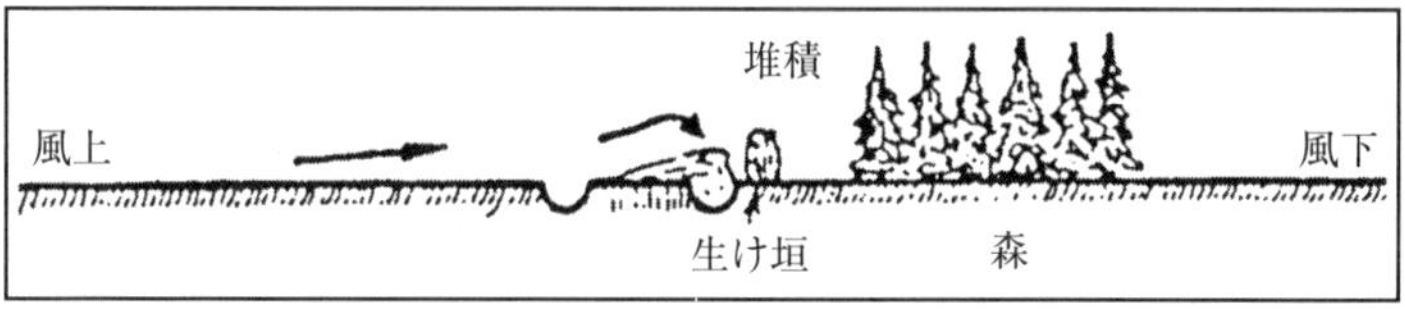

f．風下に生け垣があると、雪をせきとめるから、除去しなければならない。風上に対して切り込まれたかたちの街道には吸引力が生じ、時とともに雪が堆積していく。保安措置が必要である。

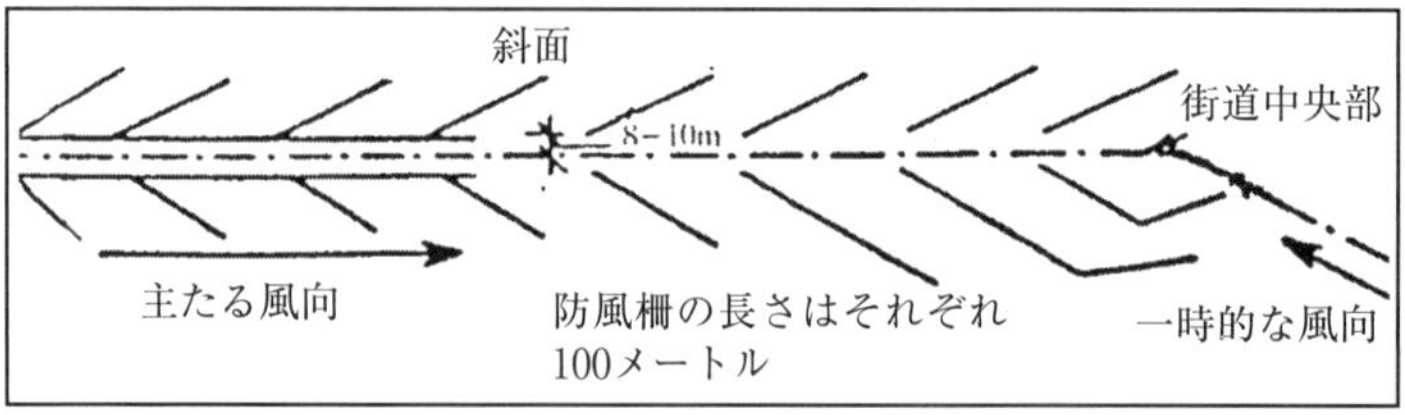

g．主たる風向が街道の前後とほぼ並行である場合の防雪柵設置の実例。

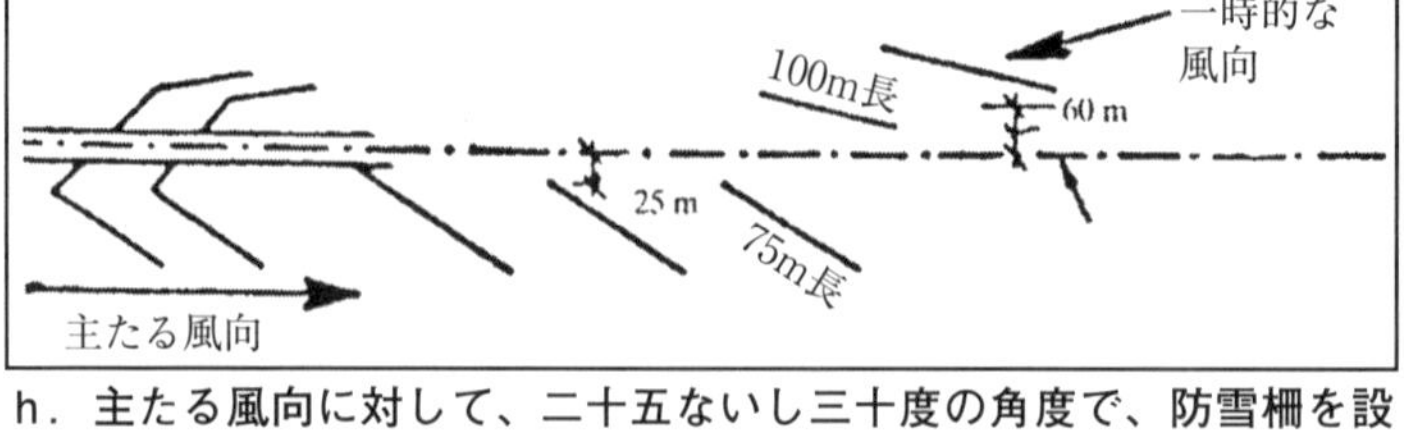

h．主たる風向に対して、二十五ないし三十度の角度で、防雪柵を設置するのが適切な場合。

に設置する（図一七参照）。風向や積雪の事情については、現地住民に尋ねること。

二二、木材が不足しているときには、板柵の代わりに、雪でつくったレンガを積み上げて、雪壁をつくることもできる。ただし、雪壁は恒常的な改修が必要になる（たとえば、ウクライナのような、木材に乏しい地域では、きわめて有効であることが証明されている！）。

雪氷と路面凍結への対策

二三、雪氷と路面凍結は、車道の上に、粒の粗い砂、砂利、豆砕石を撒くことで、削りとることが可能である。雪氷に対しては、路面凍結の場合よりも、粒の大きな道路散布材を用いる。そのほうが、雪中により深くめり込むからである（十五ないし二十五ミリ）。

二四、道路散布材は、適宜、街道沿いの走行路面の外側に準備しておく。可能なかぎり、土を含まぬようにすべし。その置場には、目印に竿を立て、降雪が生じても、見つけられるようにしておく。

二五、凍結が生じたなら、ただちに撒布を実施する。カーブと上り坂には、とくに念入りに撒布すること。トラックから広く撒布する際には、荷台に手すりつきの側板を取り付け、それに、スコップを持った要員の身体をザイルで固定すべし。

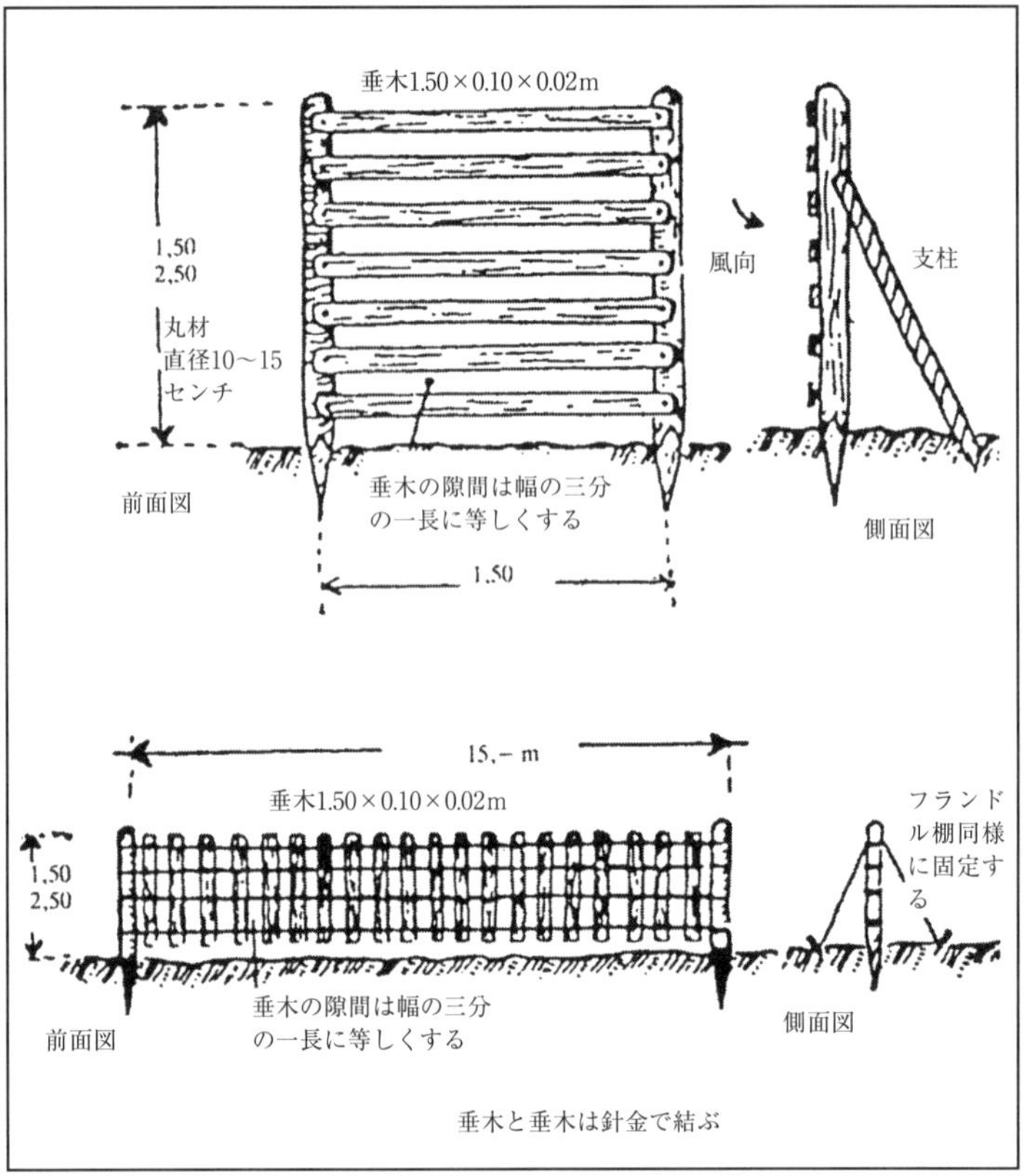

図一八。防雪柵。

二六、氷結層の掘削と除去の際に、車道の路面を傷めることは許されない。

季節移行期、融雪期、泥濘期

二七、季節移行期には、日中の気温が零度以上、夜間に零下となるときがある。その場合、道路が水に濡れず、堅固な状態を保っているのは、夜間と朝だけである。それゆえ、車輌の往来は、そうした時間のみに限定しなければならない。従って、すべての車輌の運転者、とくに自動車運転手は、交通規則を厳守しなければならない。同時に、車輌の運行を配分する任にある者は、階級を問わず、交通にもっとも適した時間を利用するよう、ひとしく協力しなければならない。

二八、道路保全のためには、以下の諸点が重要である。

―堤防道からの排水誘導。このために、もう融雪期よりも前に、路上の雪を排除し、溝や排水路が機能し得るようにしておく。

―舗装されていない道路（ウクライナでは「グレーター」と呼ばれる）の車輌往来は、地表が完全に乾燥するまで妨げられる。泥濘期の「パンジ馬車」（「パンジ」は、ポーランド語起源で「小地主」の意。「パンジ馬車」は、そうした小規模農業で用いられる一頭立ての小型馬車を指す）の往来には、街道両脇の小道を指定すべし。

―応急的につくった唐鍬《とうぐわ》を使って、表層部の土を除去することで、乾燥を早めることができる。いかなる場合にも、除去した泥が排水の妨げになるようなことはあってはならない。溝と排水路は詰まらせないようにすべし。

―集落においては、破壊された石造りの家屋から、とくに街道上の隘路向けの敷砂利を調達することが可能だ。大粒の石は道路の状態を悪化させるから、細かい砂利を密に敷き詰めることが大切である。応急的に、レンガを敷き詰めることによっても、そうした道を敷設できる。戦闘地域および補給に不可欠な街道においては、厳寒期にもなお、丸太道構築のための材木と板を置くべし。これは、とくに街道の盆地や谷を通過する区間、すなわち、標高が高い地域よりも乾燥しにくい部分に妥当する。

——砂を撒いて、早く道路を乾燥させるため、砂地の場所を調査し、可能なかぎり、道路の粘土質の箇所に処置するための砂を用意しておくこと。

——街道・道路の沈降部に、小型橋梁や徒歩橋を構築するため、樹木・木材を準備する。

Ⅵ．氷上通行

一、いかなる水域でも、結氷層の厚さは多様である。河川の流水においては、岸に近いほど、また、雪に覆われている部分ほど、一般に氷は薄くなる。同様のことが、泥炭地の地面や温泉源にもいえる。
　水面下にただよっている氷は、水面に浮かんでいるそれよりも割れやすい。そうした氷は、往々にして、狭い水域や岸の部分に生じる。これを岸から離し、動かしてやるこ

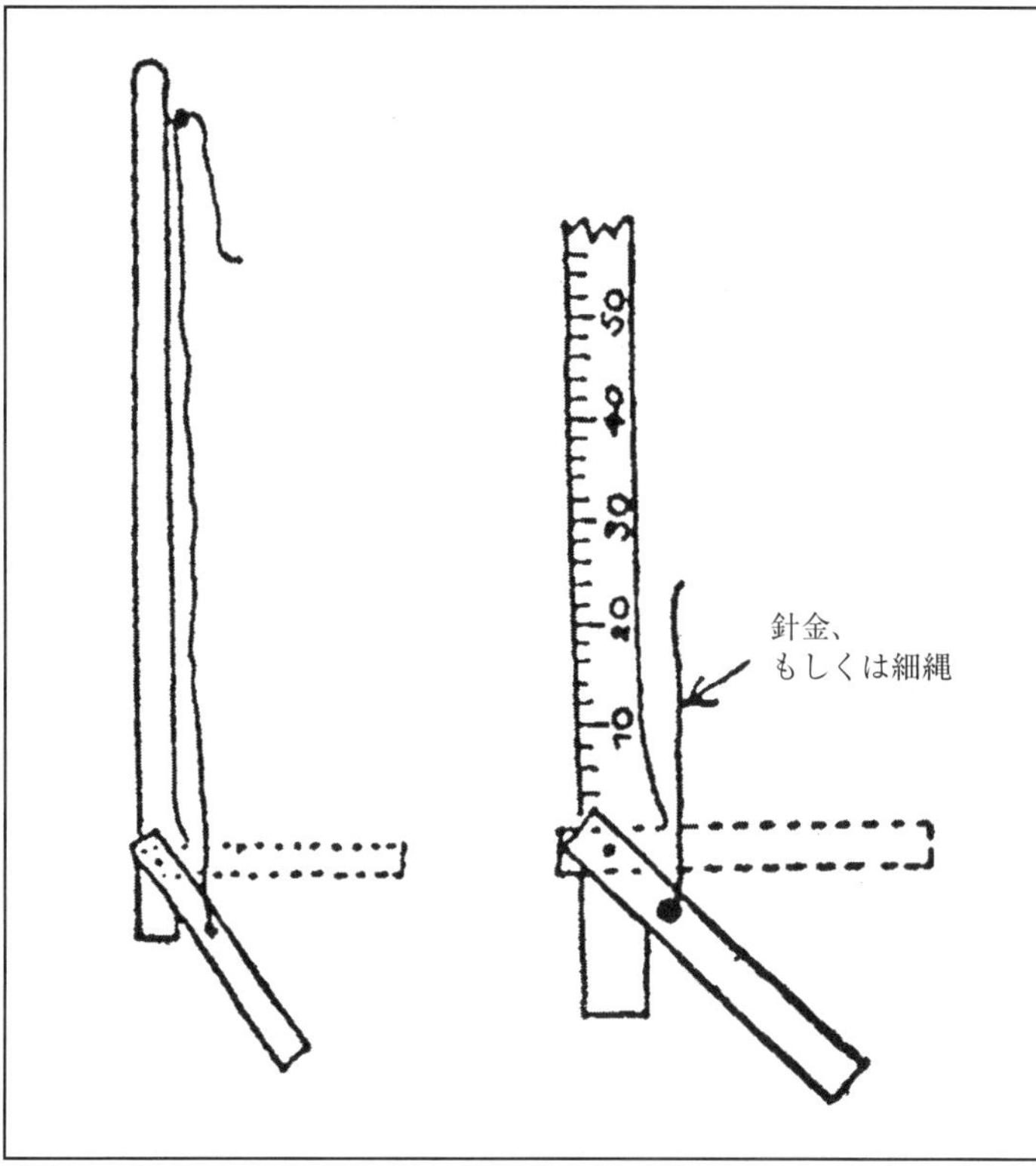

図一九。氷厚測定棒。

とは容易である（大きな塊は、一人乗りのイカダとして使うことが可能である。ただし、注意深く使用すべし！）。

融雪期には、氷の色が濁り、こわれやすくなる。荷重にも耐えられなくなるのである。また、活発に往来すれば、氷の表面は急激に摩耗する。

二、結氷層の負荷抗堪性を測るには、その厚みだけでなく、氷の性質も基準となる。明るく、透明な氷だけが堅固なものである。従って、氷の強度の確認に際しては、しばしば生じる表面および底部の濁った層を、全体の厚みから引くこと。より大規模な通行にあたっては、氷の試料を掘

氷厚		取るべき最低限の間隔
4 cm	スキー装備の小銃兵	5 m
5 cm	散開隊形の歩兵	5 m
7 cm	列間を二倍に取った歩兵	7 m
10 cm	行軍縦隊を組んだ歩兵、馬、荷物を積んでいない橇、オートバイ	10 m
15 cm	行軍縦隊を組んだ歩兵と騎兵、荷物を積んだ（二千キロまで）橇	15 m
20 cm	軽乗用車、一トン半トラック（総重量三・五トン）	20 m
25 cm	二トントラック（総重量四トン）	25 m
30 cm	どんな兵科であれ密集縦隊を組んだ部隊、三トントラック（総重量六トン）	30 m
35 cm	七トントラック（十三トン） 後軸二本の十トントラック	35 m
40 cm	二十トン車輛	40 m
60 cm	四十五トン車輛	50 m

削し、検査すべし。

氷厚の測定には、折りたたみ可能のアームを付し、センチメートル単位の刻みをつけた、キャリパス状の棒を用いる（氷厚測定棒、図一九）。

三、上の表に示した負荷抗堪性に関する数字は、それぞれの適当な行軍間隔を維持した場合にのみ有効となるものである。

この表は、おおよその手引きとなるにすぎない。もっとも重量のある物、たとえば重戦車などでは、川幅と同じほどの車間距離を選ぶのが、いちばん安全だ。つまり、一両ずつ、先行の戦車が彼《ひ》岸《がん》に達してから、つぎが氷上に進むのである。

準備と保安措置

四、通行にあたっては、なるべく均等な厚みの氷に覆われているような路面、進入・退出路、待避路があるかを調査する。
五、氷の厚みを測るには、路面に沿って、中心部から三ないし五メートル幅の範囲にある氷に、十ないし二十メートルの間隔で、穴を穿《うが》つ。路面ならびに、道路とする部分の両側約六メートル幅の部分を除雪しておく（氷の状態を観察するため）。
六、徒歩部隊および自動車向けの路面は、スリップ防止のために砂を撒いておく。橇を進める場合には、薄く雪の層を残しておくこと。
それぞれの路面で、進入道・退出道、路面付近の結氷層に開いた穴は、低い雪壁、手すり、高い竿などで囲い、目印とする。

結氷層の負荷抗堪性と維持されるべき行軍間隔は、標識を立て、明確に表示すること。
七、氷上に溝が生じた場合は、雪をいっぱいに詰めるか、水を注いでおく。そうすれば、たいていの場合は、再び氷結する。道路をさえぎるかたちで溝が走っていても、負荷抗堪性が著しく低下することはない。一方、路面に並行して走っている大きな溝は、負荷抗堪性がつきかけている兆候である。その道路は摩耗しているから、別のところを使わなければならない（渡渉地歩哨に見張らせる）。
八、氷上の往来は、橋梁による渡渉同様、厳格に規制されなければならない（両岸および氷上に交通管制官を置く）。

九、事故の際に派遣するため、必要な機材（板、木材、ロープ、三脚台、滑車等）を備えた救急隊・修理隊を、通行地付近に待機させておかねばならない。付録「氷結層が崩れた場合の行動」をみよ。

横断

一〇、氷上の横断は速やかに進行させるべし。氷上にとどまってはならない！　騎手や輓馬車輛の御者は、降りて、馬を引くこと（蹄鉄をねじ止めすべし！）。自動車と戦車は徐行する。それらが氷上で転回したり、追い越しをはかることは許されない。

運転助手は、先行車輛の動きを注意深く観察していなくてはならない。

火砲と大型装輪車は、横断中、橇状の厚板枠の上を進めさせることができる。それによって、進行が容易となり、接地圧を分散して、氷上でのパンクも予防される（図二〇）。

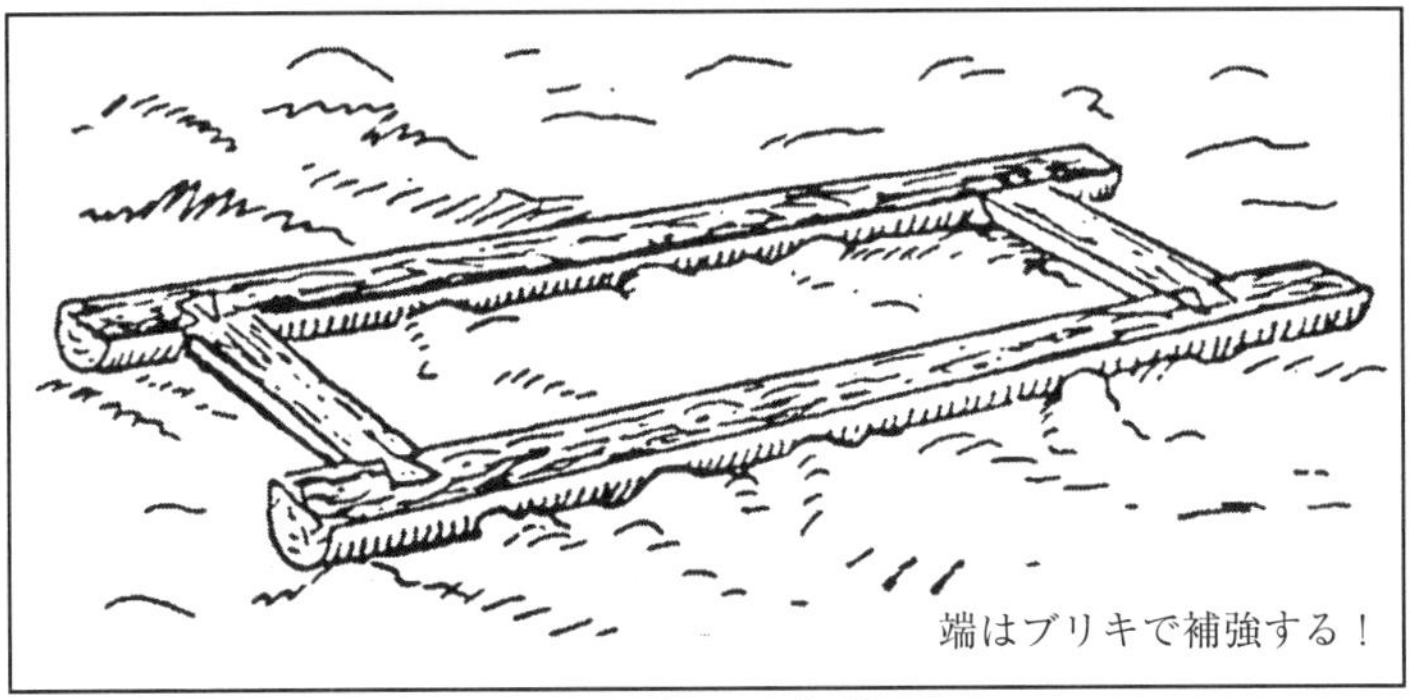

図二〇。氷上における重車輌横断用の厚板枠。

氷結層の強化と氷橋の構築

一一、脆弱で、部隊を横断させるのに充分なだけの負荷抗堪性を持たない氷結層も、厳寒を利用して強化することができる。

一二、氷結層強化のためのもっとも簡便な手段は、三センチ厚以上の氷や雪の塊を使うことである。こうした氷雪の層をつくったら、充分に水を注ぐ。つぎの層を積むのは、常にそのあと、下部の層が完全に凍結してからにすること。かかる氷雪の層を三段に積むと、負荷抗堪性は、およそ五分の一ほども高まる。

一三、五ないし十センチ以上の厚さのワラや粗朶《そだ》の束に水をかけて凍らせると、氷に覆われて、負荷抗堪性がおよそ四分の一ほど大きくなる(図二一b)。同様に、板材、材木、丸太を氷上に置き、水をかけて凍らせると、氷結層の強度は著しく高まる(日光に注意せよ。それらの資材の下で、氷が融ける!)。

一四、静水、もしくは緩慢に流れる水域の橋梁が架かっていない場所で、氷のブロックを使い、渡渉することも可能である。そのためには、岸

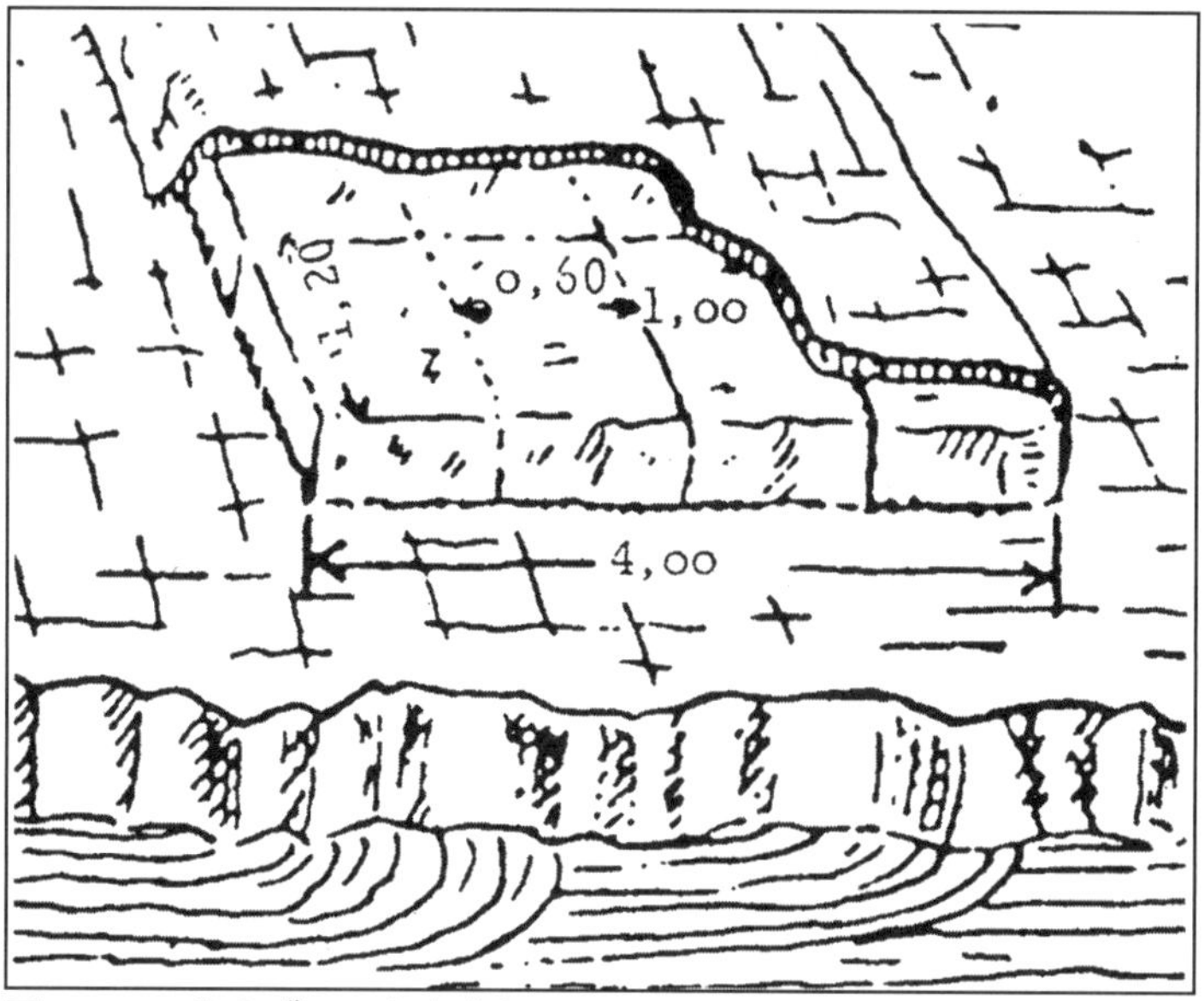

図二一a。氷のブロックを凍らせる。

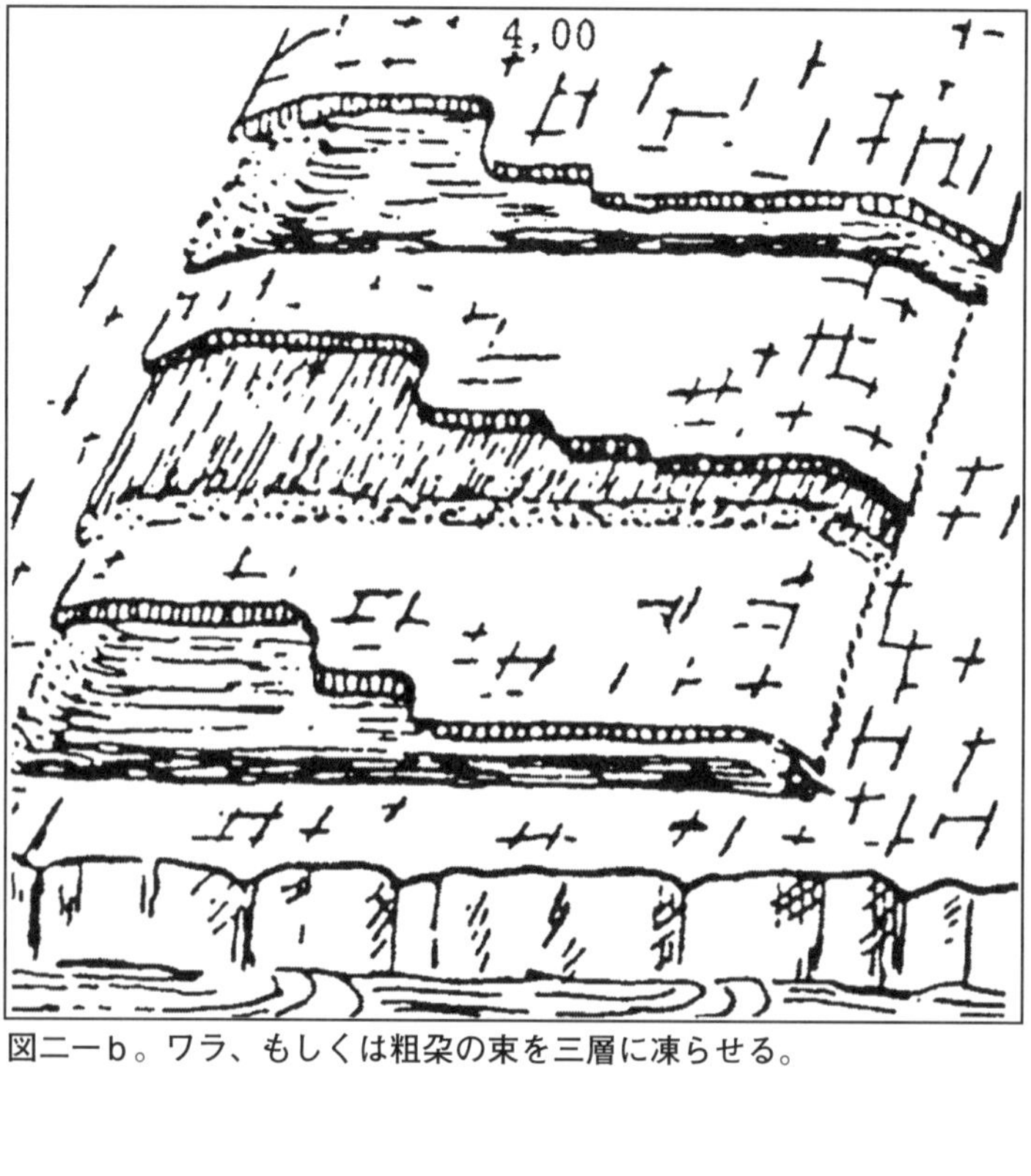

図二一b。ワラ、もしくは粗朶の束を三層に凍らせる。

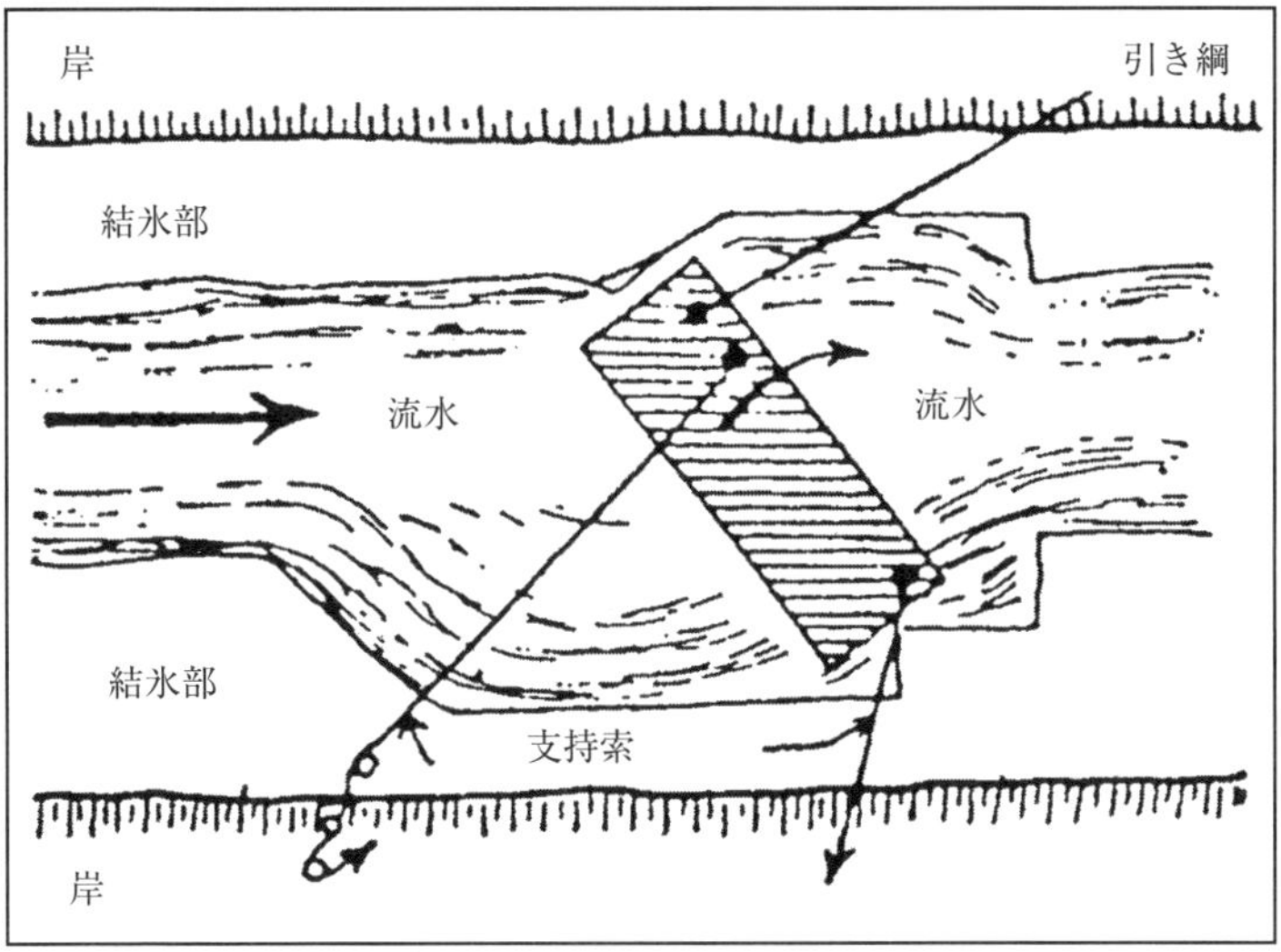

図二二ａ。浮氷の方向転回。

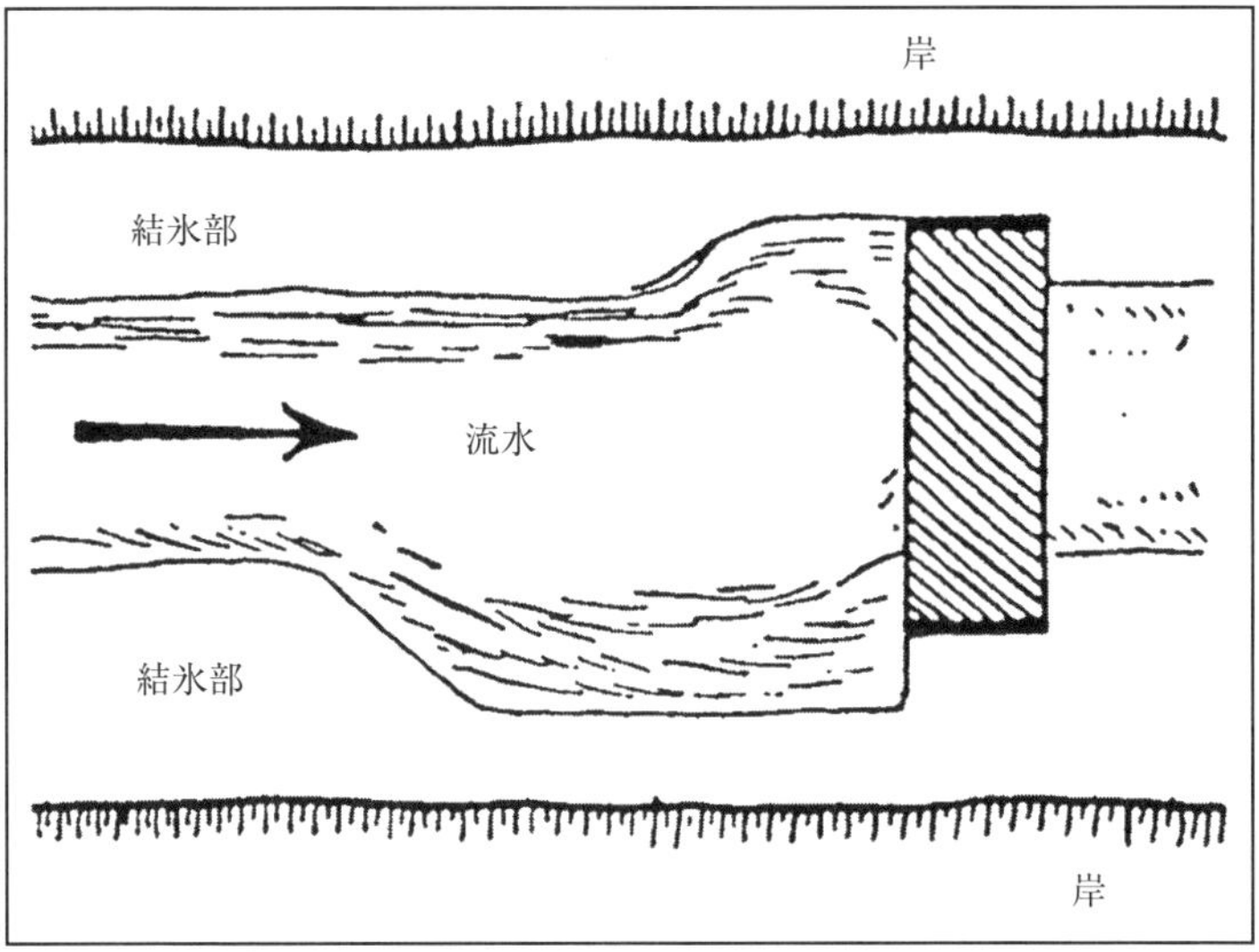

図二二ｂ。氷橋の形成。

の氷から、長い氷のイカダを切り出し、橋のない箇所に斜めに配する（図二二aおよびb。フィンランドにおいて、非常に有効であることが証明されている）。
一五、凍結した湿地は容易に横断できる。横断前に、棒を使って、雪や氷の厚みを確認すること。
速やかに、かつ徹底的に凍結するのは……。

—草湿地。氷が草の上に堅固な層をつくる。

凍結に時間がかかるのは……。

—苔湿地。氷は苔の上ではじけ、砕けてしまう。灌木に覆われた苔湿地は容易に通行できる。

不均等に凍結するのは……。

—勾配のある湿地。

凍結しにくいのは……。

—ヤナギやハンノキの若木に覆われた湿地。

—湿地の周縁部。

Ⅶ．冬季野営

一般

一、戦闘上の必要、集落が少ないこと、また、そうした集落がしばしば宿営に適さないことなどから、ほとんど舎営せずに済ませることが必要になってくる。が、頻繁に野営したとしても、将兵の戦闘力を衰えさせてはならない。

二、野営中は、とりわけ綿密な警戒が必要になる。野営地は、できるだけ良好な偽装をほどこし、敵が接近しにくいようにするべし。従って、防護されている地区に拠るのは、たいていの場合に適当である。積極的な捜索および警戒とならんで、野戦に適した施設、とくに障害物を設置することは、将兵の防護と安息を保証する。小部隊、何よりも斥候隊を、見通しの利かない場所に潜ませ、見張りを行わせることは、最大限の安全を保障する。足跡や軌跡を消すことが必要になる場合もある。スキー兵に対しては、もっとも簡便な障害物を置くだけで充分なことがしばしばである。

歩哨は隠蔽されたかたちで配する。歩哨の存在によって、野営中であると暴露されるようなことは許されない。極度の寒気や強風の場合には、歩哨の頻繁な交代が必要となることもある。しかしながら、敵に対する監視の継続性を失ったり、歩哨の交代頻度から、敵が警戒兵力を正しく算定することを可能とするがごとき事態は避けるべし。

兵器とスキーは、雪と湿気から守られ（ただし、暖房のあるところに入れてはならない）、すぐに使えるような場所に置く。

三、野営地を選ぶにあたっては、戦術的な必要とならんで、湿気、風、寒気より守られていることも基準となる。樹木と水があることも望ましい。

低地、窪地、谷にあっては、多くの場合、その周辺よりも気温が下がる。窪地周縁にできる雪庇《せっぴ》や風下側（風向と逆の側）に堆積した雪は、雪洞構築に使用し得る。風よけのない場所は、とりわけ吹きさらしになるから、野営には適さない。森林地帯は野原より暖かく、焚火の光を隠してくれる。枝の高さが積もった雪の高さほどまでの、そう大きくないトウヒは、積雪が深い際、小規模な部隊に好適な避難所を提供する。

四、野営準備に時間を使うほど、休息の時間は短くなるが、それによって、より良質の休養と暖房が可能となる。

五、湿気は野営の困難をいや増すものである。湿気と地面の寒気を防ぐための下敷きとして、木の葉、苔、粗朶、ワラ、木材、板、スキー、毛皮、天幕布地を使用し得る。被服装備は、野営所に持ち込む前に、雪を払っておかなければならない。歩哨が、この作業を点検する必要が出てくる場合もある。

六、風は暖気を奪う作用をおよぼし、待避所の暖房を阻害する。出入り口は、風の入らぬように設置すること。とくに、防風壁を設置すれば、風の悪影響を低下させ、雪や土が吹き込んでこないようにできる。

七、極寒には、特別の処置が必要になる。経験に学び、適切な装備をほどこすことにより、湿気や風に対するよりも、ずっと容易に寒気を防ぐことができる。

野営準備は、行軍停止後、ただちに開始しなければならない。そうすることで、将兵の体温が保たれたままになるのである。

待避所の出入り口は（構築上、構造が許すかぎり）、深いところにつくらなければならない。いちばんいいのは、下部から上部に通じるようにすることだ。待避所は極力底部につくるようにするが、貯蔵所は、可能なかぎり高い場所に設置すべし。

暖房源（焚火、調理器等）は、できるかぎり深部に置くべし（暖炉孔、調理孔）。

人間は、低い気温よりも、地表部分の寒気に弱いものであるから、寝台の設置はとりわけ重要である。二十ないし三十センチの厚さにモミの木の枝を積み、その上に天幕布地や毛布をかけたものは、寝台として、非常に好適である。天幕布地や毛布がないときにも、防寒用に、粗朶を地面に敷き詰めることもできる。そのためには、二層に粗朶を敷くことが必要となる。第一層には、太い粗朶を地面に斜めに刺していく。それによって、「空気のクッション」ができるのだ。第二層としては、この「空気のクッション」に、柔らかい粗朶を刺していく。その向きは、先端が天幕中央部を指すようにする。

八、野営施設構築の種類は、状況、入手し得る構築資材や携行した装備による。従来、使用できない、あるいは、特別な事情のときにしか通用しないとされてきた方法も、将兵にとっては、まったく適当であることが、経験的に証明されている。主要な方法は、以下のように分類される。

―雪による構築。
―天幕。
―枝組・半地下小屋。

以下の項で述べるような野営構築物づくりの経験や訓練は、ロシアにおける冬季戦に必要不可欠なものである。

雪による構築

九、雪による施設構築の前提条件になるのは、雪に対する大きな嫌悪感を払拭することだ。その助けとなるのは、実際にやってみることのみである（「冬季事情」の章を参照）。

雪は風を防ぎ、暖気を保つ（木材の三倍以上、暖かさを維持する）。やらなければならないのは、身体と雪のあいだに中間層をつくることである。それによって、雪は融けなくなり、体温も奪われなくなる（これに使えるのは、厚い肌着、軍服、偽装用被服、外套、天幕用布地、毛布等。スキーも底面の下敷きに使用できる）。

一〇、状況、積雪量、雪質に応じて、以下のごとき雪による構築が有効であることがあきらかにされている。

—雪孔。
—雪洞。
—雪壕。
—雪屋《せつおく》。

――エスキモー式のイグルー〔雪でつくったドーム状の住居〕。

一一、雪孔。凍傷等を防ぐ緊急避難所をつくるための、いちばん簡便な手段である。たとえば、暴風雪、開けた雪原での攻撃において匍匐している際などに用いる。

これを掘るには、円匙《えんぴ》、スキー、臨時には銃剣などを使う。まったく道具がない場合でも、少なくとも五十センチ、雪が積もっていれば、あおむけに横たわり、足で蹴り、手で溝を掘りながら、何度か寝返りを打つことで、数分のうちに、身体の長さ、肩の幅だけの穴ができる。穴の深さが五十センチになったら、両側の雪を掘り、上部にかけ、小さな開口部を残すだけにする。敵情や寒気しだいで、この穴を完全にふさぐことも可能である（図二三a～d）。

この空間が小さければ小さいほど、暖かさは増す。雪がそう深くない場合には、上部が開いた雪孔をつくり、雪のブロック（付録「エスキモー式のイグルー」を参照せよ）で覆うこと（図二四aおよびb）。

一二、雪洞。雪が積もった斜面には、いっそう素早く穴を掘ることが可能である。この雪洞の出入り口を外部に向けて斜めに設置すれば、とくに効果的に寒気の流入を防げる。（図

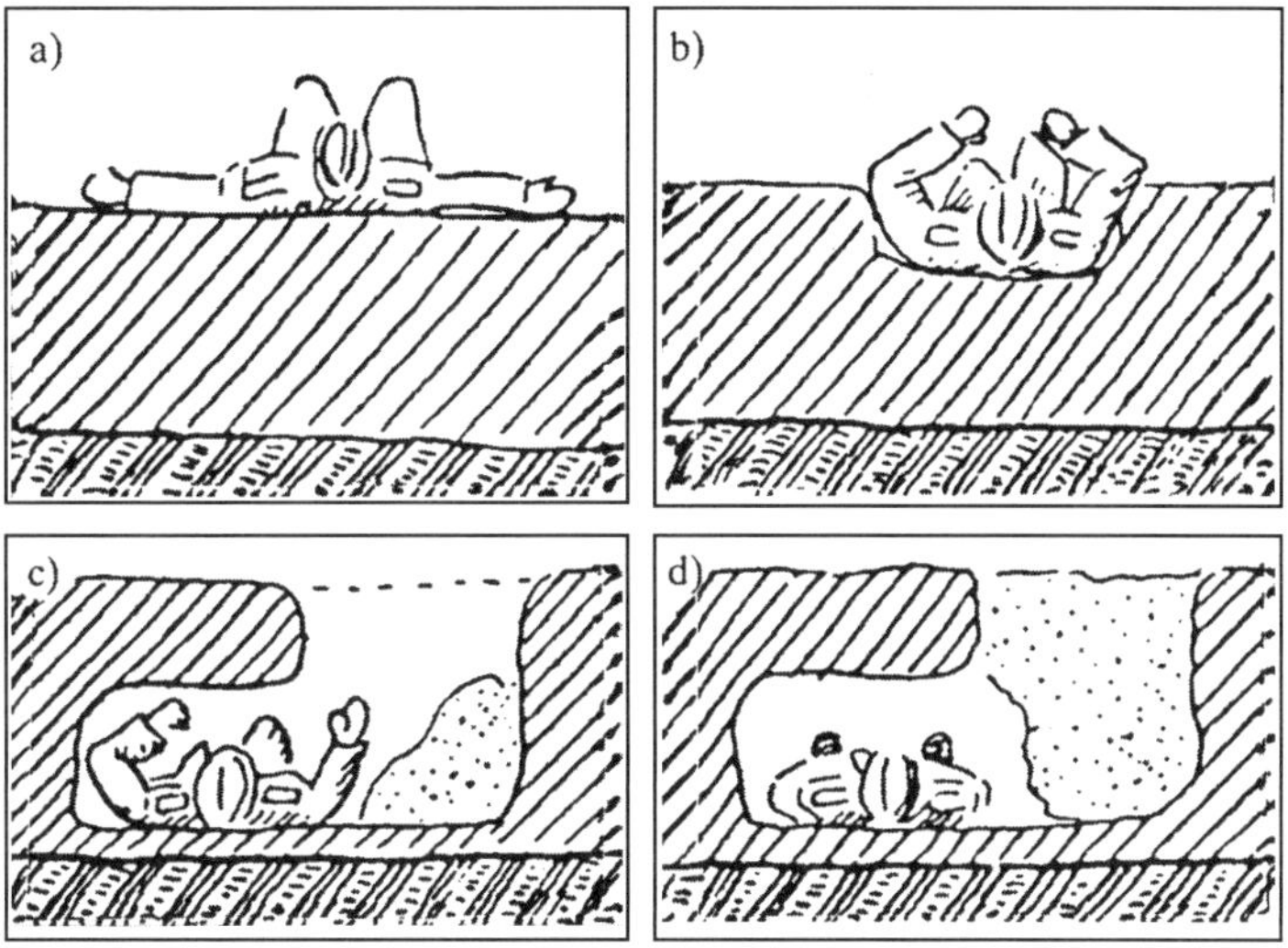

図二三。積雪五十センチの際の雪孔。

二五）。

天井部の雪の負荷抗堪性に応じて、多数の人員用の雪洞をつくることもできる。構築を速めるため、両側に出入り口をつくって、掘り進める。雪洞が完成したのち、一方の出入り口はふさぐべし。

一三、雪壕。雪壕は、雪孔と同様のものであるが、より大きく、長方形で、雪中に垂直に掘る。天井は、スキー、スキーストック、竿、木の枝、天幕用布地、雪などで覆われる。これによって、多くの人間が横臥できる場所がつくられる。足側に向けて、屋根を斜めに据えるのが適当である（図二六）。

積雪はなはだしい場合には、きわめて深く雪壕を掘ることができるから、その内部で兵員が座ったり、立っていることまでも可能になる（図二七aおよびb）。

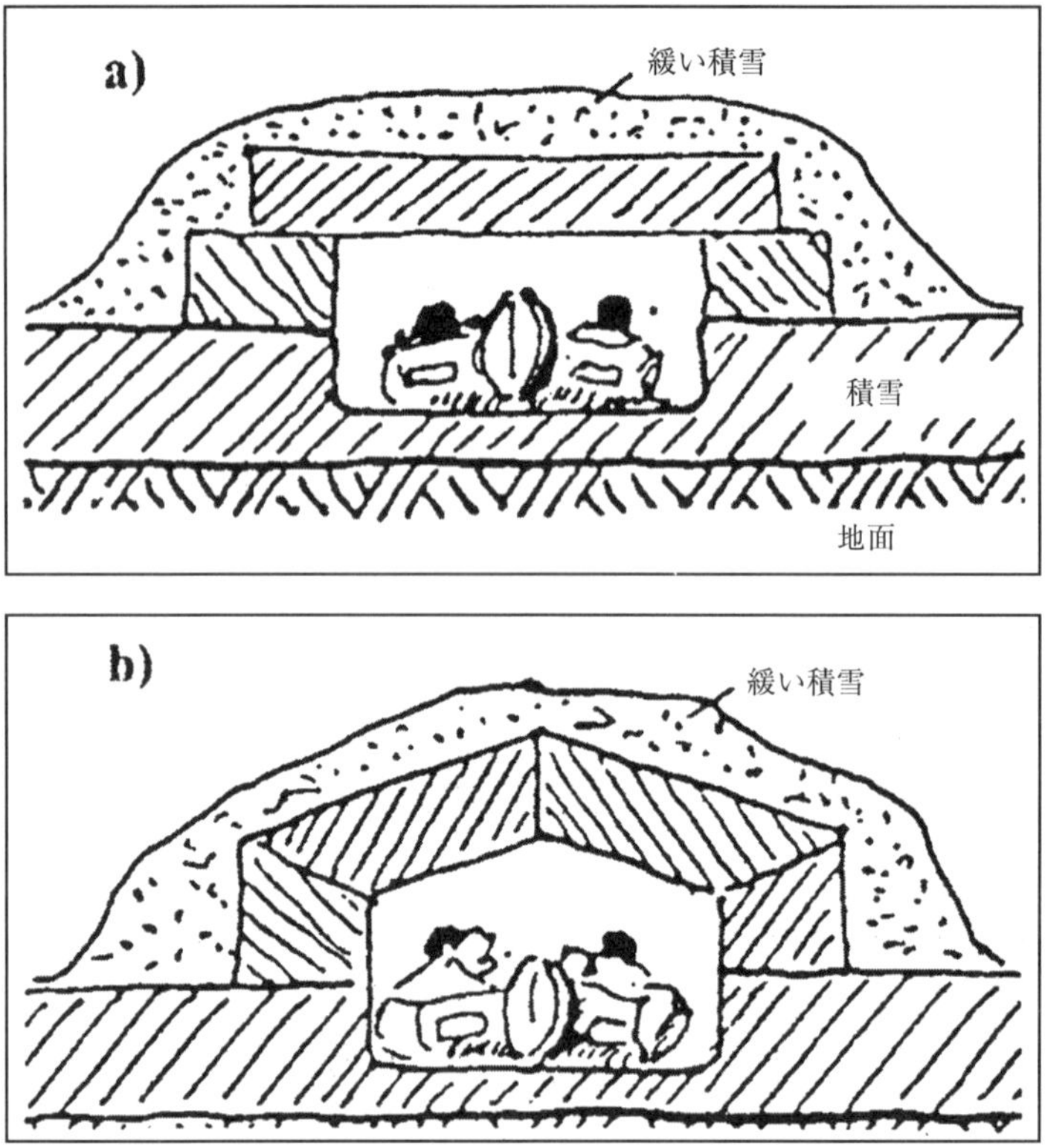

図二四。雪の深さが乏しい場合の雪孔。

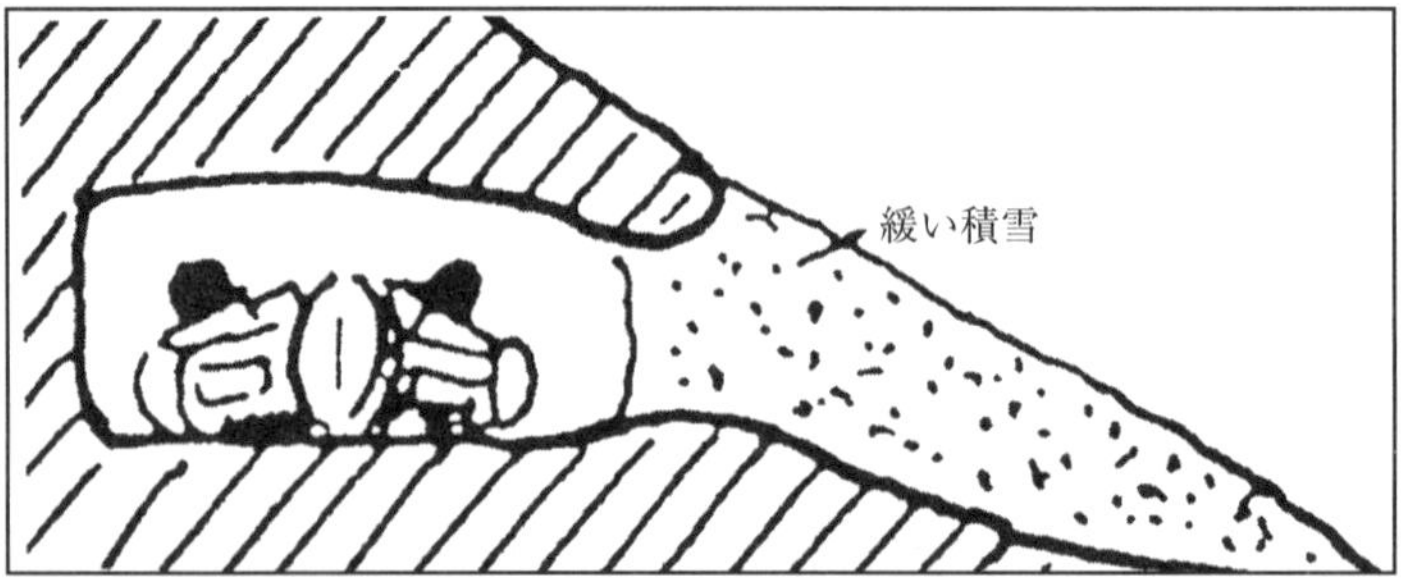

図二五。

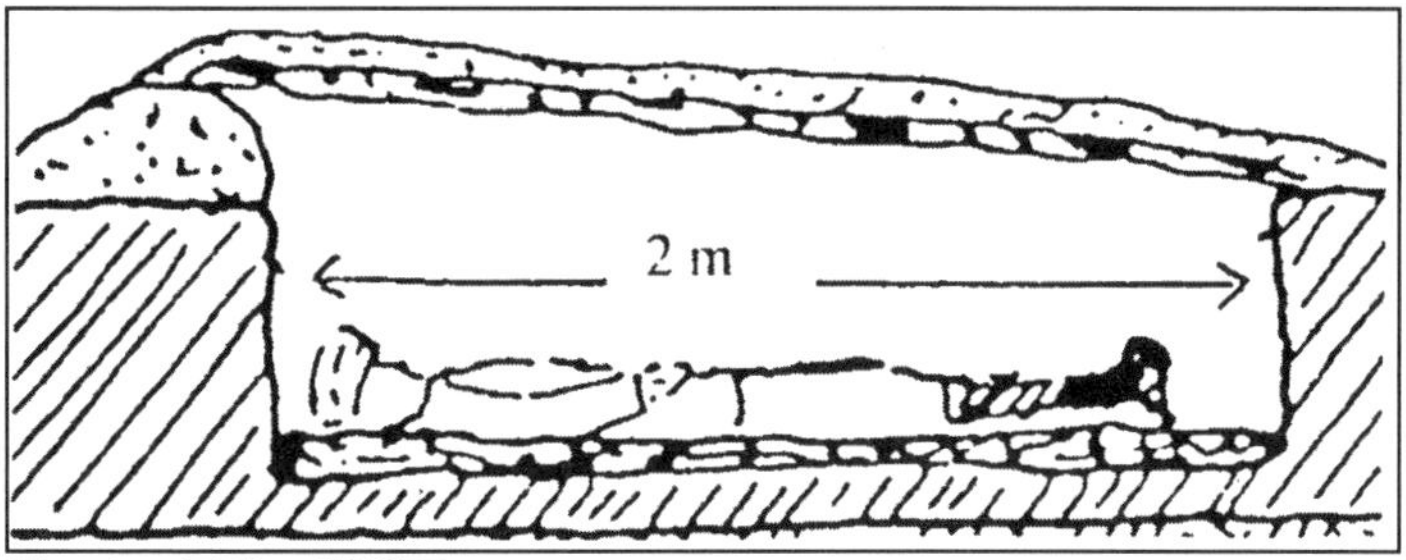

図二六。雪壕。縦断面。

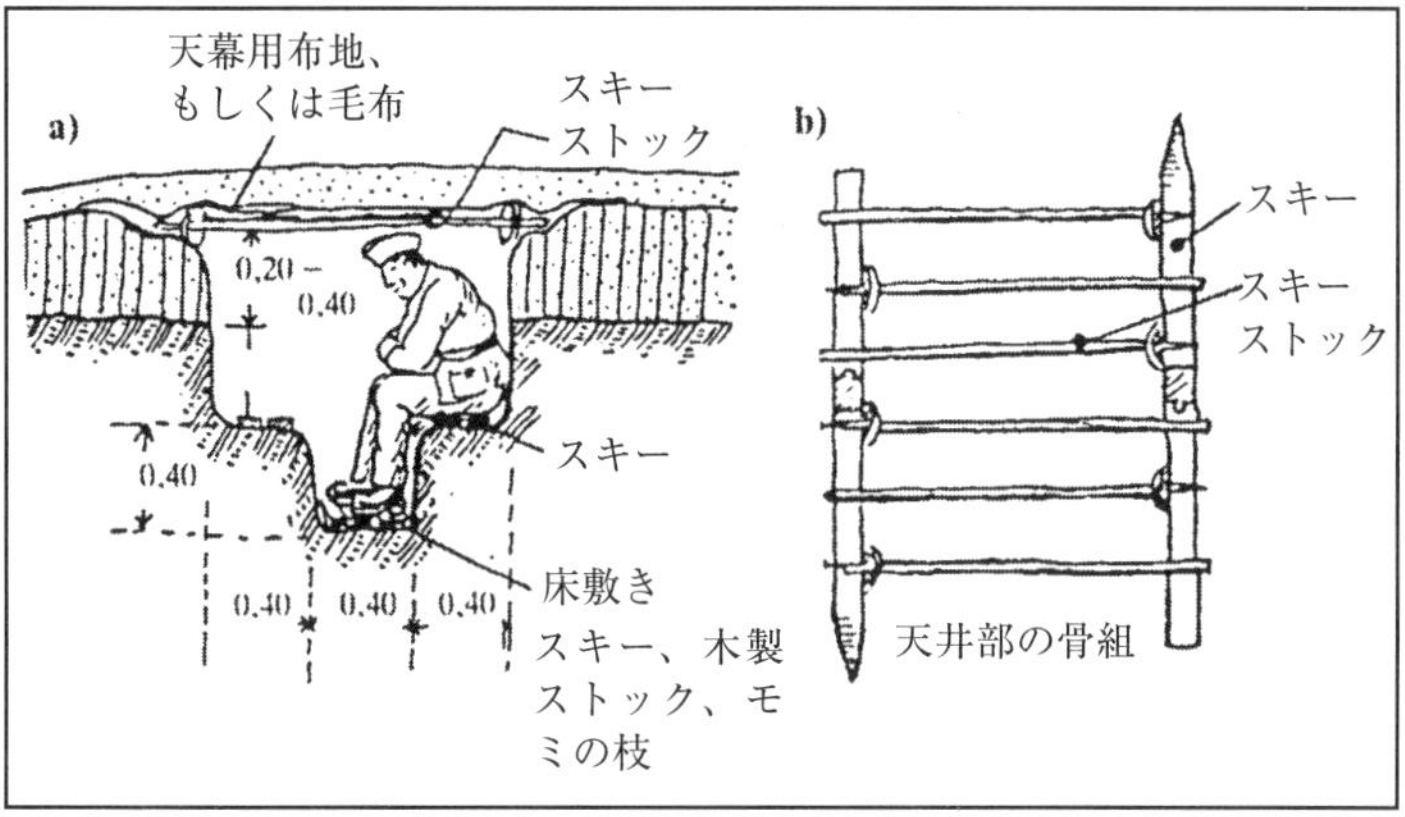

図二七。豪雪時の雪壕。

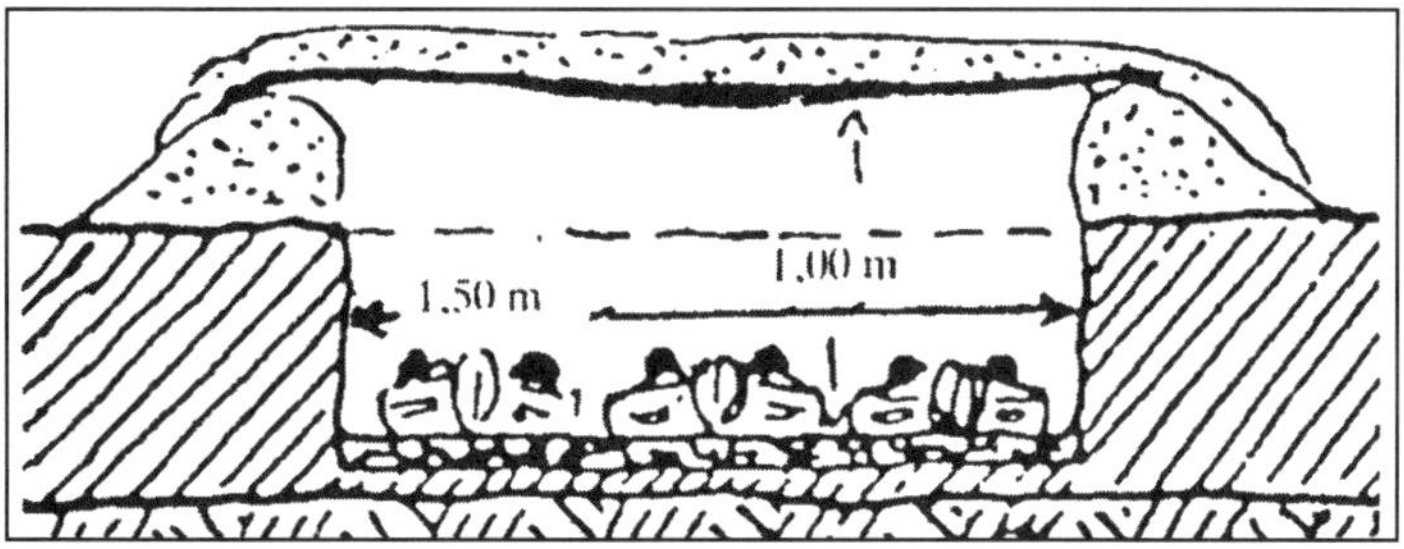

図二八。積雪が少ない場合の雪壕。横断面。

図二九。雪屋。横断面。

積雪が浅いときには、壕のふちに雪の壁を積み、その上にスキー等を架ける（図二八）。

一四、雪屋。雪屋の大きさや屋根の葺《ふ》き方は、雪壕と同様である。側壁は、雪でつくったレンガを積むが、薄い雪の屋根を葺くことが可能である。外側から雪を塗りかため、継ぎ目を厚くし、構築物を偽装し得る（図二九）。雪のレンガづくりについては、付録「エスキモー式のイグルー」をみよ。

一五、エスキモー式のイグルー。充分に雪が積もっているとき、とくに樹木がなく、周囲に集落もなく、天幕も携行していない場合に、容易に組み立てることができる、非常に有用な宿泊施設となる。それによって、防寒効果が得られるばかりか、（充分な雪の厚みがあれば）防弾効果も得られる。その利用可能性（宿泊所、哨所、貯蔵所等）は多種多様である。イグルー構築には、雪を使った訓練により習熟することが必要となる。詳細は、付録「エスキモー式のイグルー」に解説する。

天幕

一六、天幕は、きわめて迅速に張ることができ、もっとも早く暴風・防寒効果が得られる野営施設である。携行も容易で、それゆえ、冬季に移動する部隊に、とくに適している。

目下、天幕は以下のごとく分類されている。
—天幕用布地、もしくは天幕用布地を縫い合わせたもので張る天幕。
—フィンランド式円形天幕。

一七、ドイツ式の天幕布地をボタンで留め合わせた十六名用天幕は、応急冬季天幕として適している。その内部で、暖房用に焚火をしたり、天幕用ストーブを焚《た》くことができるからである。地面の面積はおよそ二十五平方メートル、高さは約二・八メートルで、少なくとも十六名が宿泊可能である。

天幕用布地が充分にあれば、その布地を二重に縫い合わせた天幕をつくっておくこと。それによって、迅速に天幕を張り、より大きな防風・保温性が得られる。各員が防水性のある下敷き（鹵獲《ろかく》した天幕用布地）を装備することが必要である。

一八、構築。八名用天幕同様、天幕用布地三枚より、四方の側面が張られる。これらは、正方形をつくるようにボタン留めされるが、そのうち一方の側面のなかほどの布は、出入り口として使用するために、上方だけをボタン留めする。タープを地面に敷き、四方をぴんと伸ばす。さらに、長いほうの側面の裾と中央部を、天幕用棒杭で地面に固定す

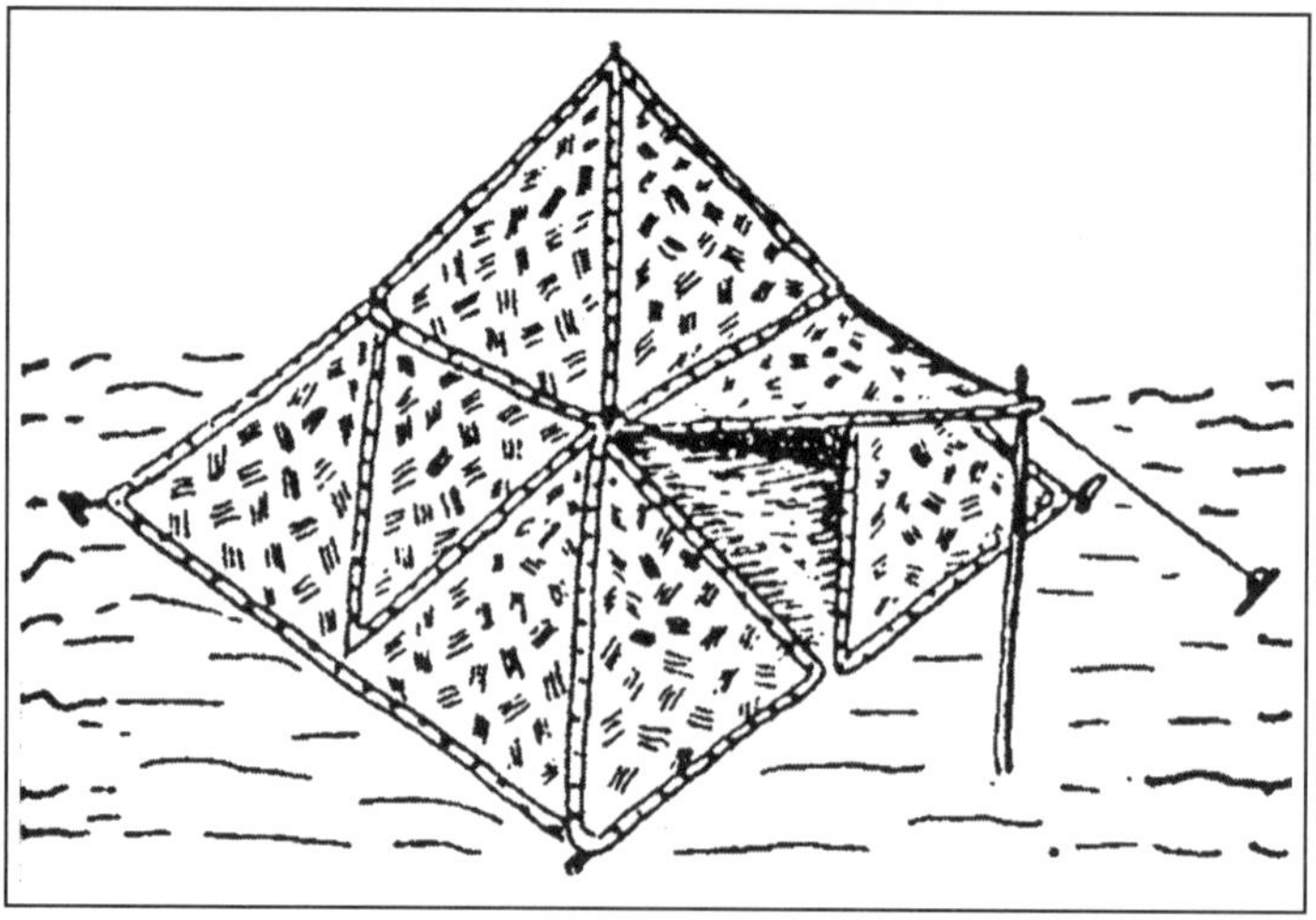

図三〇a。ドイツ式の天幕布地で張った十六名用天幕。

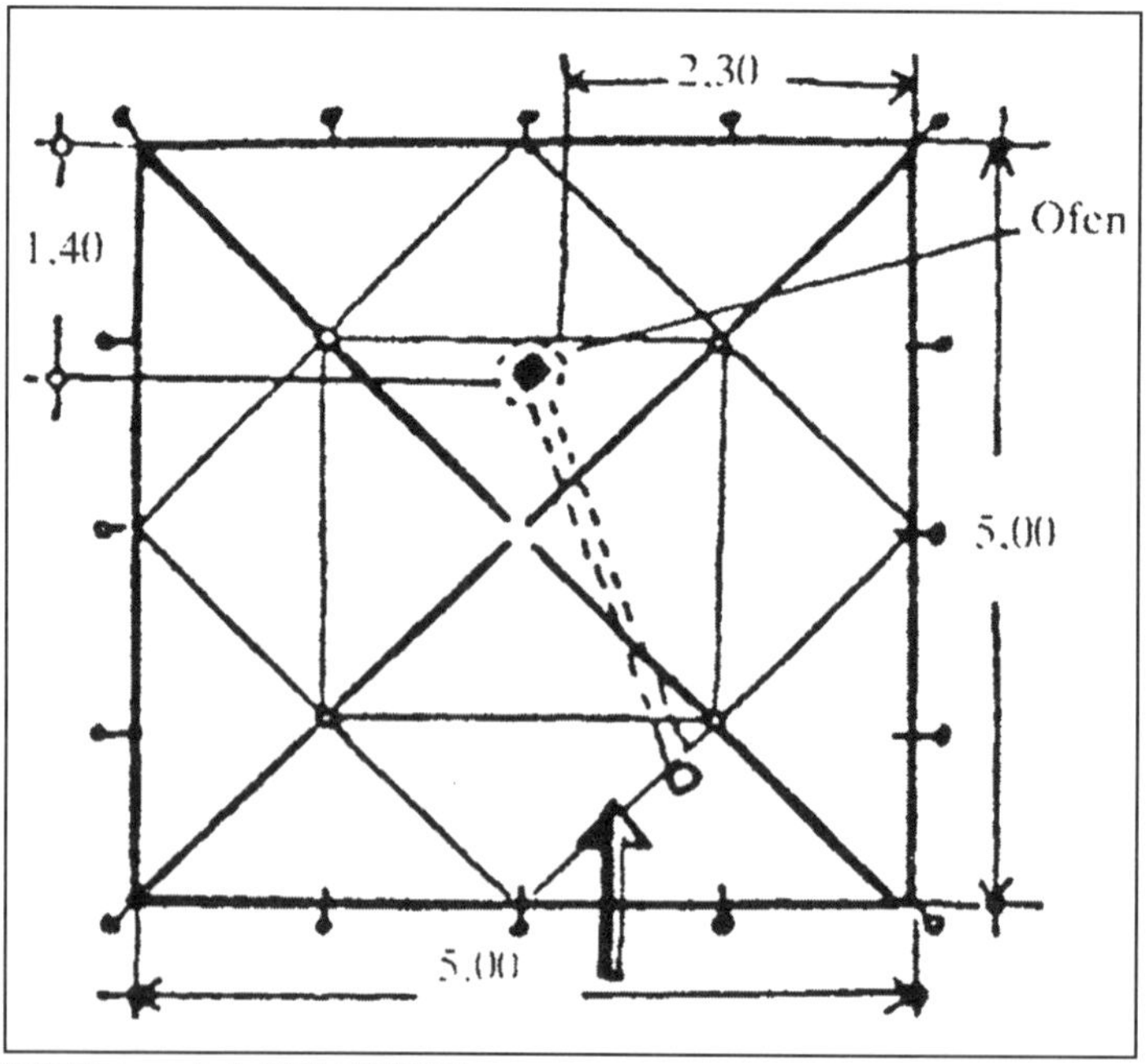

図三〇b。十六名用天幕概要。

る。しかるのちに、四隅をテントの支柱、できれば、臨時に調達した太い棒で支える（雪の重みに耐えるためである！）。この基礎工事の上に、四人用天幕を張り、応急資材でつくった約三メートルの天幕用竿を立てる。焚火の排煙のため、必要に応じて、天幕の天井を開いておく。最後に、中央部の引き綱を使って、天幕用布地を引き上げる（図三〇aおよびb）。

一九、天幕用ストーブがある場合には、天幕の屋根に煙突を通し、開放部につないでおく（図三〇aおよびb）。煙突はおよそ三メートルの高さとし、図三〇に従って設置、天幕の天井から約五十センチ突き出るようにする。これによって、ストーブの燃焼が良好になり、煙害や一酸化炭素中毒の危険も最小になる。地面が凍りついていない場合には、図七九の方式による暖房も可能である。

二〇、天幕内の地面の一部に壕を掘り、丸太、樹木の枝、土で覆って、さらに雪をかぶせると、そのなかの保温性は高まる。同時に、砲弾等の破片に対する防護も得られるのである。天幕の壁と天井のあいだの空気層により、その宿泊所内の暖かさが高まる（図三〇e）。

融雪期には、天幕の周囲に排水溝を引く。

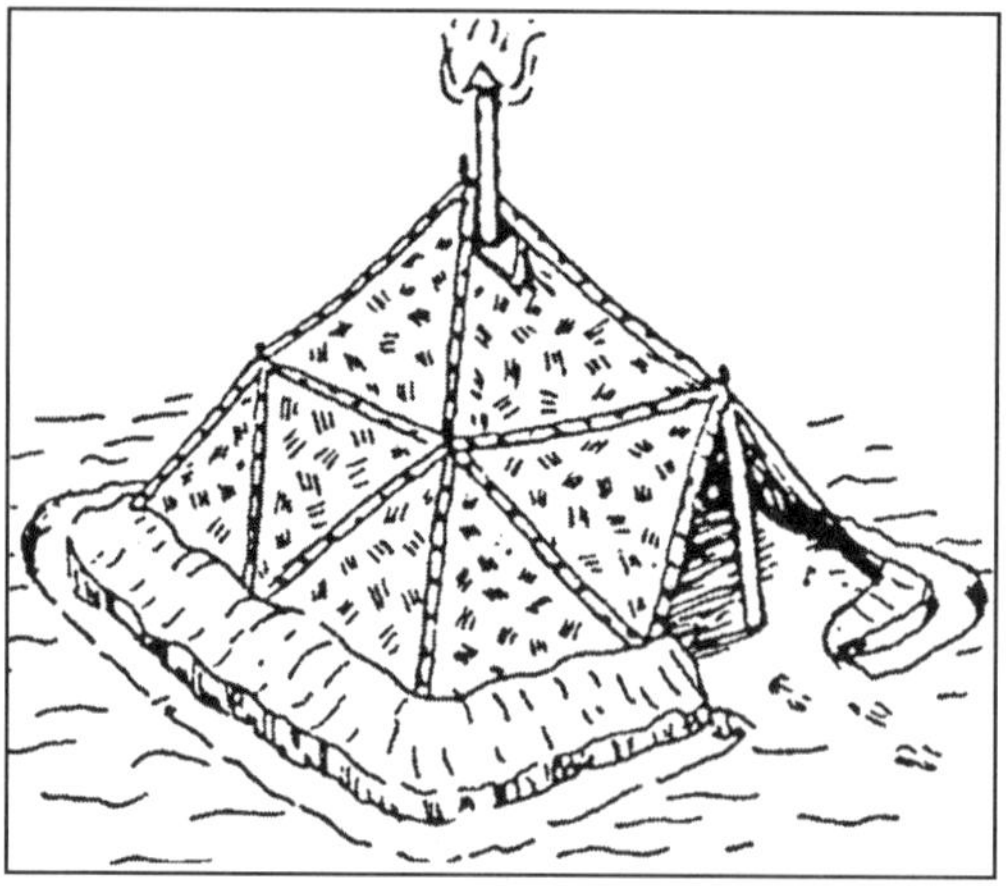

図三〇c。排水溝を設《しつら》えた十六名用天幕。

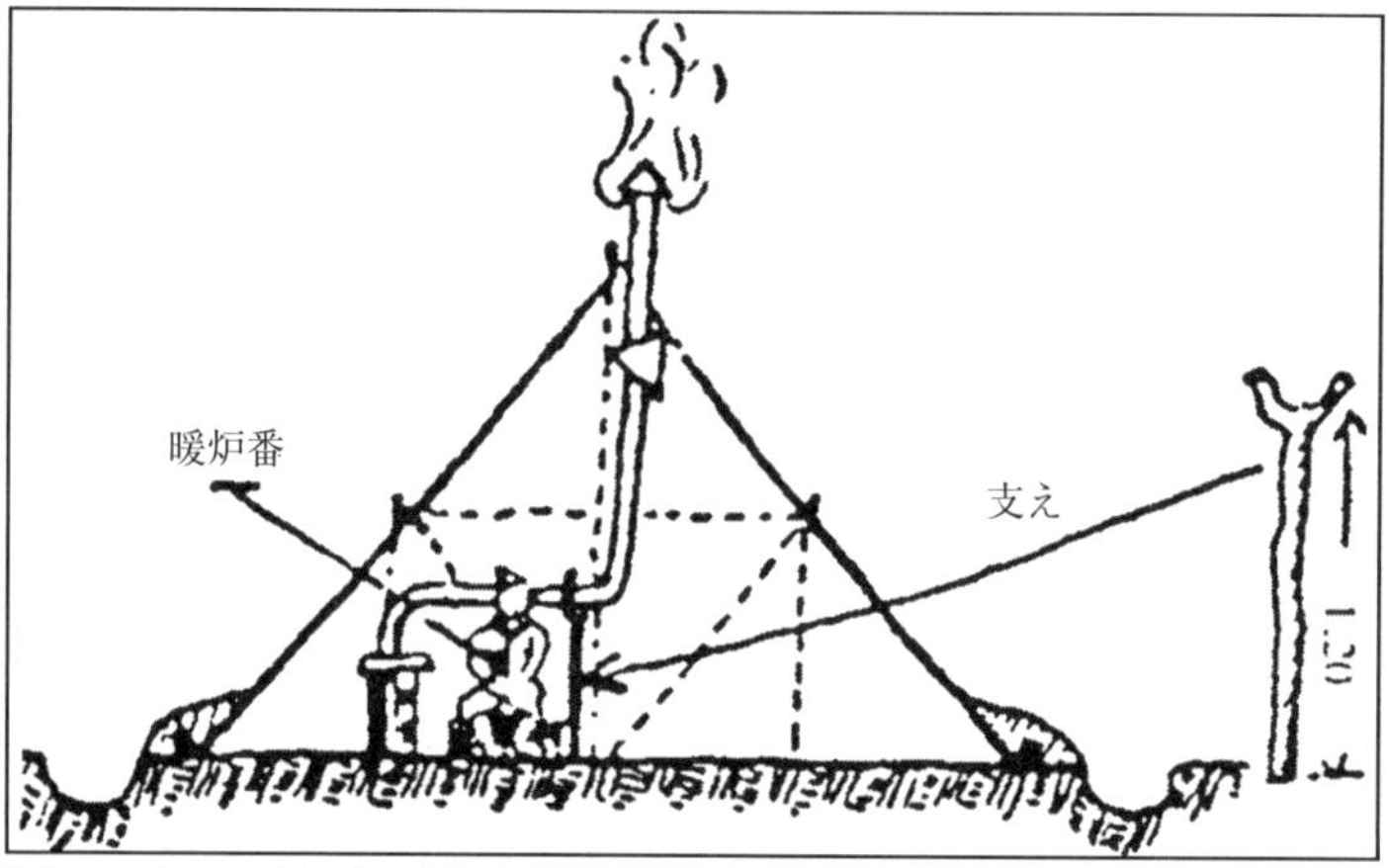

図三〇d。下水坑付の十六名用天幕。断面図。

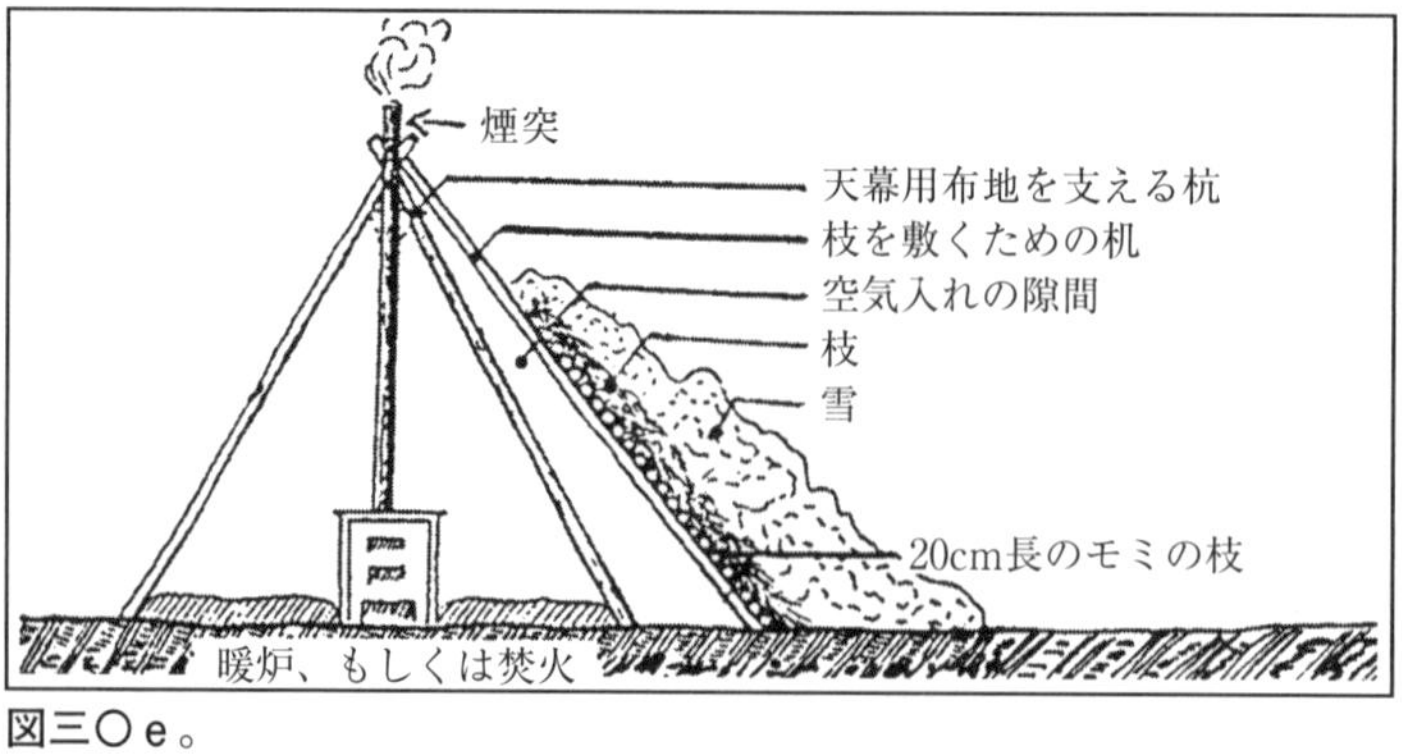

図三〇e。

二一、家屋大の天幕は、往々にして大きすぎることがある。その場合は、四ないし六名用の天幕が推奨される。二本の樹木のあいだに天幕を張るのが簡単である（図三一）。

二二、フィンランド式円形天幕。この円形天幕は、天幕用ストーブも含めて、携行しやすく（小型橇か、兵員二名で運搬できる）、十五分から二十分で張ることができ、マイナス四十度以下の気温にあっても、野営を可能とする。それゆえ、冬季に移動する部隊に、とくに適している。詳細は、図三二aおよびbをみよ。

枝組・半地下小屋

二三、森林地帯では、木の幹や枝から、防風壁（図三三）ならびに枝組小屋を容易に構築できる。防風壁を厚く編み、土や雪を塗りつけるほど、小屋は暖かくなる。焚火、とくに横木の焚火や暖炉は小屋の内部をおおいに暖めるから、冬季にその中で夜営することも可能である。

寝床

二四、少数の野営用として、もっとも簡便なのは、樹木に支えられた円形小屋（図三四）か、

図三一。二本の樹木のあいだに張った天幕。

図三二ａ。フィンランド式円形天幕。

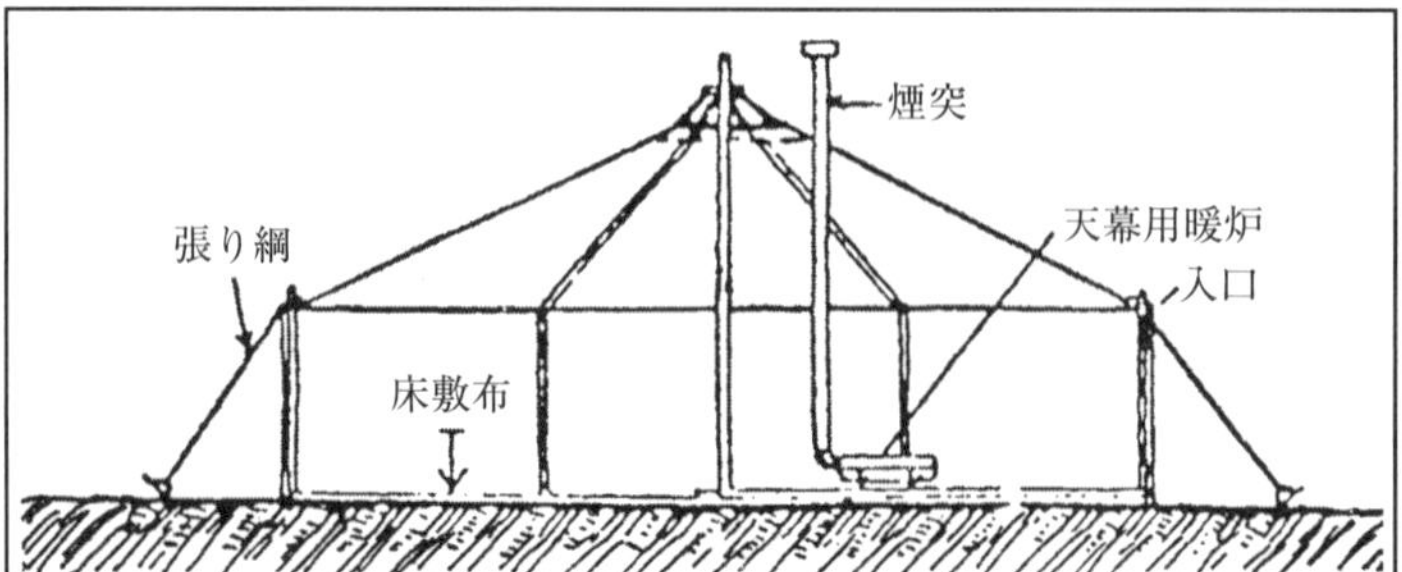

図三二ｂ。フィンランド式円形天幕。天幕内部。

図三三。横木焚火を据えた防風壁。

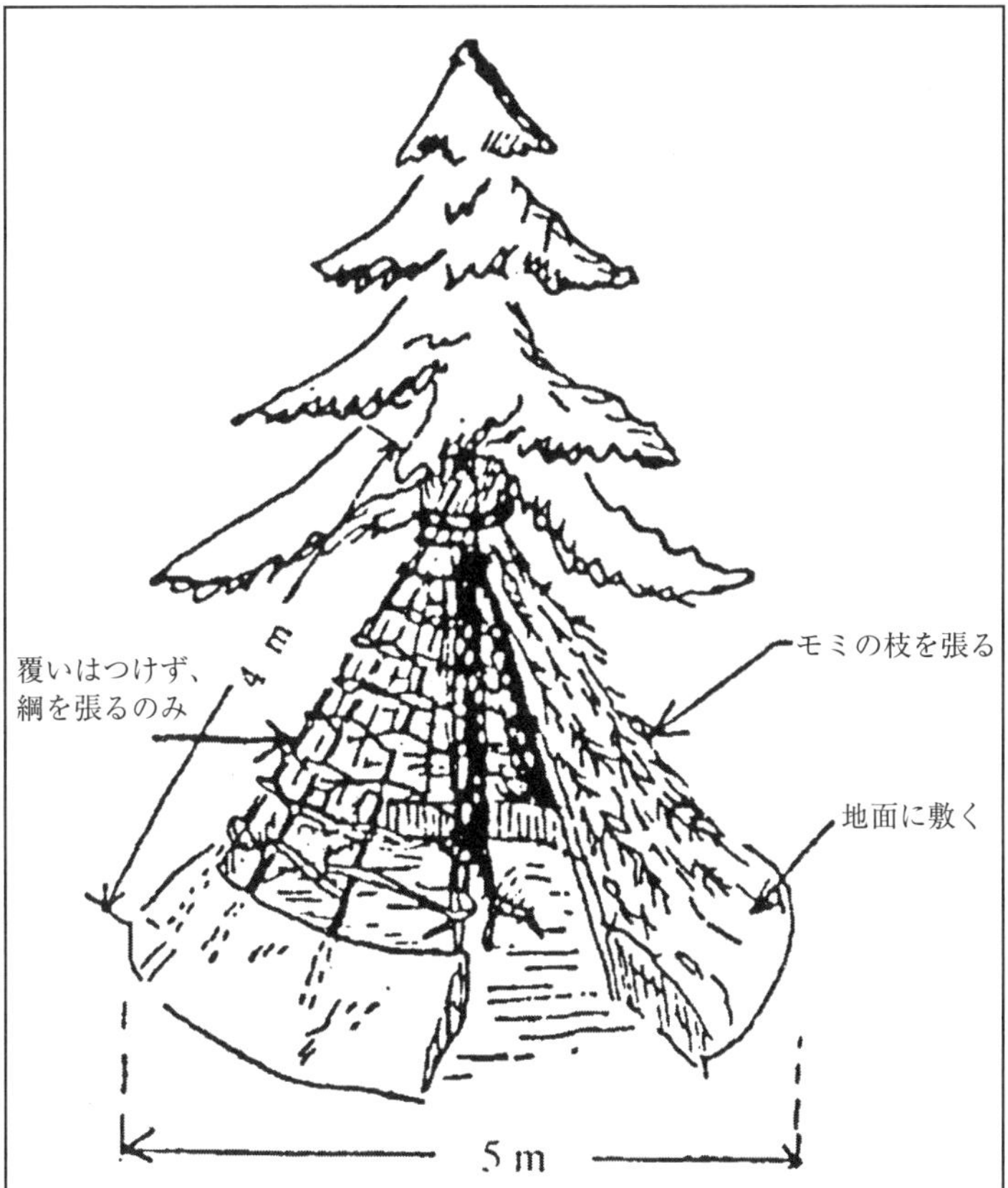

図三四。二十名用の円形枝組小屋。

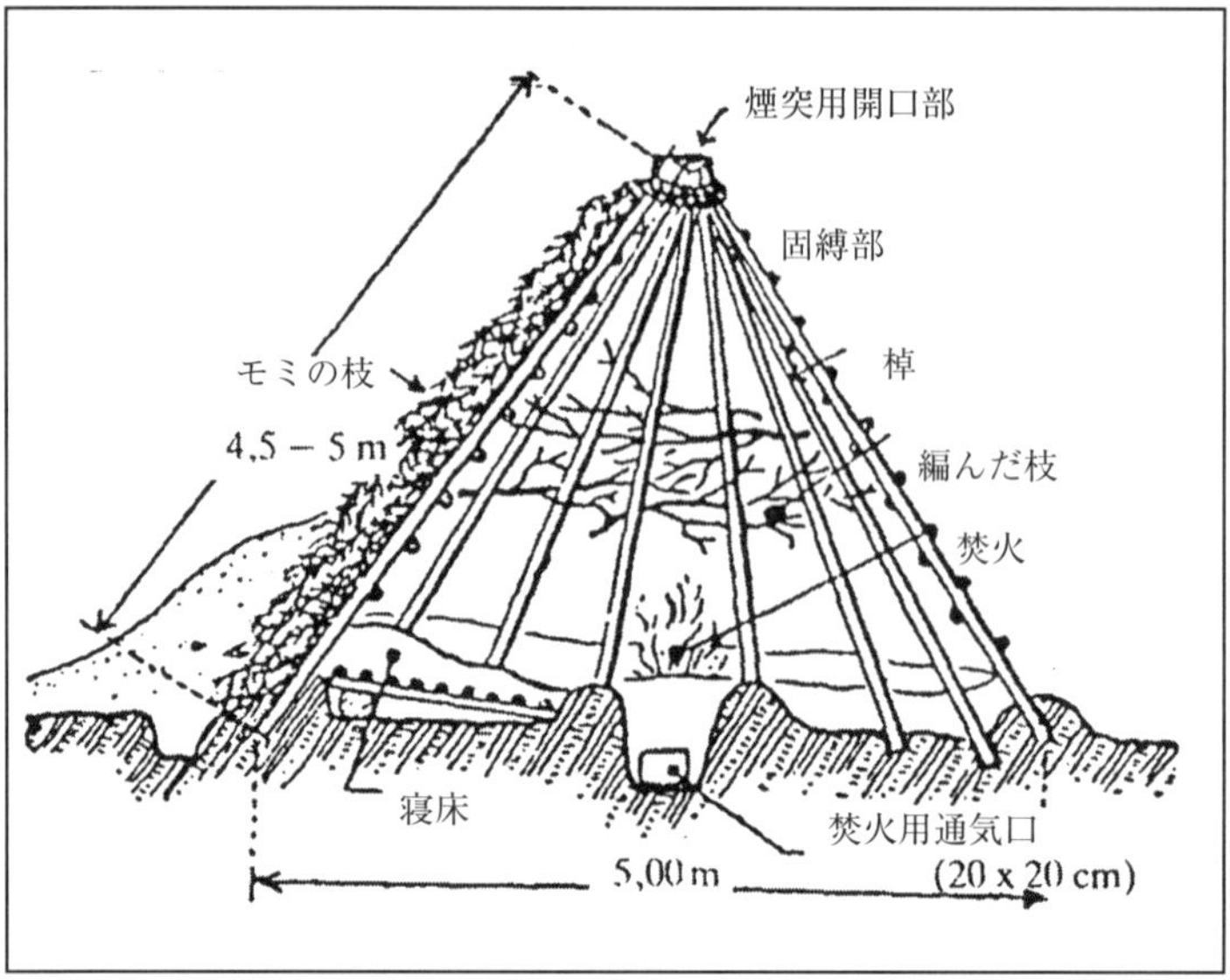

図三五。二十名用の円形枝組小屋（支柱はおよそ三十ないし三十五本）。

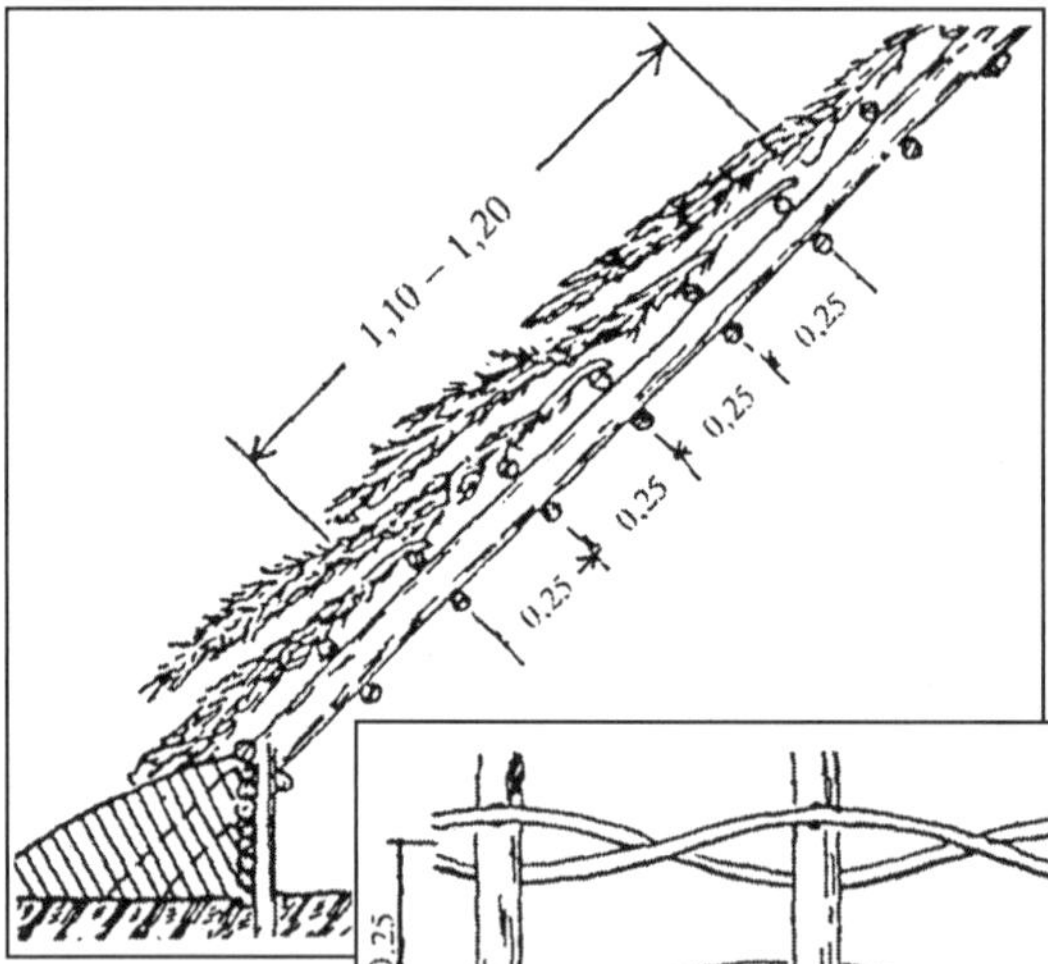

図三六a。編み細工。

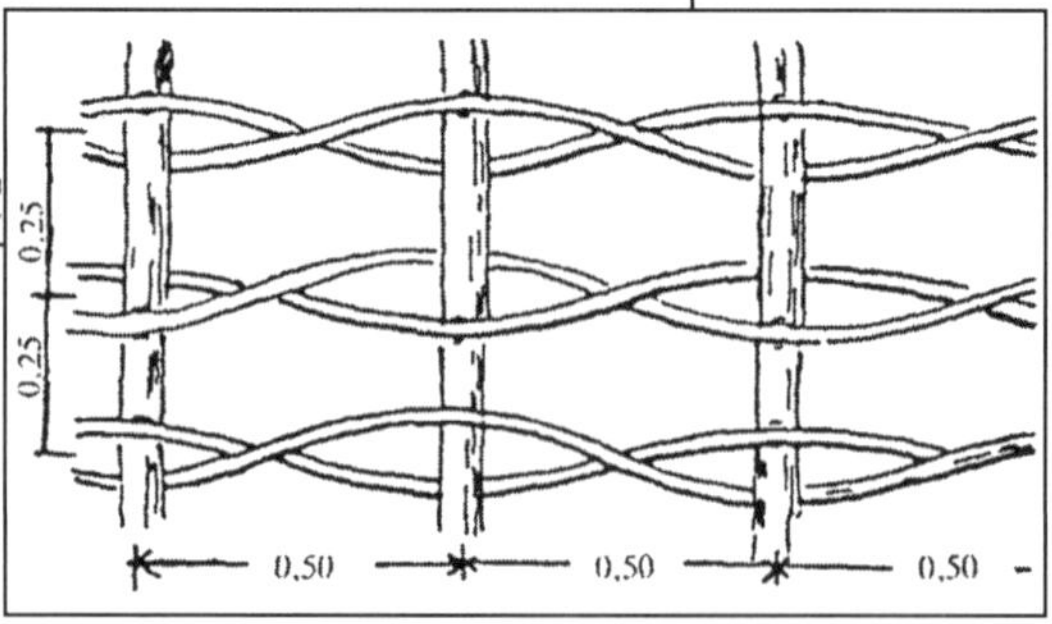

図三六b。モミの粗朶でつくる屋根瓦。

円形枝組小屋（図三五）をつくることだ。広い小屋を構築する際は、四角形につくるのが適当である。

二五、枝組小屋の骨組は、図三六aのごとく、支柱と長い枝からつくった編み細工から成る。支柱に刻み目をつけて組み合わせることで、維持が容易になる。編み細工の上には、モミの枝、アシやヨシなどを屋根瓦状に葺くか、結び合わせる（図三六b）。十五ないし二十本のモミの枝を編んだ粗朶一本につき、一平方メートルの屋根を支えられる。屋根の棟木部分は二重に葺き、屋根の一方からもう一方に枝を張る。防風措置として、まず屋根に泥を二ないし三センチの厚さに塗り、それから、雪を十センチの厚さに積むこと。

二六、図三七に示されている六名用の簡便な半地下小屋と図三八a～cに示された十名用の仮小屋（三・六×五メートル）の、互いに組み合わされた支柱と編み細工（木の枝、樹皮、細縄）や皮による屋根の棟木に注目すべし。小屋の骨組は、まず地上でつなぎ合わせ、それから立てていくのが、もっとも簡単である。

図三九は、斜面に建てた約七名用の小屋を示す。

二七、ストーブによって暖房を行う場合は、天幕同様に地面を通して、開放部につなげること。風洞をつくって、焚火用の空気を取り入れるのも、目的にかなっている。さらな

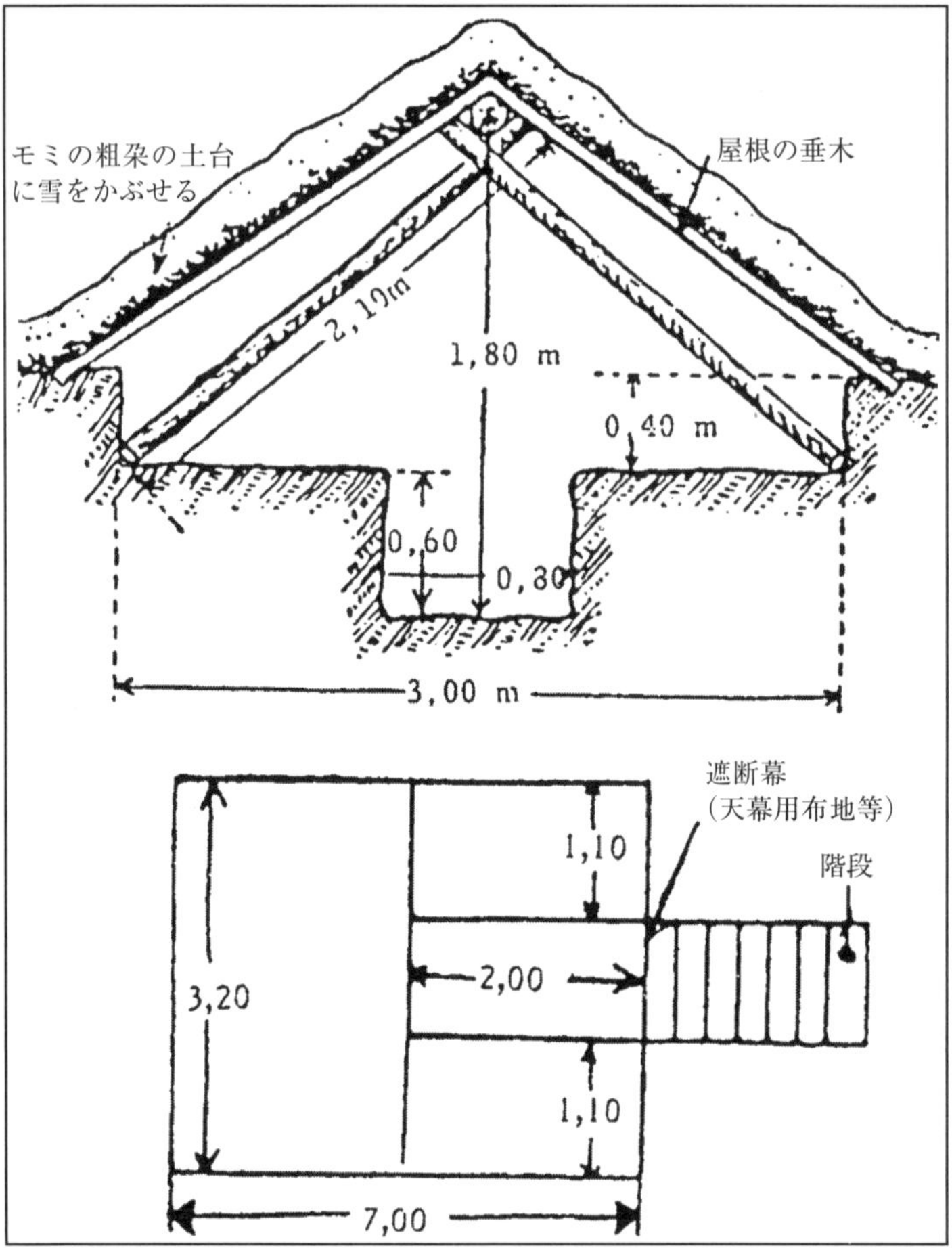

図三七。簡便な半地下小屋。

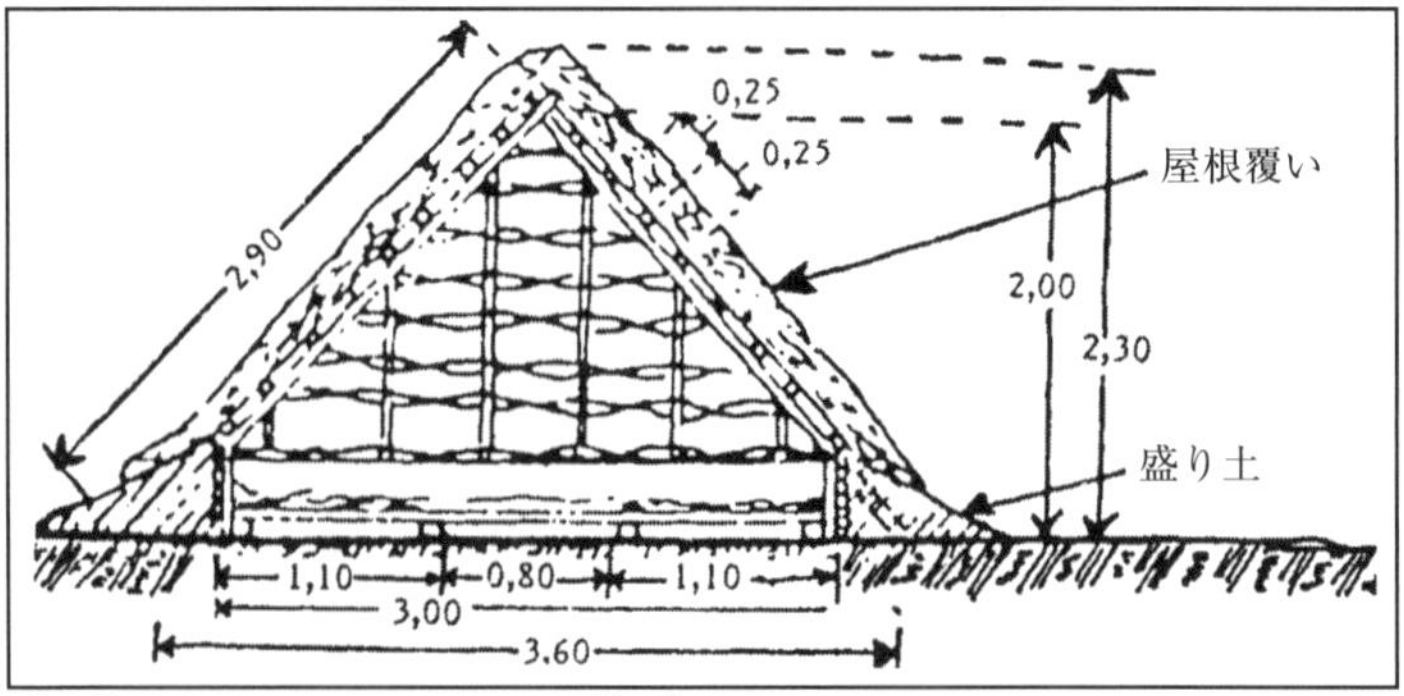

図三《ママ》八。四角形の枝組小屋。図三八《ママ》a。長軸の眺め。

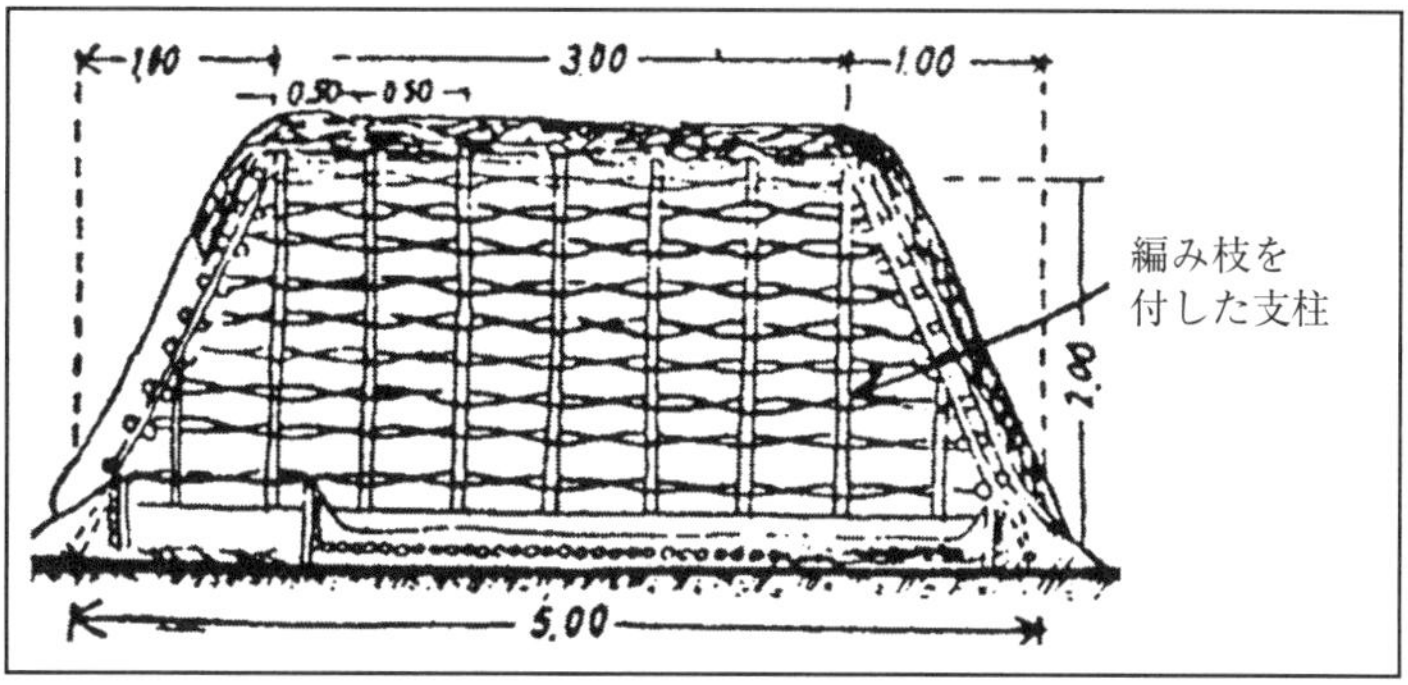

図三八b。側面の眺め。

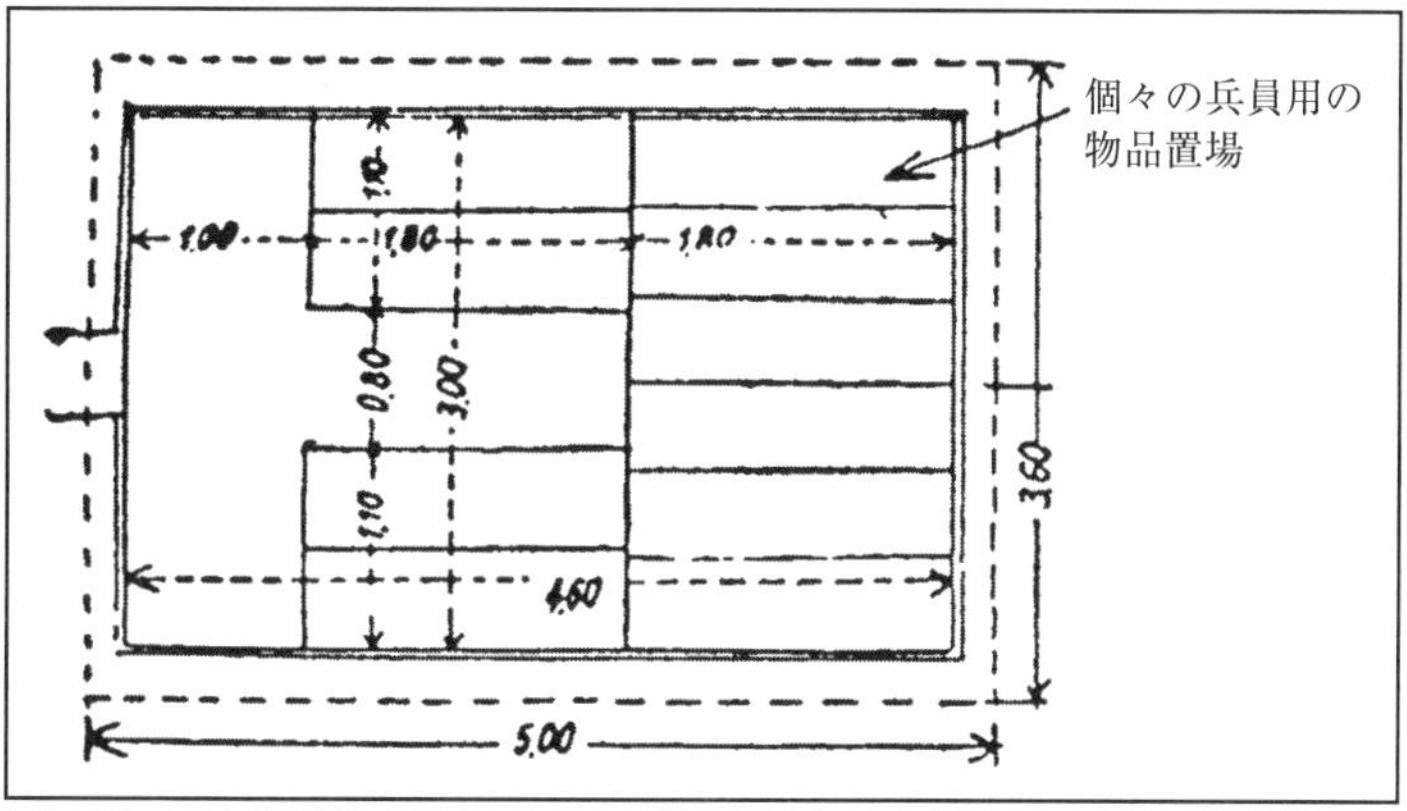

図三八c。平面図。

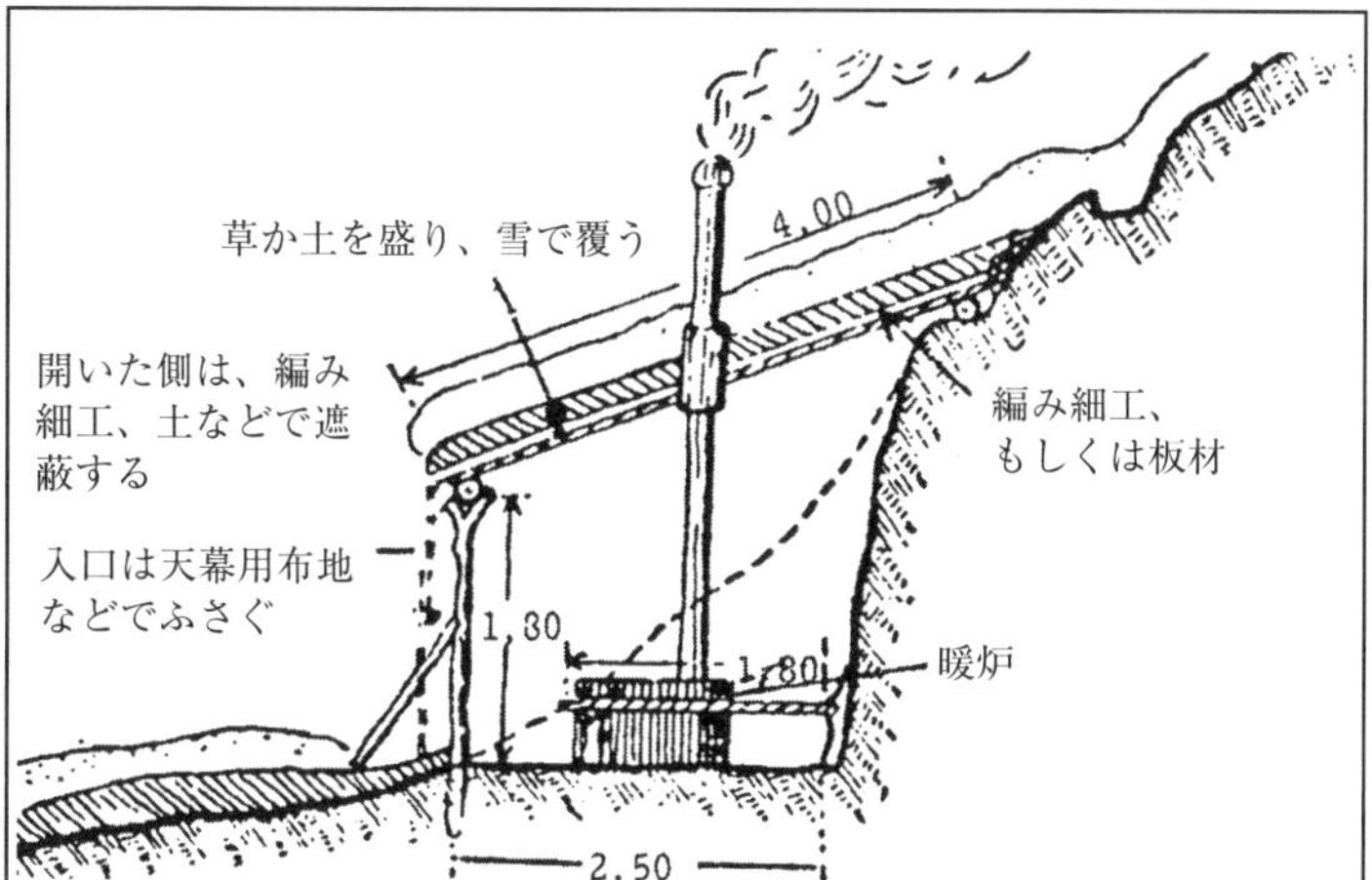

図三九。斜面に構築した約七名用の小屋（七メートル幅）。

る詳細は、「暖の取り方」の節をみよ。

冬季野営時の生活

二八、充分な経験を積めば、極寒期といえども、冬季野営での生活が健康を損なうことはない。適宜、慣れていくことが必要なのである。

二九、防寒のために、替えの肌着、アンダーシャツ等を着用すべし。外套よりも、毛布のほうが暖かい。肌着が濡れていたなら（乾かすいとまもなかった場合）、乾燥している替え肌着やアンダーシャツの上に着用すること。湿った肌着を脱ぎ捨てたままにしておくと、とくに硬く凍りつく。肌着の交換は、命令により点検を受ける。薄い被服を何枚も重ね着するほうが、厚い布地のそれよりも暖かい。窮屈な被服はすべて緩めなければならない。いかなる状況であれ、上着やズボンの下に腹帯や新聞紙を巻いておく（とくに、胸、腹、腎臓のあたりを包むようにする）ことは、よい防寒措置になる。

耳覆い、頭部の覆い、マフラー、マフィティー、手袋は、野営被服を補完する。

三〇、極寒時の野営においては、靴下を取り替えたのちに靴を履かなければならない。さもなくば、古い靴下が硬く凍りつき、靴を履くのがきわめて難しくなったり、また、靴擦れを引き起こすからだ。背嚢は、休止中、足を突っ込んで温めることに利用できる。
三一、寒冷な野営地では、就寝前に活発に運動し（長距離走、徒手体操など）、身体を温めておくべし。
複数の人間が並んで寝るときには、過剰に被服を着用するのではなく、シーツや掛布団のようにして使うほうが適切である。

野営所は可能なかぎり暖房をほどこすべし。とくに、天幕の暖房は重要である。雪が積もっていない、凍結した地面に天幕を張らなければならぬ際は、あらかじめ、その一帯で火を焚いておくことが目的にかなっている。

密閉された空間で火を焚く場合は、常に一酸化炭素に注意すること！

詳細については、「暖の取り方」の節をみよ。
三三、冬季野営での生活における、さらなる措置については、「防寒・防雪」の章をみよ。

馬匹・自動車用の野営施設

三四、馬匹・自動車の防寒・防風には、以下のものが役立つ。
—防風壁（図四〇aおよびb）。

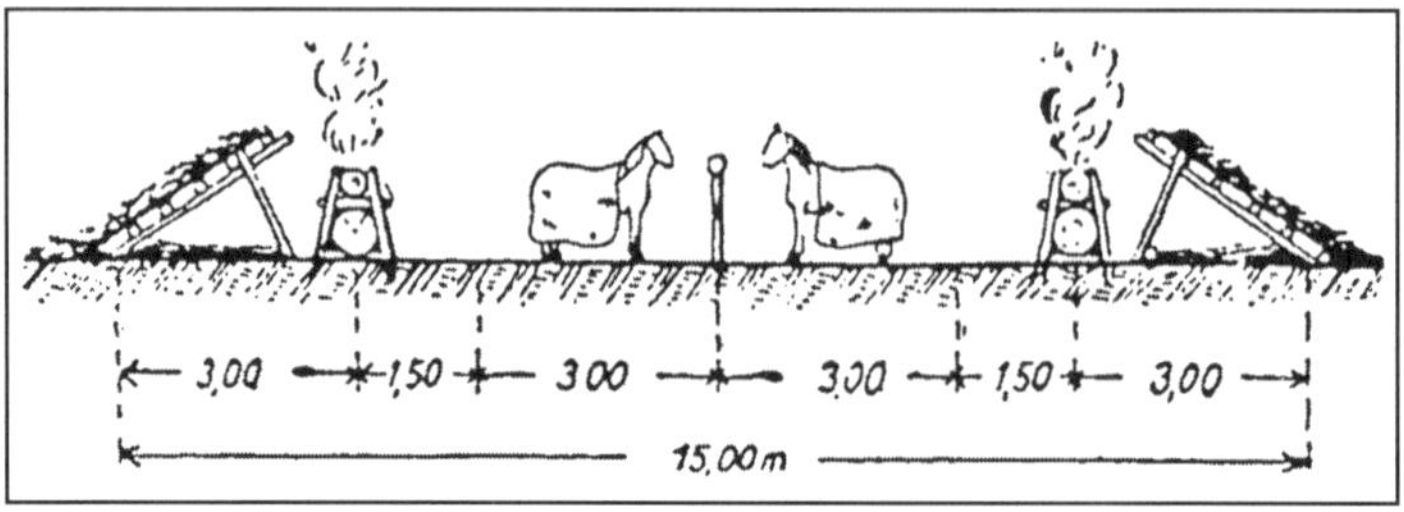

図四〇ａ。防風壁と横木焚火を設えた馬匹野営場。

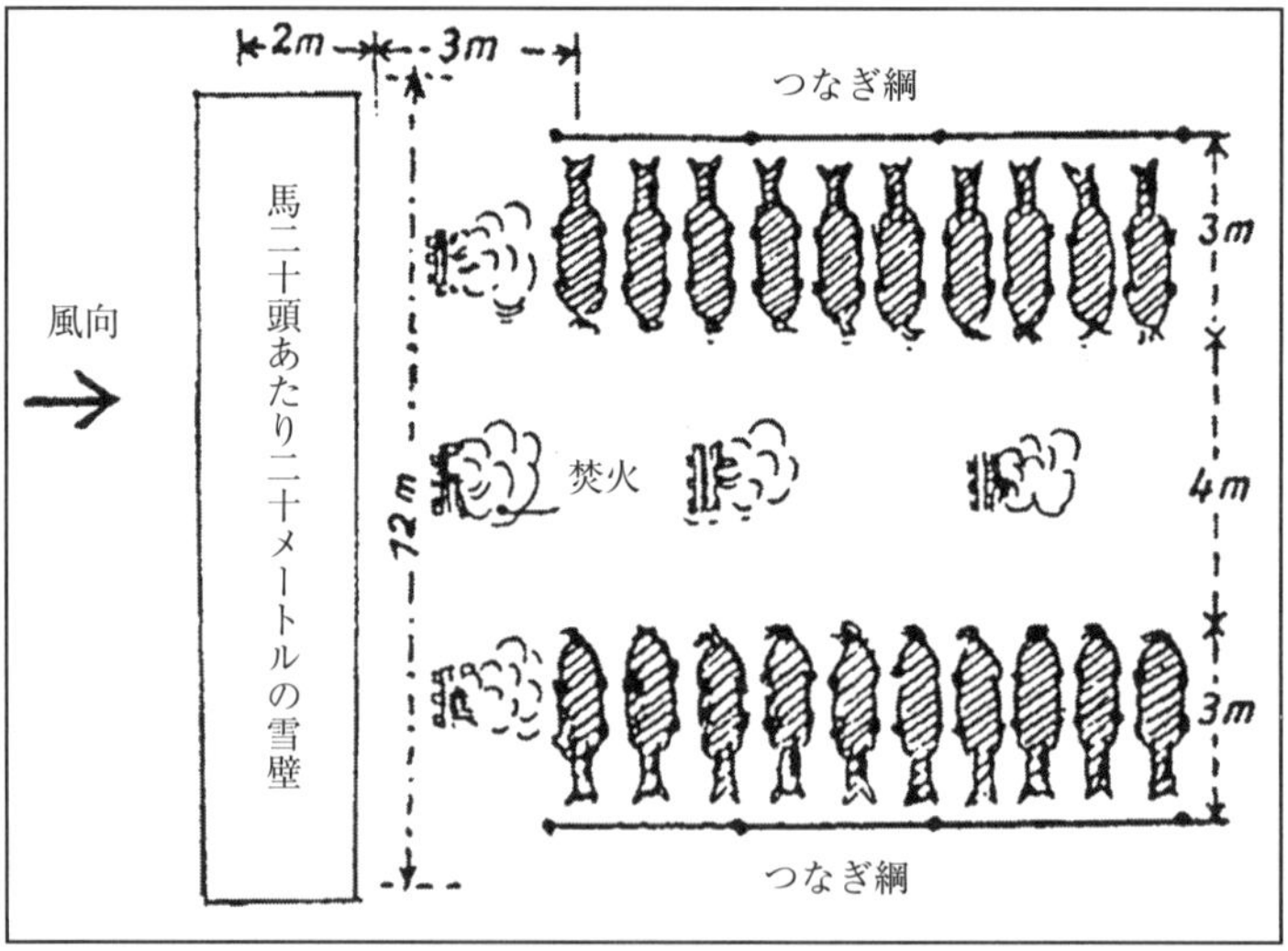

図四〇ｂ。馬匹二十頭用の防風壁（雪壁）。

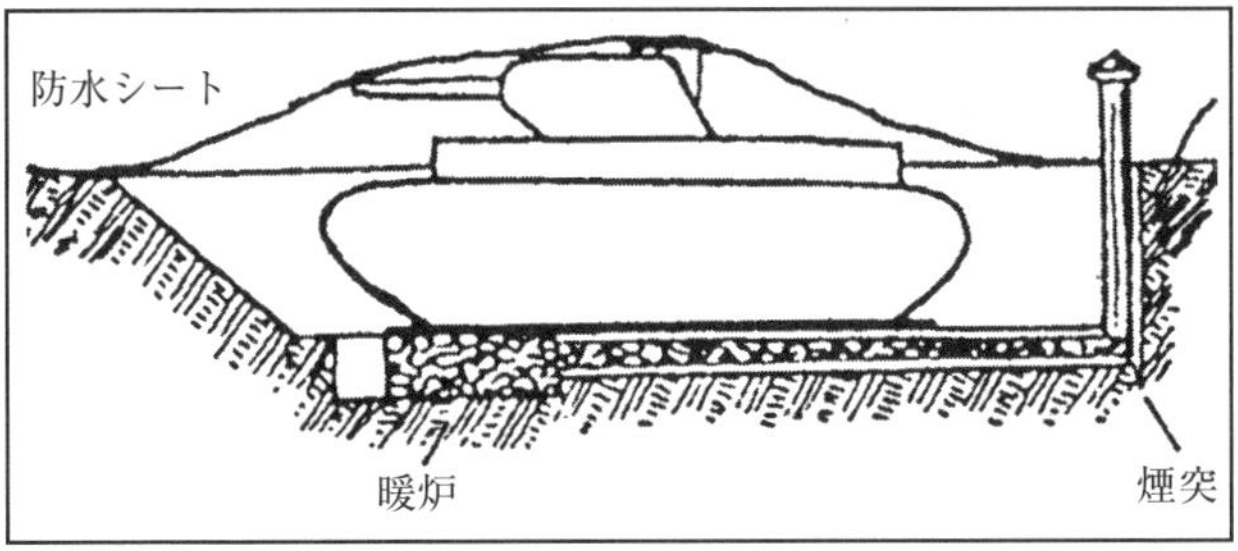

図四《マ》〇《マ》。戦車一両を温めておくための半地下小屋。

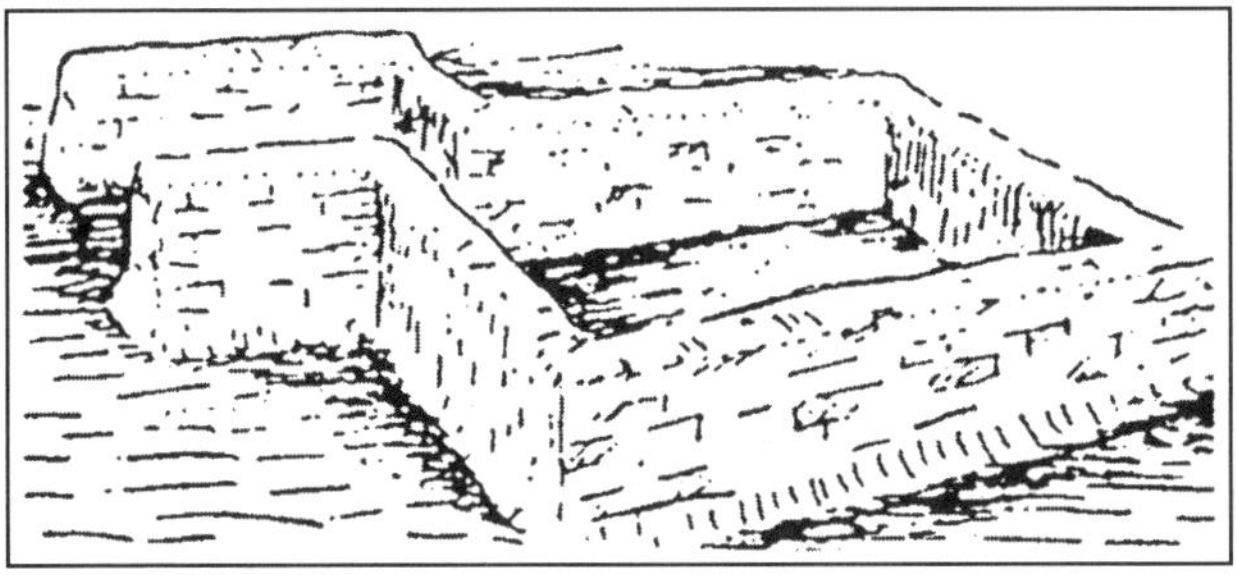

図四一ａ。

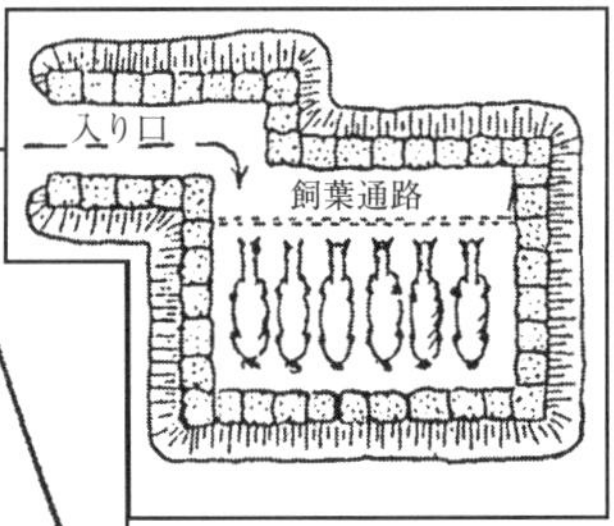

図四一ｂ。雪のレンガでつくった野営用馬小屋（概要）。

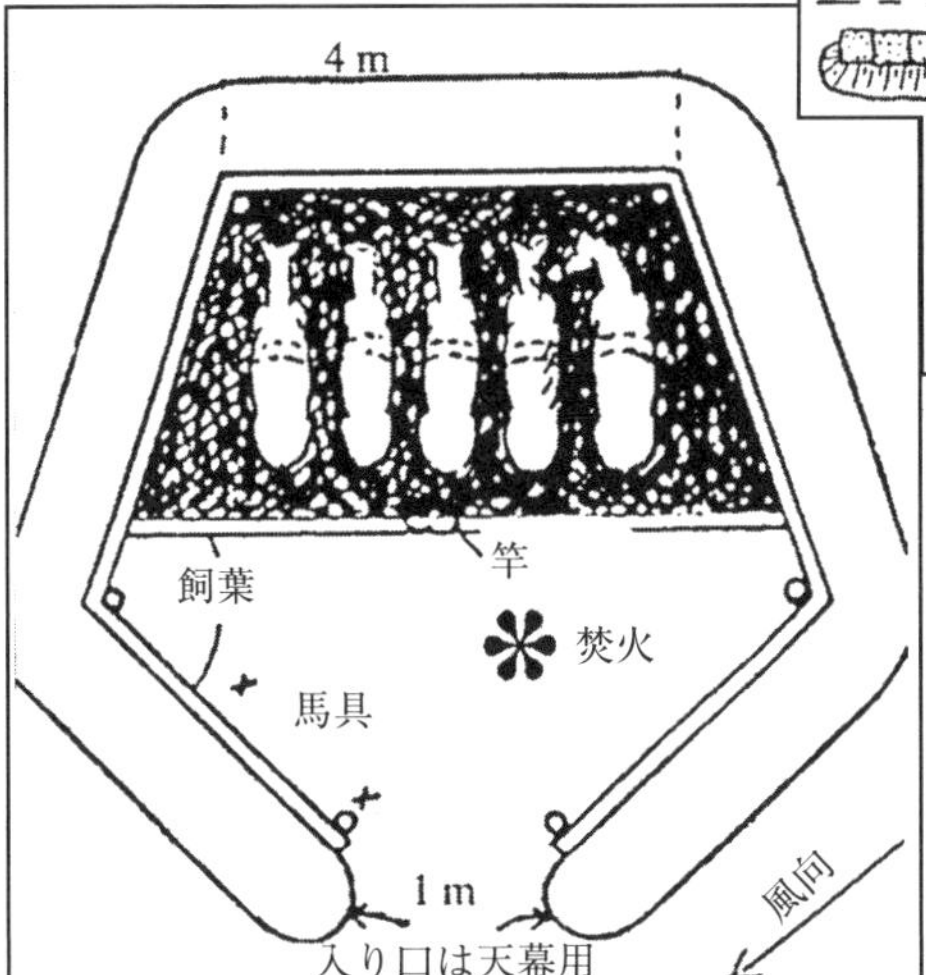

図四一ｃ。雪製の馬匹五頭用馬小屋（概要）。

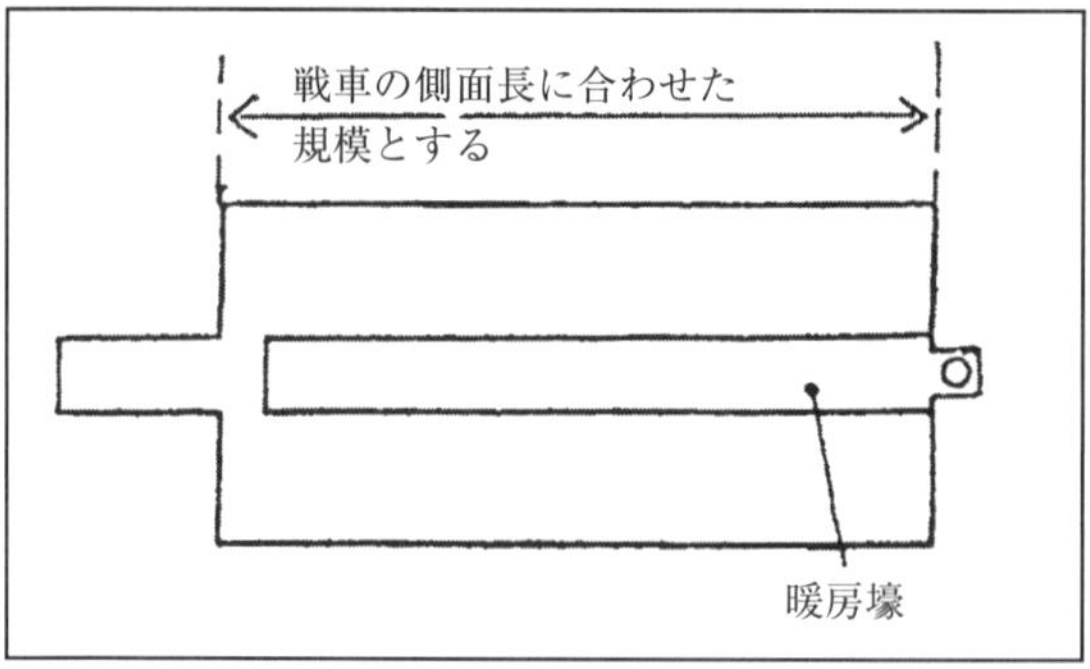

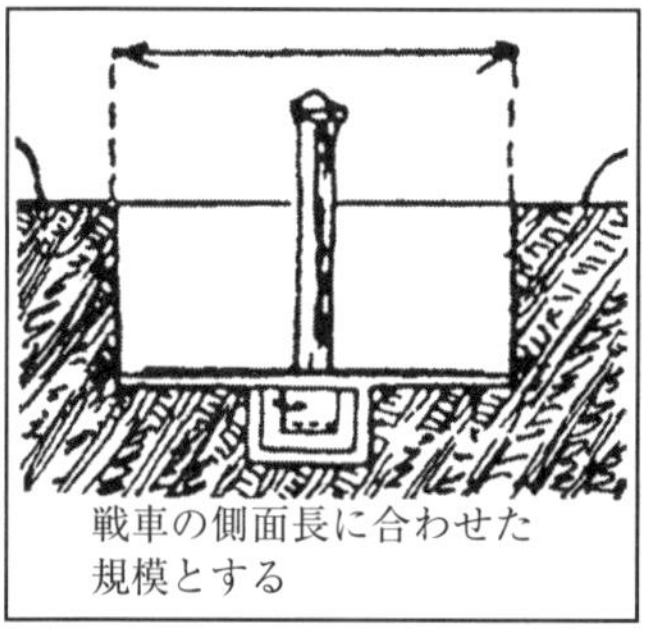

図四二。

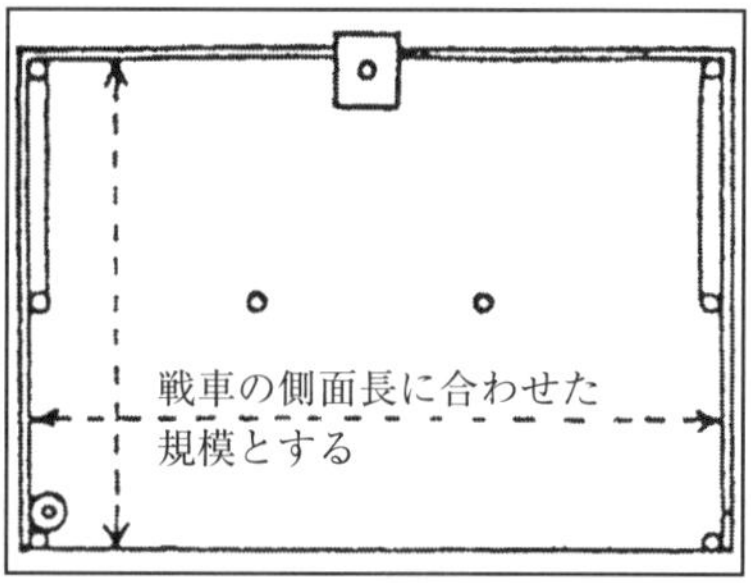

概要。

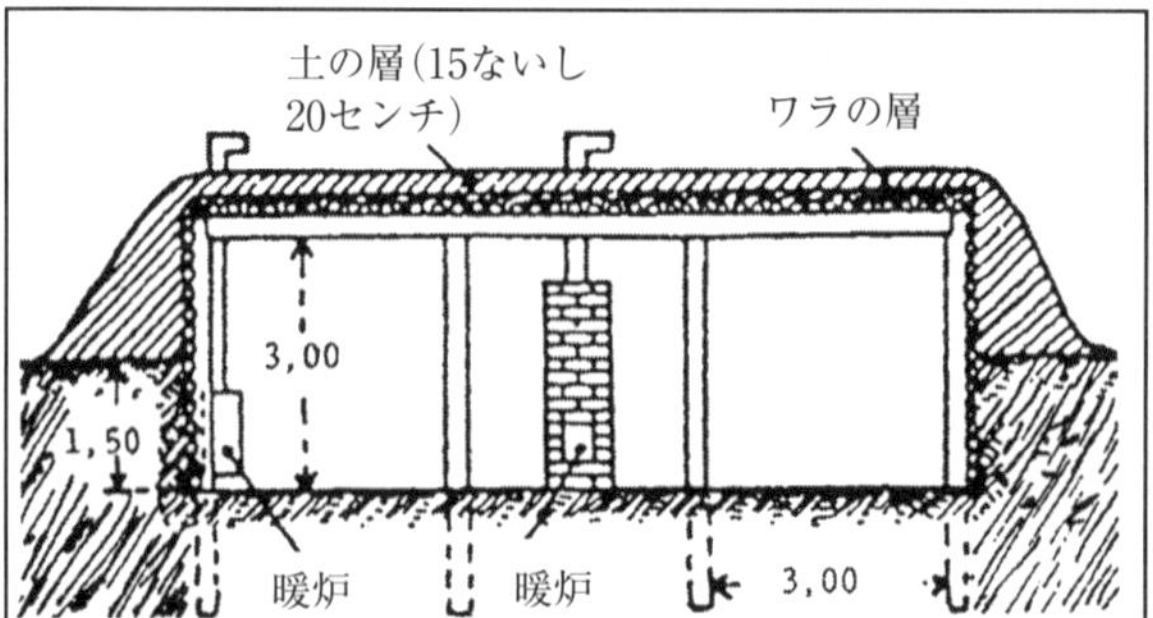

前面部の眺め。

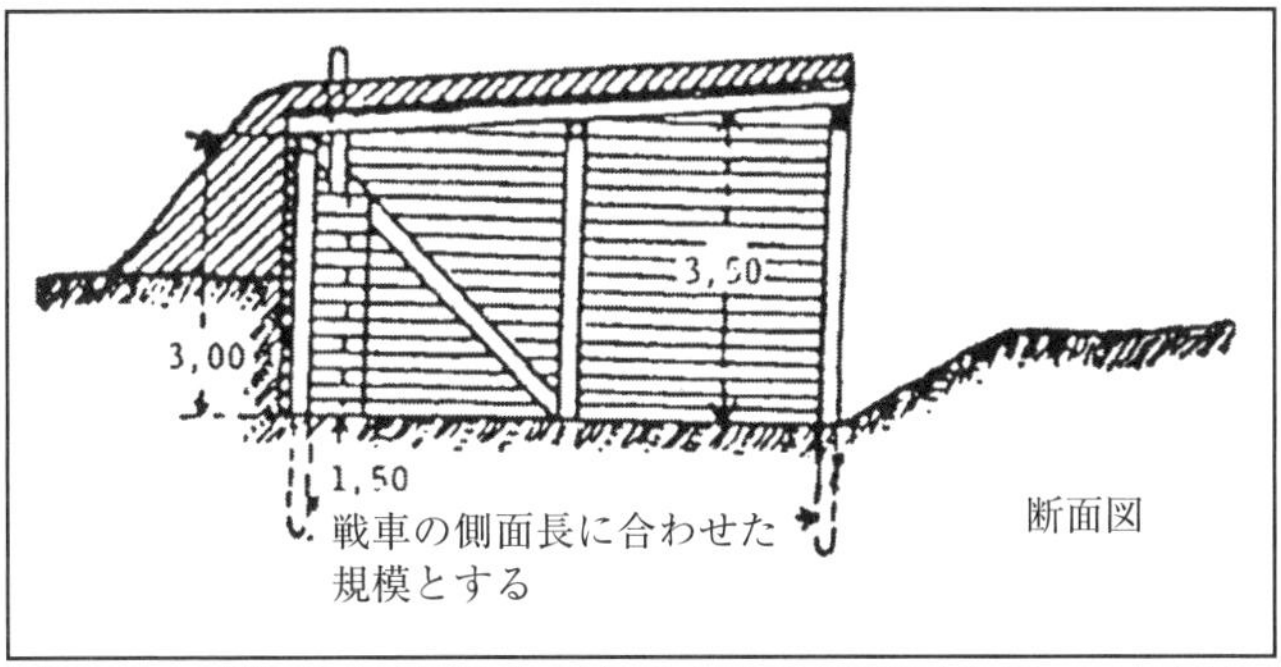

図四二a。戦車三両を温めておくための半地下小屋。エンジンをかけておく場合には、シートを取り去り、排気ガスを出すことができるようにしておく。

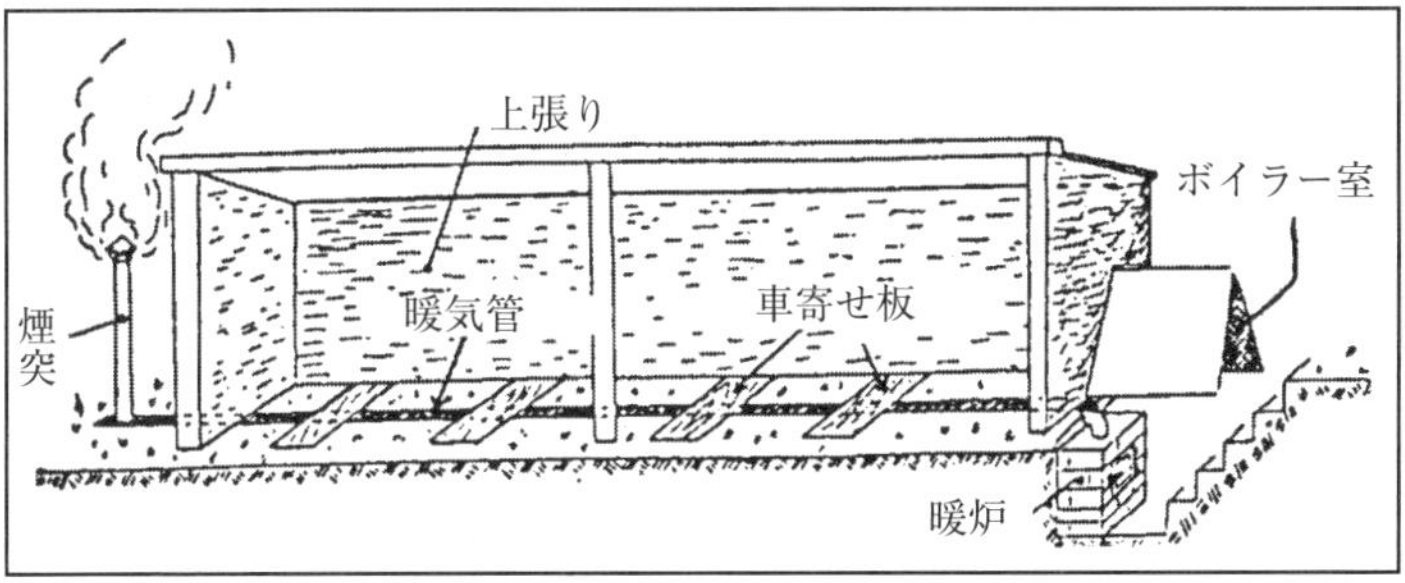

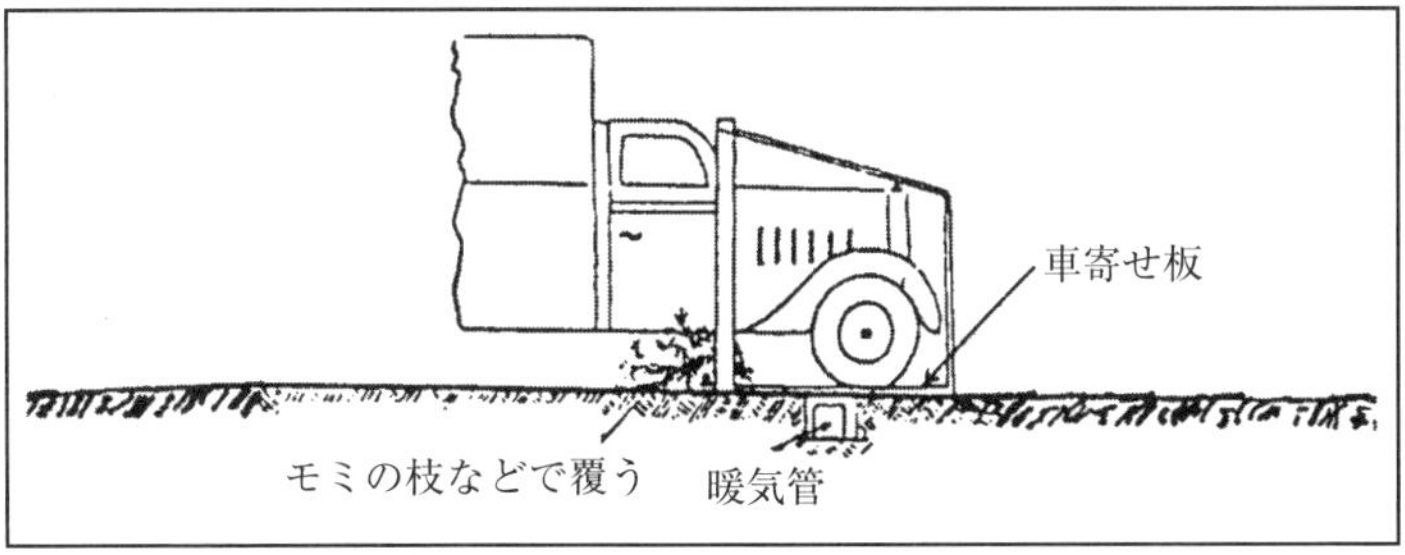

図四三。暖房可能な車庫。

—雪でつくったレンガを積んだ雪壁・雪防壁。天井付とそうでないものがある（図四一a、b、c）。

—半地下・枝組小屋（図四二および四二a）。

—特別の暖房を備えた施設。

詳細は、「自動車業務」の章および「馬匹愛護のための諸処置」の節により、理解し得る。


注意。自動車の全部を格納できない場合には、自動車の側面や下部を粗朶などで覆い、暖気の流出を防ぐ。暖気管はレンガで覆う。鉄を使ってはならない。火花を生じて、こぼれた燃料に引火するからである。セメント管は破裂しやすく、火災の危険がある。

F．長期宿営

I．一般

一、将兵の長期宿営施設は、以下の手段により調達される。
—既存の家屋・小屋の改築。

—地下壕、半地下小屋、丸太小屋の構築。

—仮兵舎と兵営倉庫の設置。

二、長期宿営の場所を選ぶにあたり、注意すべき点は以下の通り。
—交通事情。

—航空・地上捜索に対して隠蔽し得るか。

—防御に適しているか（迅速に警報を発し得るか、全周防御可能か、防空に適しているか）。詳細は、第七条をみよ。

三、既存の家屋を改築したり、簡便な半地下小屋を構築する場合には、戦闘上の必要や空からの脅威に配慮すること。それに応じて、必要な場合には、宿営所や戦闘指揮所をまとめ、障害物（全周）、見張塔、機関銃陣地、防空壕などを設置する。そのための手引きは、「冬季の陣地構築」の節に記載されている。

四、その宿営地を短期間しか使わないと、あらかじめわかっているときでも、衛生施設（とくにシャワー、サウナ、洗濯場）の構築には、特別の注意を払うべし。

Ⅱ．新築

五、どのような種類の建築物を選ぶかは、以下の点によって決まる。

—予定される滞在期間による。それが短期であるほど、宿営所は簡素なものとなる（ただし、過剰に貧しいものにならぬよう注意せよ！　滞在期間は往々にして未定となる！）。長期の滞在にあたっては、衛生および居住性を高めるように努めるべし。

—現地で調達できる建築資材による。樹木が豊かな地域では丸太小屋、樹木に乏しい地域では土製の住居、山岳地帯では石製の小屋が構築される。付近に製材所や材木倉庫がある場合には組木の住居、レンガ製造工場のそばでは、レンガづくりの住居構築が優先される。

—仮兵舎、窓など、入手できる建築資材や部品による。物資集積所から建築資材を得られる場合には、控えめな計算のもとに、あらかじめ必要な量を発注しておくこと。

六、構築用地の調査。個々には、以下の点を調べていく。
—地質。可能なかぎり、地面が乾燥した用地を選ぶ。不適なのは、湿地、粘土質の地、腐植土の地（崩落の危険がある）である。もっとも適しているのは、堅固な砂地だ。

—地下水位。できるかぎり、地表から二メートル以上の深さのところを選ぶ。用地全体に複数の試掘孔を開けること。雨季の地下水位の上昇に関する数字も取っておくべし。

—給水。試掘を行い、飲用可能な水を充分に確保できるかを確認する。水質検査は、部隊の軍医が行う。地下水が得られないか、汚染されていたり、深すぎるところにある場合は、構築用地を河川や湖の近くに選ぶ（「給水施設の確保」の節を参照せよ）。

—蓋《ふた》のない集合溝による排水。そのため、構築用地に傾斜を持たせることが必要である。排水路に適した、流れの速い川があれば、いちばんよい。

―長大な進入路を敷設しなくてもいいように、街道の近くに置く。これは、自動車化部隊にとって、とくに重要である。

―構築資材集積所の近くに置く。それによって、輸送路は短くなり、輸送手段が節約される。破壊された集落から、利用可能な資材を使うこともできる。

―偽装。可能なかぎり、森林内か、集落に膚《ふ》接《せつ》して、設置する。

七、構築実行にあたっては、以下の点を考慮しなければならない。
―まず、緊急避難所をつくる。それによって、将兵は、不快な天候条件から守られる。その直後に、悪天候にも耐えられる、より良好な長期宿営所を構築する。

―現地で普通にみられる集落の形態に従い、構築物を不規則に配置する（偽装のため）。

―構築と設備に関しては、現地に普通にみられるような建築物に範を求めること（たとえば、暖炉の設置、馬小屋づくり、屋根の葺き方、ドア、床など）。

―部隊の将兵ならびに住民の徴用により、適切な労働力を投入する。とりわけ、手工業者、建築労働者、その他の現地住民である。現地の車輌を運用することも、もっとも簡単なやり方だ。

—あらかじめ、適当なリストを作成し、必要とされる資材・用具を報告しておく。

—住居の大きさは、できるかぎり一定のもの（統一タイプ）にする。個々の建築部品（ドア、窓、石炭コンロ）の寸法にも注意すべし（丸太《マ》小屋構《マ》築を参照せよ）。かかる部品は、一定の寸法のものが補給されるからである。

Ⅲ．既存建築物の改築

八、暖炉の設置については、「暖の取り方」の節に、いくつかの手引きが記載されている。

九、既存の建築物の改築には、おおむね以下のごとき個別措置が必要となる。

—床、壁、天井裏に、干し草、ワラ、粗朶、木の葉などを積む。窓は一つ一つ、釘付けにするか、布でくるむ。よろい戸、二重窓、二重ドア、二重床を設置する。入り口のドアの前には、風よけの区画をつくる（ドアは内開きにする）。こうした措置をほどこせば、より暖気が逃げないようにできる。

—暖炉の設置、または改善。

—水道施設の清掃、被覆、保温措置。
—仮設便所の設置。
—ネズミ類の入れない食料倉庫の設置。
—寝台、テーブル、ベンチ、兵器・装備・被覆置場など、内装の設置。

Ⅳ．給水施設の確保

一〇、長期宿営中の将兵への給水は、冬季においても確保されなければならない。そのためには、すべての指揮官が、衛生将校の協力を得て、節水を監督することが必要になる。
一一、将兵自身も、厳寒期の開始とともに、泉、取水ポンプ、井戸など、必要とされる水源すべての凍結を防止する義務を負う。それには、ワラ、干し草、木の葉、苔などの詰め物をした被覆をほどこし、外側を木材で覆うのがよい。雪に埋まってしまうのを防ぐために、その上に簡単な屋根を設えることもできる。
一二、常に水を流して、水場付近の氷結を回避、もしくは予防すべし（転倒の危険あり！）。

冬季における水の輸送と保管には、金属製の樽よりも、木製のそれのほうが適している。

一三、飲用や調理用に融雪水を使うには、医師の検査を必要とする。

G．冬季の陣地構築

I．一般

一、冬季の陣地構築には、幾重にも困難が生じる。
—寒さが、労働の成果を著しく減少させる。

—地表の凍結により、使用される労働力や、より強力な機材を追加する必要が数倍になる。

—雪が、陣地や資材の上に積もってしまう。

—風が雪を吹き寄せ、陣地を使用不能にする。


けれども、冬季の雪は、どんなところでも採取可能である貴重な構築・偽装資材として活用し得る（三メートルの厚さの雪は、歩兵の小銃弾を防ぐ！　第六条を参照せよ）。

二、すでに陣地の選定・構築時において、春の融雪に配慮し、排水溝や誘導管を設置して、のちに充分に水を抜けるようにしておくべし。塹壕、馬小屋、待避壕には勾配をつけ、最深部には水の汲み出し穴をつくっておく。これらの措置を怠れば、浸水して軟弱化した設備に水が溜まり、崩落するという報いを受けることになる。

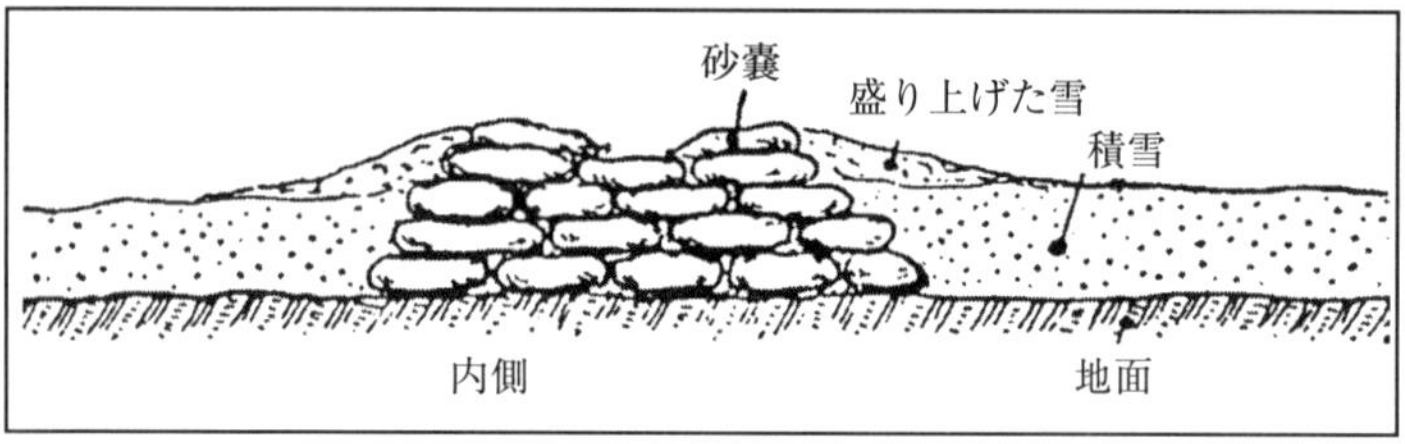

図四四。砂嚢による雪中の掩蔽物。

二a、早期に雪で壕に蓋をすれば、それが雪に埋まるのを予防できるし、同時に申し分のない偽装となる。天井をつけることができぬ戦闘施設や蓋をする人員や資材が不足している壕は、融雪期の到来とともに泥濘化するのを防ぐため、スコップで雪をかき出しておかねばならない。

降雪によって、射界が変わってしまった場合には、哨所や射撃用踏み台を構築して補うべし。天井を付すための木材等がない場所では、雪による構築に用いられる雪製レンガが有効であることが確認されている。これに関する手引きは、付録一三「雪板による塹壕の掩蔽」に記載されている。

三、積雪地においては、地上・航空捜索に対する偽装に、格別の注意を払わなければならない（「冬季の偽装」の章を参照）。

Ⅱ．冬季の陣地構築

簡便な陣地

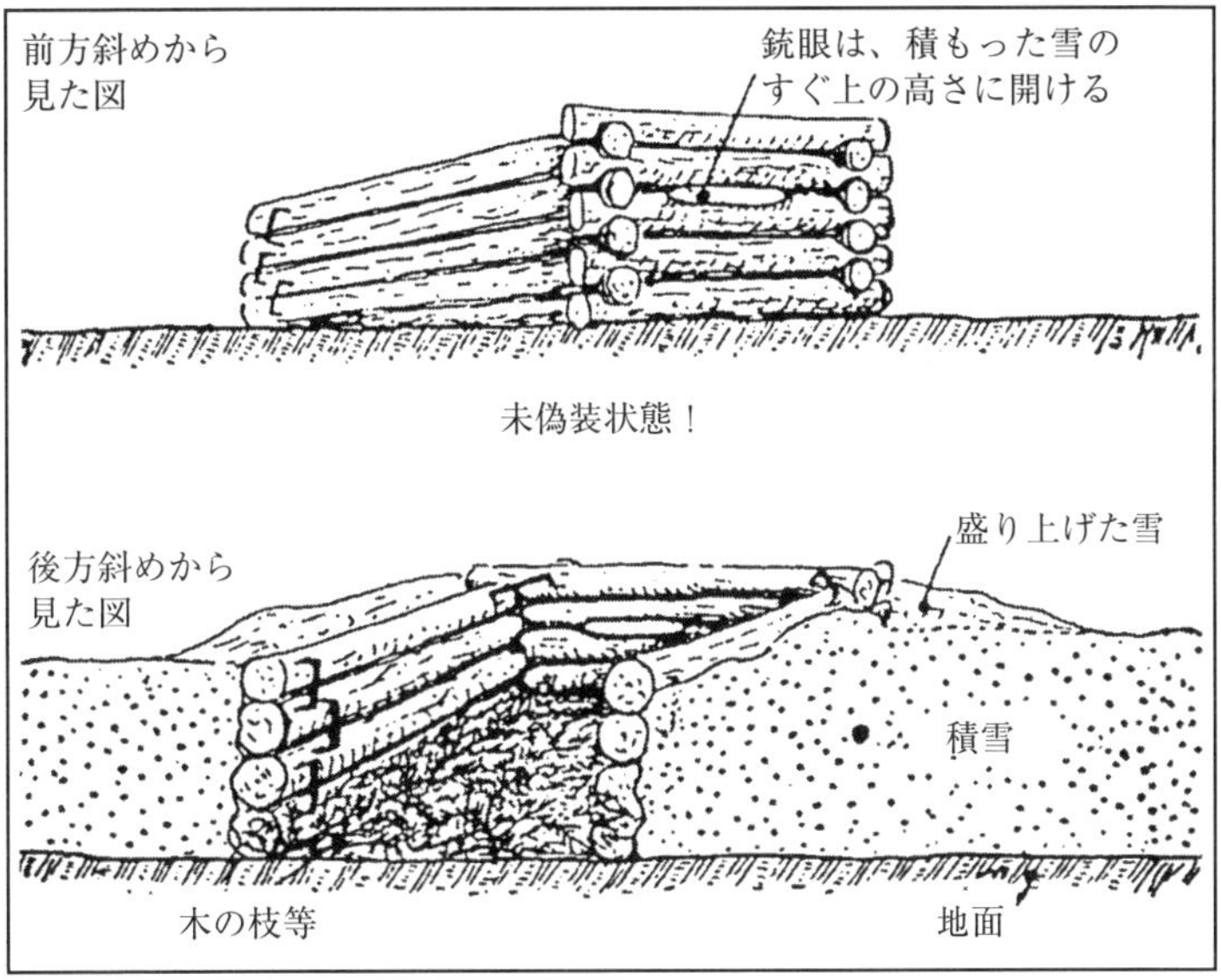

図四五。丸太による雪中の掩蔽物。

四、地面が硬く凍りついていたり、豪雪であったり、構築の時間がなくて、壕を掘ることができない場合には、たとえば、砂嚢を積み上げるなどして、地上に掩蔽物をつくらなければならない。そうした砂嚢の包みに水をかけて凍らせ、硬度を増すことができる。その際、布製の砂袋のほうが、紙製のそれよりも水をよく吸う。壁には、外側から雪を塗っておく。足で踏みつけることで掩蔽能力が高まる。さらに、その上に重ねて白い雪をまぶす。タコツボの床には、粗朶や木の葉を厚く敷くべし。この種の陣地は有用な掩蔽物となり、敵からは視認困難である（図四四）。

五、丸太や角材を積み上げて、射手一ないし二名、もしくは機関銃用の掩蔽物を構築することもできる。材木は、上部が開いた四角いかたちに組み、両端を十字に結び合わせて、ボルトやかすがいで互いに固定する。

正面壁の材木の間隔を開けておくことで、射撃用狭間や覘視孔《てんしこう》ができる（厚く積んだ雪の上に来るようにすること）。かかる陣地も、周囲に厚い雪壁をめぐらすか、雪中に構築すること。白布（または、雪を塗った天幕用布地）を使って、よりよく偽装することができる。このような陣地は、同時に、不快な天候に対する避難所にもなる。隙間を埋めるには、白く塗った木材を使うこと。

重機関銃・迫撃砲陣地も同様に構築される。これらの後部は板材で囲うのが適当である。その前部上方は開放しておく（悪天候に際しては、速やかに仕舞いこめるような天幕用布地をかぶせる）。そうしておくことで、敵襲に際して、小銃手が手榴弾を使って防御しやすくなるのである。

六、地面が凍結し、壕を掘ることが不可能な場合には、雪壁を積む。歩兵の小銃弾や小口径砲弾の破片から身を守ることができる雪壁の厚みは……。

新雪	少なくとも四メートル。
硬く凍結した雪	少なくとも二・五ないし三メートル。
踏み固められた雪	少なくとも二メートル。

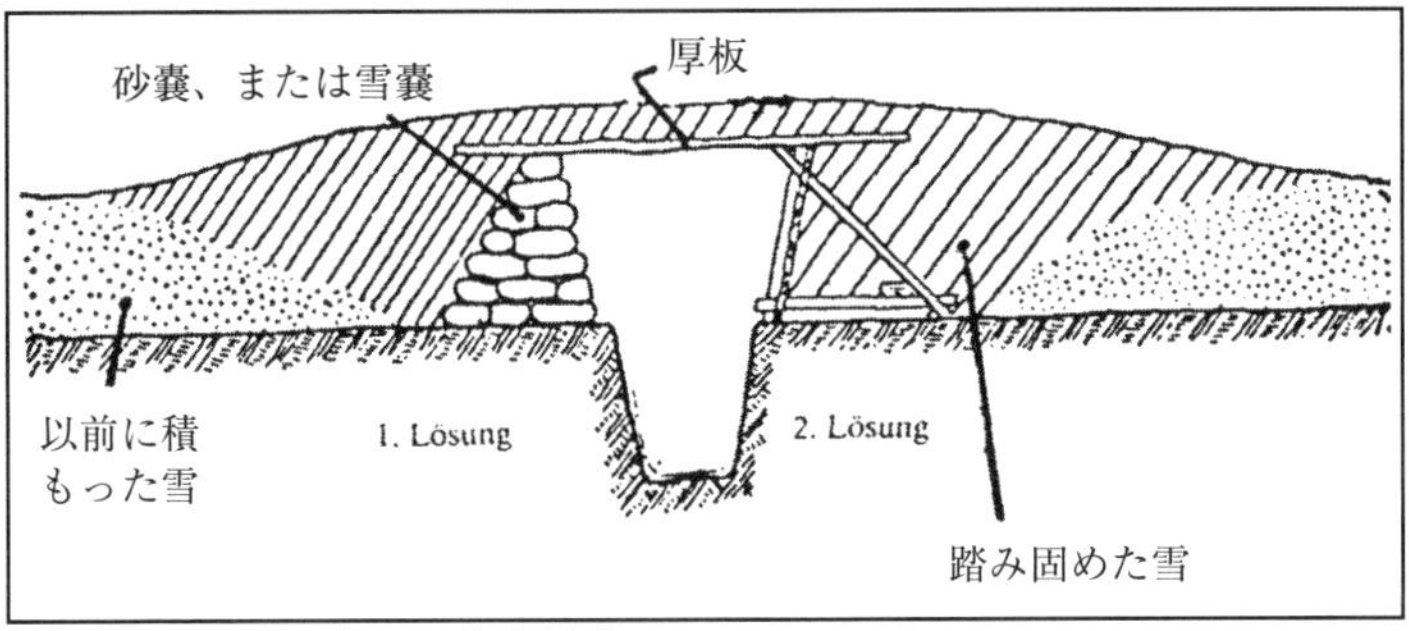

図四六。雪中の壕に天井を付す。

氷　　　　少なくとも一メートル。

敵に向けた側にのみ雪壁をつくるか、塹壕に沿って、その両側に雪壁をつくる。壁の内側には、なるべく板を張る。板は、三角形の支持枠に釘打ちすること（図四六）。時間に余裕がある場合は、あとから壕の底をさらに掘り進める。しかるのちに、天井を付し、側面と上部をできるだけ厚く雪で覆う。かかる連絡壕は、視認されにくく、また、砲弾の破片等に対し、充分な掩蔽が得られる。上部に蓋をすることで、吹き寄せられた雪で壕が埋まるのを予防し得る。

同様に、短い区間に巨大な雪壁を積むこともできる。たとえば、敵からの見通しが利く地区で、相手の視界を妨げるためである。

強化陣地

七、豪雪の場合には、雪中に、簡単かつ迅速に、雪洞、避難所、雪洞通路を構築できる。それらによって、不快な天候と砲弾等の小破片に対する

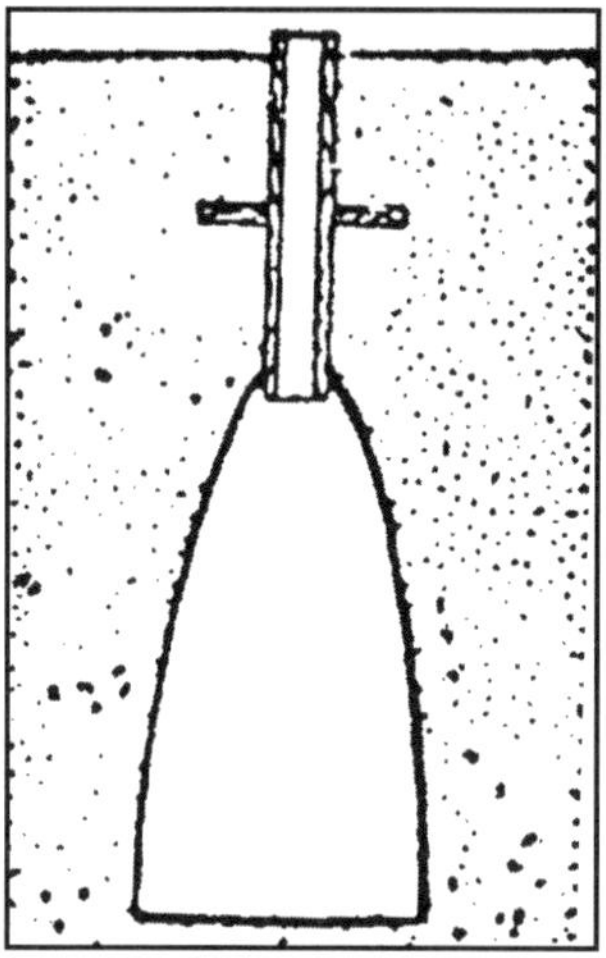

図四八。通風用の竪穴。

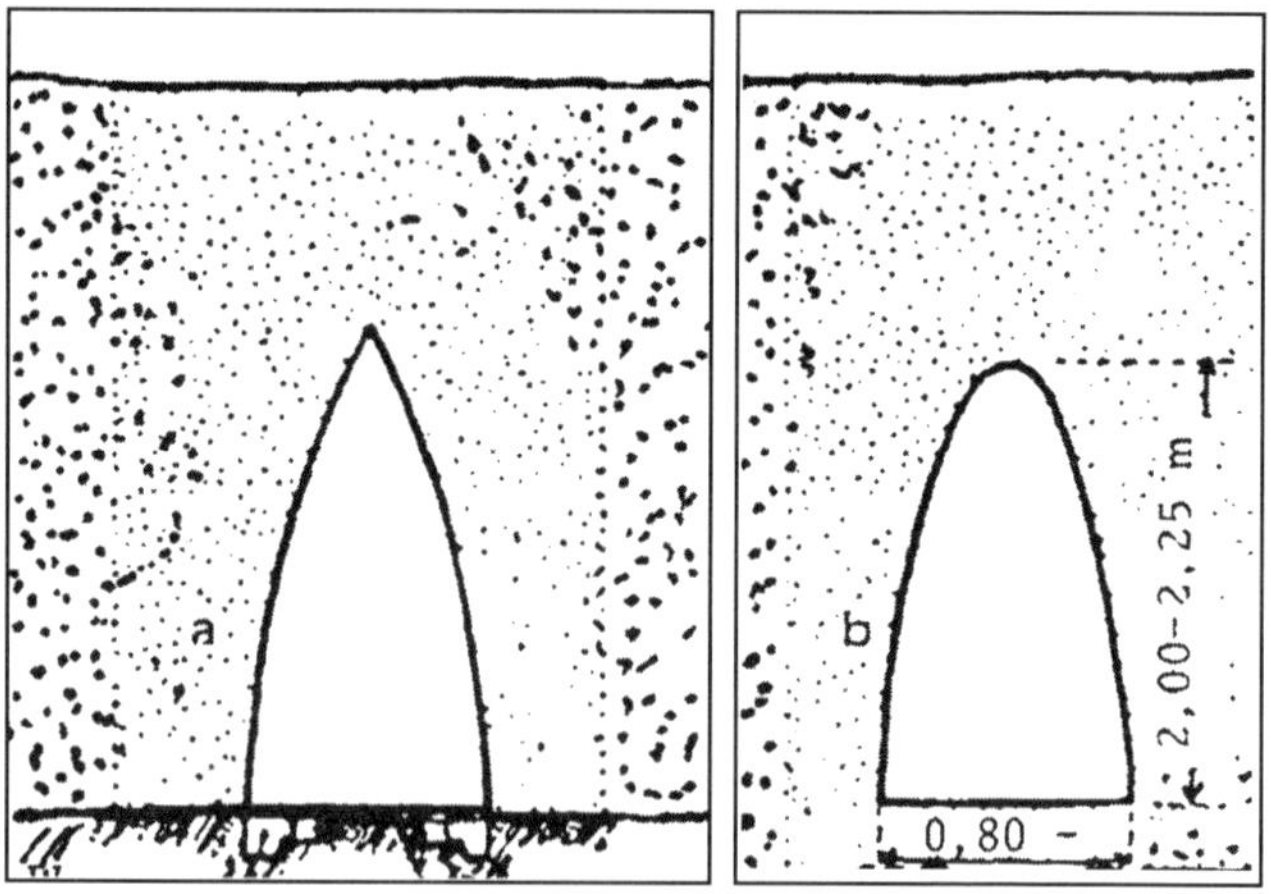

図四七。雪中の雪洞通路。

防護が得られ、完全な偽装という有利ももたらされる。〔豪雪時には〕より良好な負荷抗堪性があるから、丸屋根上の形態を取ることが可能である（図四七）。上部を板材で覆うか、支え枠、もしくは組み合わせ枠で、あとから補強する。長大な通路の場合は、換気と照明のために、通風管と木箱を天井に取り付ける（図四八）。

八、地中に陣地を構築するほうが、より安全であるゆえ、常にそうするよう努力すべし（たとえば、爆薬や工兵の動力削岩機を用いる）。陣地構築は、温暖な時期のそれとまったく同様に行うが、いっそう優れた保温設備を整えること。それは、哨所、観測所、機関銃・迫撃砲陣地、砲兵陣地、対戦車砲と歩兵火器の収納所、物資・弾薬庫、避難所、防空壕にも当てはまる。

九、敵情によるが、自由な作業が可能である場合には、塹壕や防空壕を構築する際に、まず凍結した地表に溝を掘り、その地下を広げて、少しずつ掘り進めるという手順を取る。地表の深部まで凍結しているときには、最初に、数メートル置きに十二分な深さまで穴を掘り、凍結した地層の下につくった坑道によって連結させる。凍結層は、その後に爆薬で破壊すること。爆破筒を差し込む穴は、先をとがらせ、灼熱させた丸鉄棒で開くことができる。

一〇、防風措置のほどこされた待避壕の重要性は高まっている。野戦ストーブがない場合には、とくに小銃手を温めるため、陣地後方で石を熱し、砂に包んだ上で、橇か、運搬装置によって、前線に運ぶ。そこで、熱した石を穴に置き、鉄か、木の枠で上部を覆う（詳細は「暖の取り方」の節をみよ）。

一一、防空壕により、敵による悪影響や不快な天候から、将兵を守るべし。

保温のためには、床や壁を充分厚く構築することが、とくに必要になる。丸太や角材を組み合わせて防空壕を構築したのちに、壁を立てる。床同様に、それらは、あいだにワラや粗朶を詰めた二重の板材でつくり、外側には屋根紙を貼る。天井は、二重に組んだ丸太で構築し、屋根紙、土、雪で覆う。暖炉の煙突にはカバーをかぶせて、雪が入り込まないようにし、しかるのちに偽装する。内装として、板張り寝台、腰掛け、折り畳み式テーブルを置く。

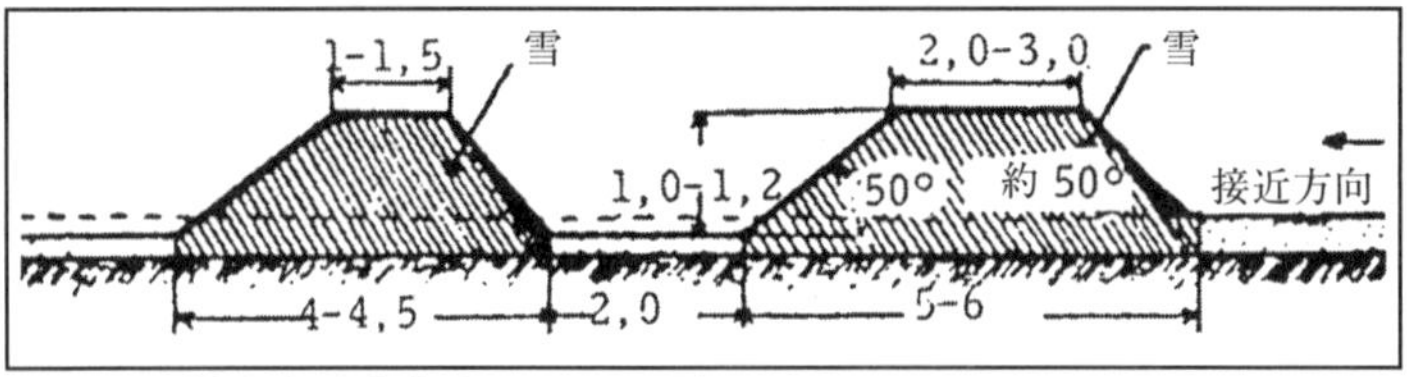

図四九。対戦車障害物としての雪壁。

Ⅲ．冬季の障害物

一二、冬季には、障害物の構築と効果にも、著しい影響がおよぼされる。

深く積もった柔らかな雪は、天然の障害物となる。

戦車の登坂能力は、積雪によって減少する。図四九のように、二重に並べた雪壁は、対戦車障害物として有効である。雪は容易に踏み固めることができる。急斜面や切り通しは、天然の対戦車障害物として機能するが、これもまた深い雪や氷結によって、その効果が高まる。深く雪が積もった交通壕は、戦車にとっては落とし穴になることがある。

豪雪の際には、おおむね、先行した部隊の軌跡が刻まれているか、除雪された道路上のみが移動可能である。従って、冬季に行軍路を封鎖することは、とりわけ重要だ。

たとえ積雪状態が変化しようとも、射界が味方の障害物にふさがれることは許されない。この理由から、圧延線材は、自在に動かせるゆえに、実用的であることが証明されている。

一三、冬季における有刺鉄線障害の設置は、以下のごとき悪影響を受ける。

—地面の凍結により、支柱を打ち付けるのが難しくなる。

—降雪により、他の通常の場合よりも、障害物をずっと高く設置することを強いられる(四メートルまで)。

一四、障害物の支柱を打ち込むために、凍結した地面を破砕することになったときには、堅固につくられたつるはしや、灼熱させた鉄棒により、爆薬を詰める穴を地中に掘っていく。しかるのち、爆破筒を差し込むか、他の爆破手段を使って、この小さな穴を押し広げ、強靱で、長さ四メートルにおよぶ支柱を差し込めるようにする。そうして、支柱を立てたのちは、たいてい、その差し込み孔は大きすぎるということになるから、水を注ぎこむ。これは、すぐに氷結する。

一五、氷上では、砕氷槌《さいひょうつち》、つるはし、斧などを使って、支柱用の穴を開ける。氷の層の最下部まで穴を開けることは不可である。先をとがらせていない支柱を穴に差し、水を注げば、ただちに氷結する。

一六、豪雪の際には、二メートル長の丸太、角材、厚板などを、水平かつ十字に組み合わ

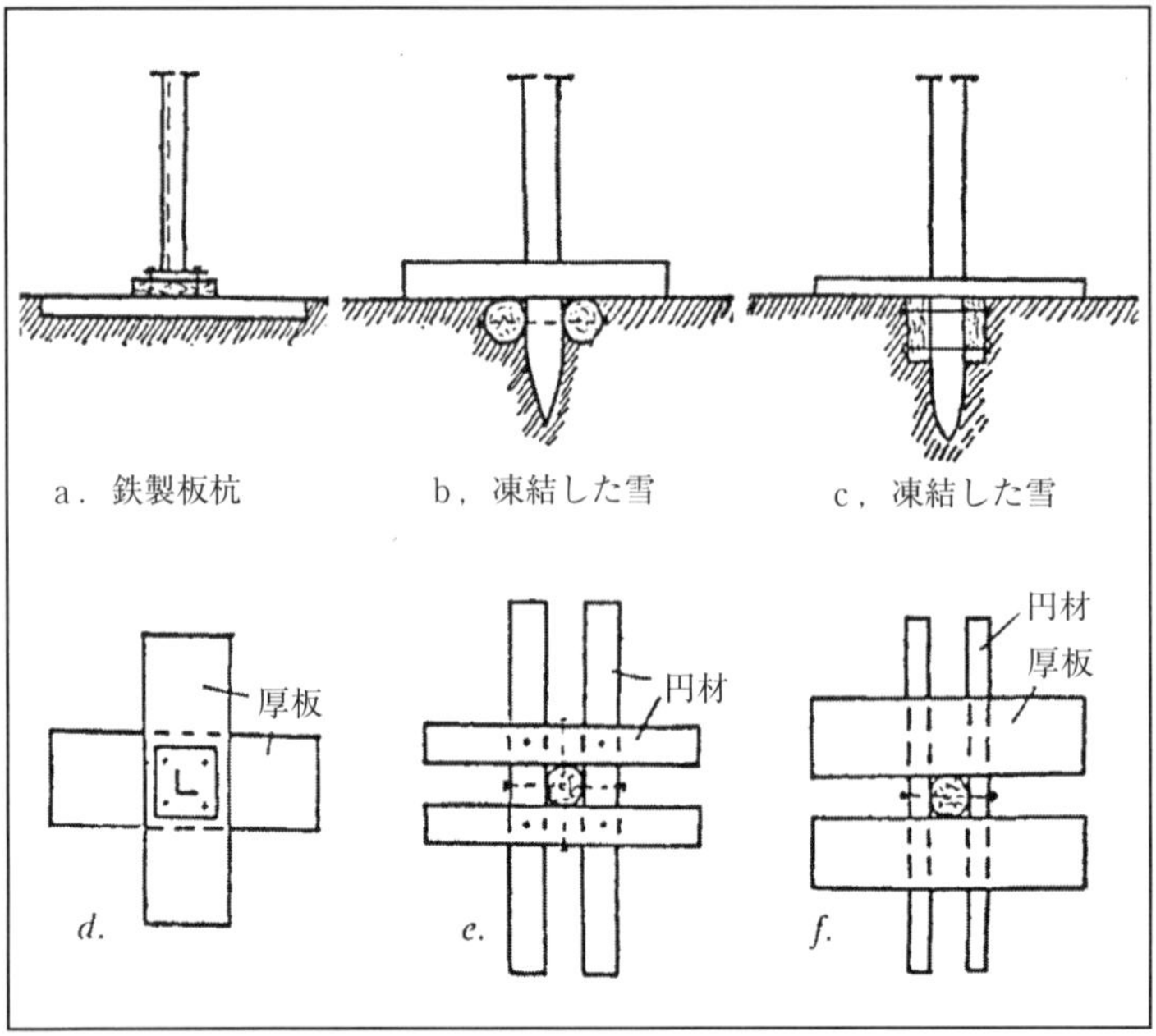

図五〇。雪上に立てる支柱。

せたものを使って、支柱を立てることができる（図五〇）。この種の有刺鉄線障害を幾重にも張るときには、細い丸太で支える（射界の確保に注意せよ！）。

一七、有刺鉄線障害用の支柱として有効な他の手段は三脚である。これらは、戦線後方で、大量に組み立て、前線へ運ぶ。その場に平らに置き、釘打ちして有刺鉄線を留める。しかるのち、同時に三本の脚を立てる。それぞれの脚の下部に有刺鉄線が張られるようにすること。これによって、三脚が陣地に固定される（図五一）。

一八、雪上では、移動可能な有刺鉄線柵の代用として、巻いた有刺鉄線（有刺鉄線筒）が、より有効に利用できる。これは、有刺鉄線柵と比べて、接地面が大きいため、ごくわずかしか雪中にめりこまないという利点がある。また、容易に組み立てられる（図五二）。有刺鉄線を巻くことで、その転落も防げる（円筒形よりも、円錐形につくるほうがよい）。

一九、雪上に設置した有刺鉄線障害には、敵が雪面を掘って、その下部を匍匐前進してくるという不利がある。それゆえ、有刺鉄線には、釘を打った空き缶などの警報装置を、さまざまな高さにぶらさげておかねばならない（信頼性が低いから、機能するかどうかを頻繁に点検すること！）。

二〇、氷の層に幅四メートルの水路を啓き、凍結防止材で覆って、できるだけ長く再氷結を防ぐことにより、結氷溝による障害物が構築される。敵、とくに、その戦闘車輌は、多くの場合、乗り上げる直前まで障害物の状態を確認できない（対戦車陥穽！）。障害物の有効性が持続する期間は、無条件の信頼性を得られるのは、どの程度の積雪までかということに左右される。積雪が十センチ以下であれば、けっして信頼性は得られない。さもなくば、凍結防止効果がなくなってしまうからである。こうして良好に構築された結氷溝障害は、マイナス十五ないし二十五度の中程度の寒冷状態にあれば保持されるし、継続的に注意を払い、修復すれば、およそひと月半ないしふた月半は機能する（薄く結氷しても不利はない。わずかに負荷抗堪性が落ちるだけである！）。詳細は図五三をみよ。

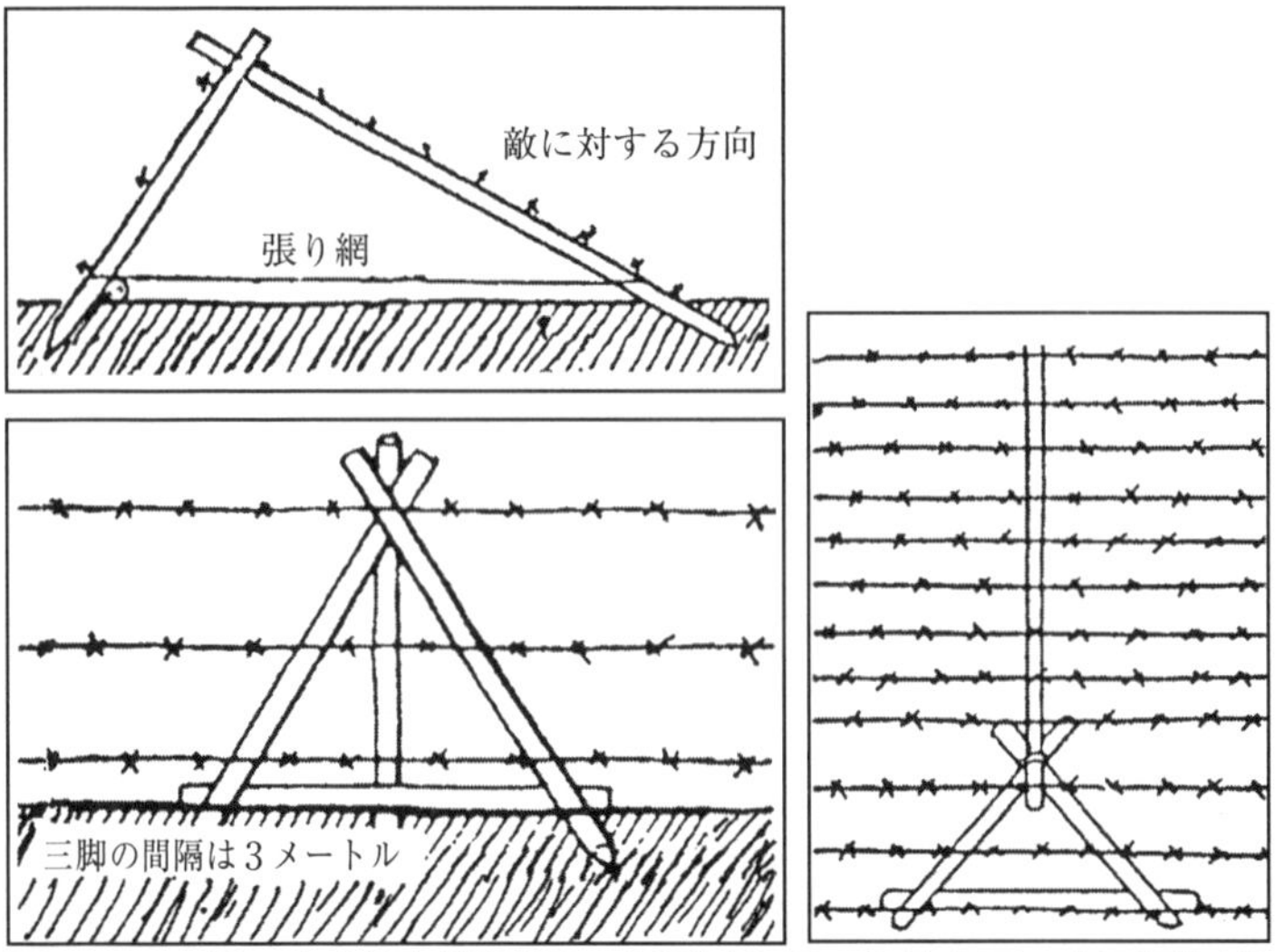

図五一。三脚。左上図(a)断面図。右図(c)上部から見た図。左下図(b)背面図。

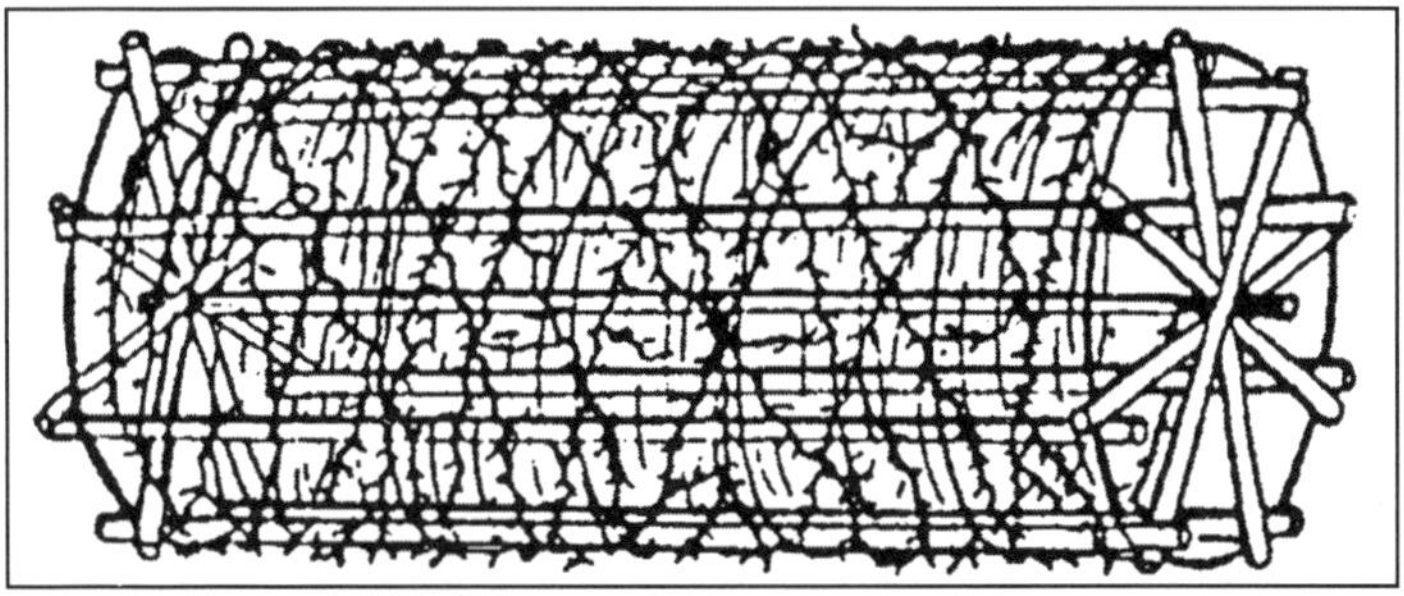
図五二。巻いた有刺鉄線。

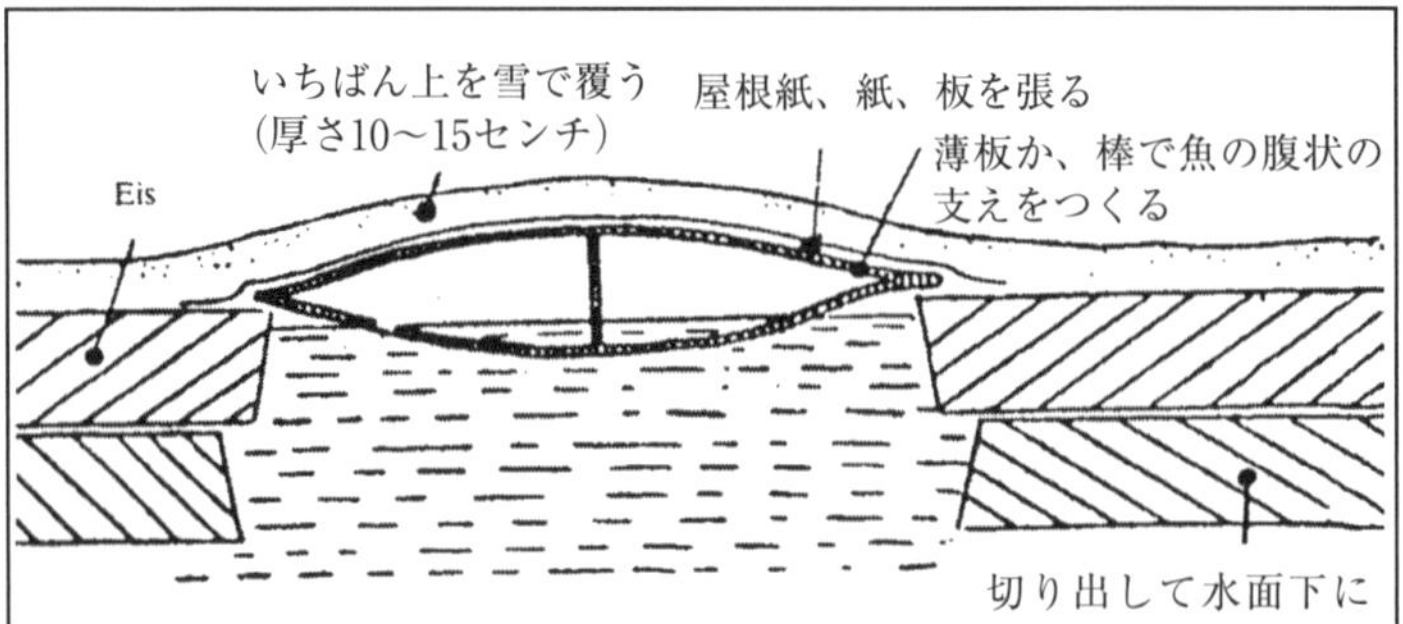

図五三。結氷溝を用いた障害。

H・冬季の偽装

I. 一般

一、手元にある偽装手段の正しい使用と人工的な偽装方法の適切な応用は、冬季の部隊においては決定的な意味を持ち得る。

二、連続的な降雪は風景を一変させ、敵の地上・航空偵察に対し、地勢や地表状態の詳細を覆い隠してしまう。軍事施設もまた隠蔽される。一方、厚く雪が積もれば、将兵や自動車、あらゆる種類の軌跡が、くっきりと浮き彫りになる。地上の隆起が投げる影なども、地面が雪に覆われていれば、航空偵察により明瞭に見て取ることができるから、そうした場所に隠れても、夏季のような偽装効果は得られない。

三、融雪期の地表は、明暗とりどりの色彩豊かなありさまとなる。地表がさまざまな色彩を得ることは、偽装には好都合である。

四、将兵が軽率な行動を取れば、偽装の効果は損なわれる。いかなる階級であろうと、上官たるもの、偽装上の規則が守られているかを常に監視し、また、偽装規則遵守の面で率先垂範しなければならない。

Ⅱ．偽装手段

準備済みの偽装手段

五、積もった雪に同化するため、白色の物を広範に使用しなければならない。そのために、白色の偽装シャツと偽装上着（リバーシブル）が用いられる。戦闘部隊全体に行き渡るほどの数がない場合には、まず第一に、スキー斥候隊、スキー追撃隊、歩哨等に支給すべし。

白い布マスクや透かし見ができるガーゼなどをフードに留めて、顔を覆えば、偽装の効果はいっそう高まる。両手の偽装のため、なるべく白い手袋をはめること。偽装効果を高めるため、これらの被服の下にベルトを締めることも可。

六、兵器、装備、機材、自動車、戦車、車輌、橇、スキーなどを、もっともよく偽装するのは、白の油性塗料、もしくは石灰の塗布である。応急的な塗装を長持ちさせるため、糊を添加することが推奨される（「被服と装備」の節を参照）。

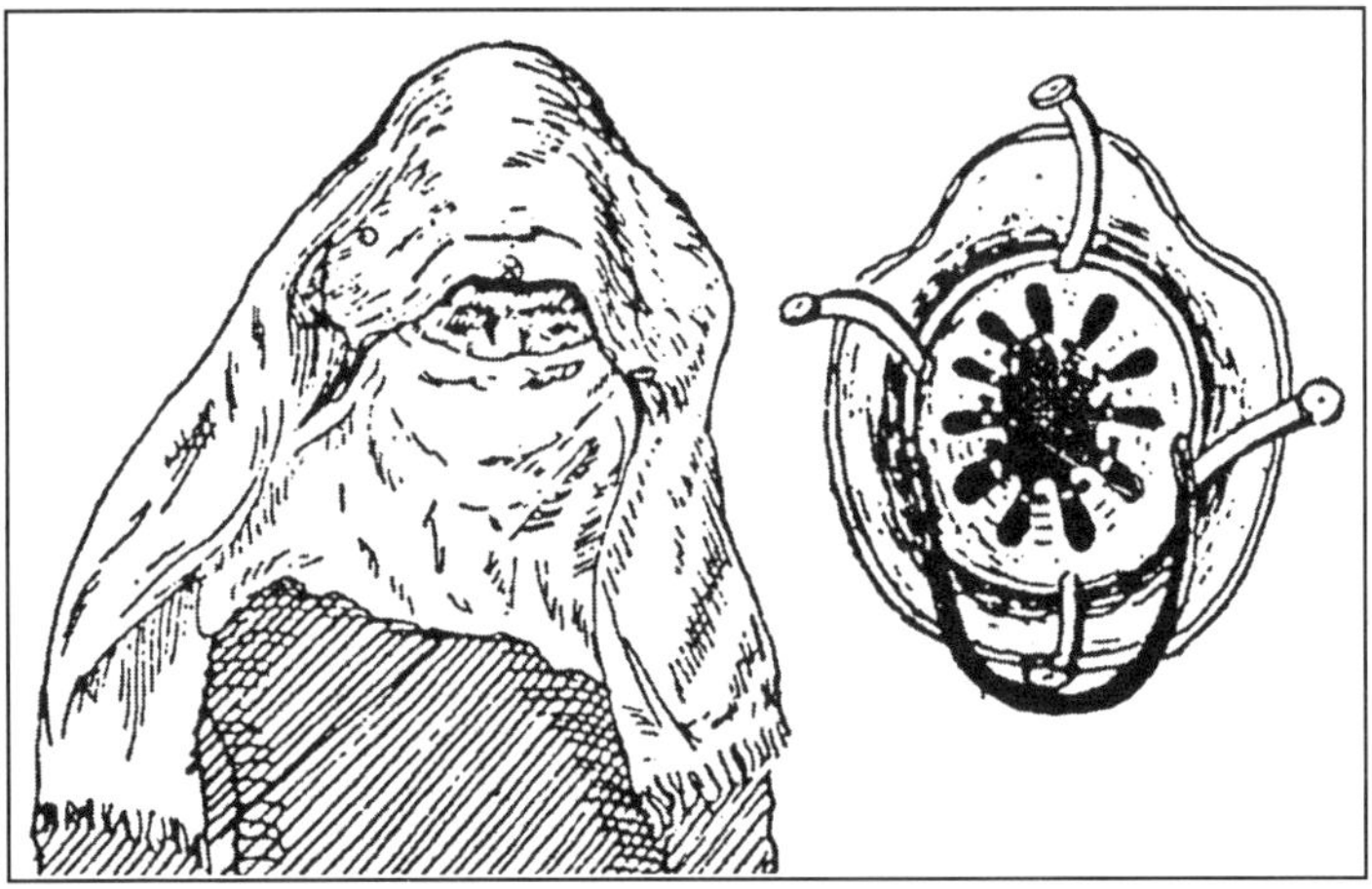

図五四。

応急偽装手段

七、応急的な方法によっても、良好な偽装を得ることができる。白で塗装する代わりに、ヘルメットに白い紙を貼ることもできる。その紙の裾が肩まで届くようにしなければならない。顔は、眼の部分だけ開けた紙で覆う。そうした紙は、強風の場合の風よけにもなる。

八、タオルによって、頭部や肩へのもっとも簡便な偽装被服をつくることが可能である。その中央部で頭を覆い（ボタン留めについては、図五四をみよ）、長いほうの端を肩に固定する。顔には、タオルに結びつけたハンカチを掛け、眼のところには隙間をつくっておく。

九、古い肌着、シーツ、破いた偽装被服等から、肩掛け付のヘルメットキャップのかたちに、偽装カバーをつくる。さまざまな色彩を帯びた地表においても偽装に利用できるよう、カバー内側に古い被服の端切れを縫い付けることが推奨される

（第一三条参照）。

一〇、馬匹も白布で偽装可能である。頭部、馬匹の胴体上部・側面を覆うこと。馬匹の視界をさえぎったり、呼吸を妨げてはならない。かかる偽装は、冬季に移動する部隊に、とくに推奨される。

Ⅲ．偽装の運用

移動・戦闘中の偽装

一一、完全な白色偽装をほどこせば、雪が積もった地域では自在に移動できる。好適な状況ならば、五百メートルまで近づいても、ほとんど視認できず、数歩の距離になって、初めて認識される。移動中には、常に白い背景や地面を利用し、その原則に従って、進む場所を選ぶこと。たとえば、森から離れる際には、できるだけ長く匍匐前進し、森の暗色の周縁部が背景にならないところに至るようにする（図五五）。

陣地内の樹木や石に沿って進むときには、雪の積もった側を選ぶこと（図五六）。

図五五。

図五六。

図五七。

図五八。

樹上の位置を占める場合には、その木を雪で覆うこと。さもなくば、暗色の幹や枝のあいだで、白い偽装が視認され得る。また、とくに眼を惹くようなことのない樹木を選ぶべし。樹木によじ登る際に、揺らして、雪を落としてしまうことは許されない（図五七）。

一二、雪が降ったばかりのときには、白色偽装衣の効果を完全に維持できるよう、けっして汚してはならない。従って、家屋や防空壕に入る際には、脱がなければならない。

一三、地表の雪が汚れていたり（とくに融雪期）、樹木に雪が積もっておらず、暗色になっている場合には、将兵に純白の偽装をほどこすことは禁じられる。泥を塗りつけて、汚しておくこと（図五八）。偽装被服は、シャツか、ズボンを選ぶかたちで省略することができる。半偽装である。偽装カバーについては、暗色の裏側を使うこと（第九条参照）。

一四、雪上の開豁地で小銃兵がタコツボを掘って、そのなかに入る際、周囲にかき出した雪の堆積が高くなったり、雪が泥で汚れて

図五九。

いる場合には、好目標になってしまう。従って、タコツボを掘りはじめる前に、雪を横へ排しておかねばならない。掘り出した土は、緩やかな傾斜を取るかたちで周囲に積み、雪をかぶせておく。それによって、頭を特別に高く出さなくともよくなる。この土盛りの左右に穴を開けておけば、そこを通して、観測したり、射撃することが可能となる（図五九）。

雪製のレンガで陣地や雪壁を構築する際には、上部の直角の部分は、はっきりと照らし出されるし、太陽のもとでは明瞭な影を落とすから、丸めておかなければならない。

一五、小銃・機関銃を撃つ際には、装薬のガス圧で銃口前方に雪が巻き上がり、火器の位置を暴露しないよう、とくに粉雪に注意すべし。銃口前方の雪を踏み固めたり、雪の上に目立たぬようモミの粗朶、板材、布を敷くことで、雪が巻き上がるのを防ぐ。

図六〇。

図六一。

図六二。

一六、火器前方の銃口射撃痕は、射撃休止時に偽装資材で覆うか、雪をかぶせること。長期にわたり、当該陣地に留まる場合には、銃身前方に、充分な大きさの白く塗った板材を敷くのが適当である。

一七、自動車、車輌、戦車を開豁地に置くときは、幌《ほろ》を展張し、雪をかぶせれば、良好な偽装が可能となる（図六〇および六一）。

一八、雪中に埋め込むことが難しい場合には、防水カバーで覆い、雪をかぶせて、偽装を行う。車輌用の壕には、スロープを付すべし。自動車等を溝に収め、覆いをかけてしまうと視界が奪われる。

野戦陣地の偽装

一九、すでに野戦陣地を選定する際に、偽装面に顧慮しておかねばならない。たとえば、稜線、庭園、藪、溝などに依拠するのである。連絡壕や接近壕についても、同様のことが当てはまる。陣地の掘削と偽装は、タコツボの掘削と偽装と同様の原則に従って行われる（第一四条をみよ）。

二〇、時間があるかぎり、天井を付けて偽装すること。天井としては、針金やヤナギの枝

図六三。

を編んだものを組み合わせた、一・五ないし二メートル長で、壕の幅に則した幅を取った木枠を用いる。胸壁を設置する面は、さらに一・五ないし二センチ延ばす。この木枠を、木の枝や粗朶で覆い、その上にワラや紙（あらかじめ湿らせておき、凍らせなければならない）を載せて、厚みを増す。壕の構築が済んだら、薄く雪をかぶせて偽装する。支柱で天井の下部を支え、敵に向かっている面を高く上げておく。それによって、敵の観測や掩蔽された壕からの射撃が可能になる（図六三）。

二一、同様のやり方で、ワラ布団、モミの枝、布袋をつなぎ合わせ、およそ十メートルの長さの天井をつくることができる。これは、針金か、紐で、杭に固定する。杭は五十センチ間隔で斜めに打ち込み、壕に垂れ下がってこないように天井を支える。杭に留める際、敵に向かっている側が開放されるようにしておく。それによって、観測と射撃が可能になる。

二二、全体に天井を張るだけの充分な時間がない場合には、機関

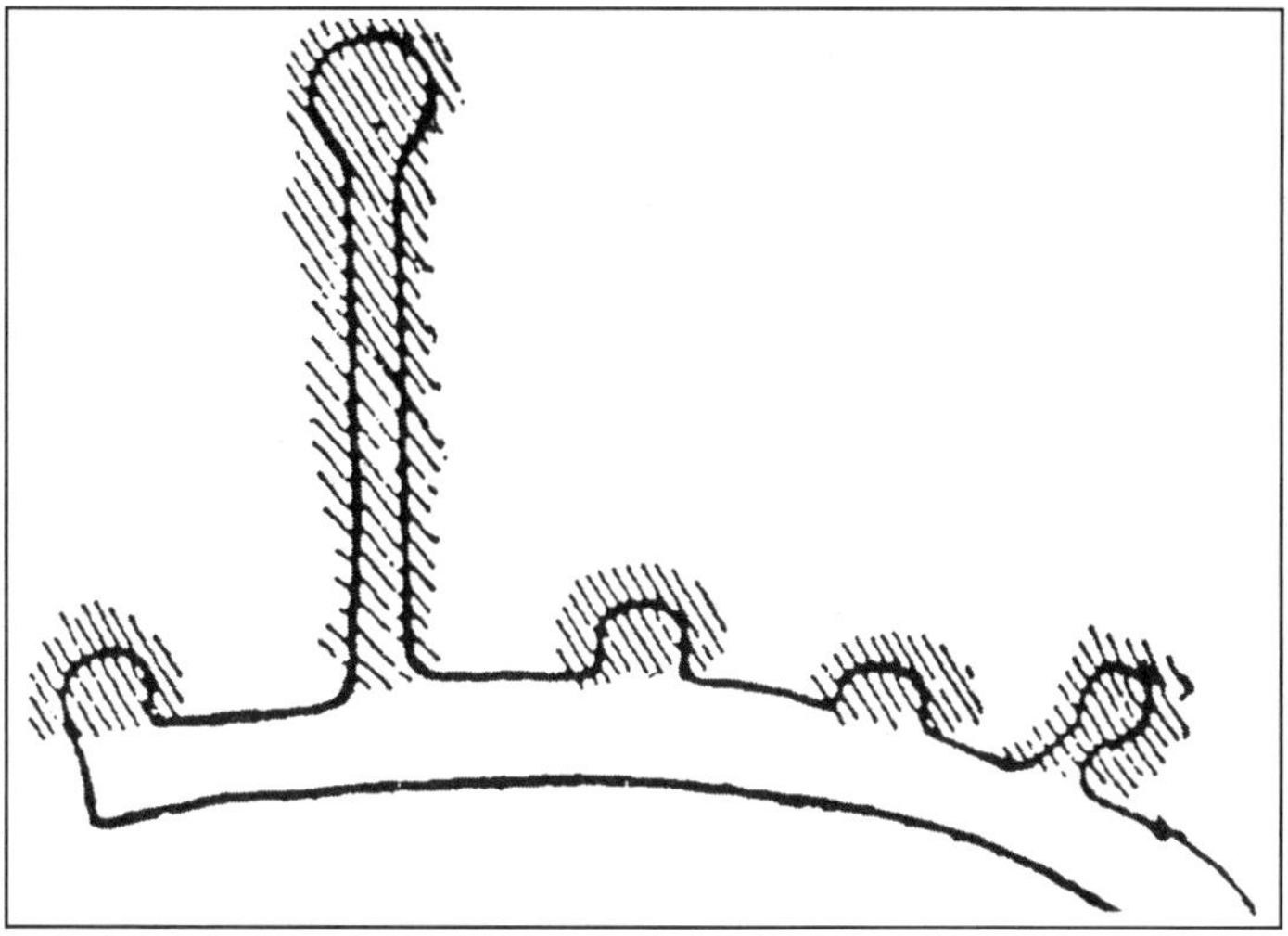

図六四。

図六五。

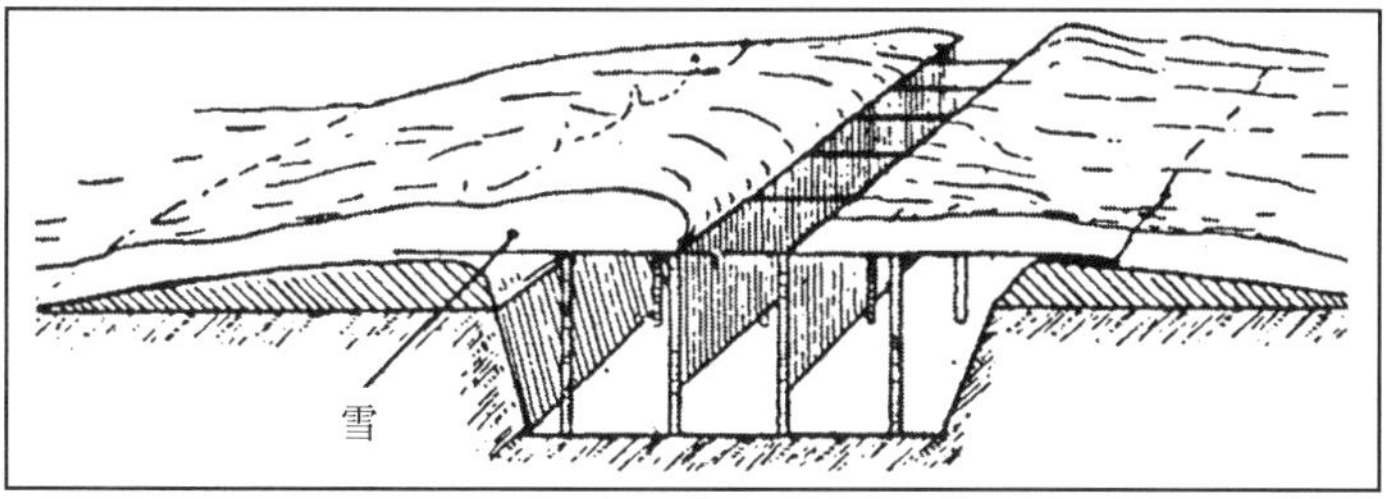

図六六。

銃陣地や観測所のような陣地システムのとくに重要な箇所にのみ、個別に天井を付して、偽装をほどこす。それによって、敵の偵察に対し、塹壕陣地を、あたかも連絡壕にすぎないかのように見せかけることができる（図六四および六五）。

二三、対戦車壕は幅が広いため、そのすべてを覆って偽装できることは稀である。ただし、一部なりと偽装しておけば、その箇所に戦車を進めるよう、敵を誘導し得る。偽装覆いを付すために、幅の狭い対戦車壕を構築し、横断しやすい交通壕であるかのように見せかけることも可である（図六六）。

軌跡の偽装

二四、あらたに降った雪は、街道、道路、徒歩道、地表の足跡等を隠してしまう。一方、降ったばかりの雪には、あらゆる種類の軌跡が、とりわけ明瞭に付される。その様態から、部隊の兵種や兵力を容易に推測し得るのだ。それゆえ、既存の道を使うことが、夏季よりもいっそう重要である。新しい道・小道を用いることが避けられない場合には、天然の稜線、溝、地表の勾配、塹壕、生け垣などに沿って、または森林内を通るように敷設する。それによって、道や小道はきわめて視認しにくくなる。それらは、常に既存

図六七。

の道路網につながっていなければならない。また、偽装された目標に道の終端をみちびくことは、絶対に不可である。これは、とくに火点に当てはまる！

二五、舗装された道路を離れる際に、敵が味方の兵力を察知できないようにするため、歩兵、スキー兵、橇などの進行、自動車と戦車の車行が、同一の軌跡をたどるようにすることが必要になる場合もある。装軌車輌の急転回は避けるべし。それによって、雪が盛り上がり、視認しやすくなるからである。

二六、軌跡を消すことが、しばしば必要になる。これは、木の枝、樹木、巻いた有刺鉄線をひきずっていくことで、容易に実行できる（図六七）。

二七、集落は、航空・地上偵察に対し、部隊を隠蔽する。火砲、あらゆる種類の車輌、機材倉庫は、屋根の下に置くべし。これが不可能な場合にかぎり、庭や壁を利用し、不規則なかたちに配置して、偽装する（図六八）。

図六八。

二八、集落の外に、宿営所・露営地、機材倉庫、物資集積所を設置する場合は、なるべく、モミの森やさまざまな広葉樹の林に配すること。伐採は、植生密なる地区においてのみ実行する。空から見渡すことができる場所については、木の枝を結び合わせたり、枝葉でつくった屋根をかぶせて、敵の視認をまぬがれるようにする。その際、枝が雪で覆われた状態になっているよう、注意すべし。

二九、開豁地にあっては、砂利採取場、窪地、勾配、溝や壕などを、偽装に利用することができる。天幕は、雪中、または地中に、半地下式に設置することが必要になる。同様のことが、車輌にも当てはまる。仮兵舎等の構築にあたっては、屋根、壁、ドア、窓を白く塗るか、雪で覆うこと。機材を積み上げることも避けるべし。円錐形に積み、その上にモミの木や雪を置いておけば、敵を欺騙できる（図六九）。平坦で樹木のない土地では、物資を不規則に分散して積み、

図六九。

雪をかぶせる。そうすれば、雪庇のような見かけになるのだ。

三〇、宿営・野営にあっては、煙が見えないようにするため、可能なかぎり、乾燥した木材、コークス、木炭で暖房すること。火花が散って、部隊の所在を暴露しないよう、夜間は排煙口を木の枝で覆っておく。「長期間暖房を行うと、屋根に煤《すす》がこびりつく。これは、雪中においては目立つものである。それゆえ、煤がついた部分には、頻繁に雪を撒くこと。厳格な照明管制に注意すべし。

Ⅳ．欺騙施設

三一、敵を欺騙するための簡便な措置として、欺騙施設を構築する。これらは、戦術的にみて、もっともらしくはあるが、本物の施設とはずっと離れた場所に置かれる。それによって、欺騙施設に射撃が向けられ、本当の戦闘施設は損害を受けなくなるのだ。

三二、欺騙塹壕の大きさや形態は、本当の塹壕同様のものでなければならない。これらは、地面までの雪を掘り出すか、積雪はなはだしい場合は四十ないし五十センチの深さまで掘り下げて、構築する。欺騙塹壕の底は、本当らしく見せるため、相当深くまで、モミの木の枝、土や煤で覆っておく。

三三、欺騙施設には、偽の道や踏み分け道を通しておかねばならない。これらは、雪上に容易に刻むことができる。また、既存の道路網に接続させておかねばならない。

三四、降雪後には、偽装射撃壕、雪の積もった偽装小道・軌跡を修復しなければならない。

〔以下、I章欠。原書のママ〕

J．防寒・防雪

I. 一般

一、冬季戦においては、敵と戦うためには、まず自然と闘争することになる。その自然とは……。
—寒さ。
—雪。
—風。
—見通しの利かない天候と闇の長さ。

軍人たるもの、堅固な宿営や陣地にあるときのみならず、行軍中、何よりも戦闘中に、こうした困難を克服できなければならない。そのために、経験、習熟、いつでも応急処置を捻出する能力を得ておくこと。しかしながら、防寒等に関する従来の知見は、将兵一人一人にとって、すでに貴重な助けとなる。それらは、講習と実務的な訓練によって、深められなければならない。

二、以下のような基本知識（専門分野ごとに列挙する）が必要である。
—被服と装備。
—給養。
—健康維持（凍傷の危険がある）。
—兵器、装備、弾薬の取り扱い。
—自動車の取り扱い。
—馬匹の世話。
—暖の取り方。

三、右の知識から、以下の分野への応用策が引き出される。
—行軍時の行動。
—野営時の行動。
—長期宿営における防寒等。
—射撃。
—通信連絡業務。

—自動車業務。
—補給と負傷者の後送。
—鉄道輸送時の行動。

四、ごく一般的にいえば、普通の血行が保たれていれば、凍傷の危険は少ない（健康そうな面持《おもも》ちで、頭や胴体など、あらゆる部位の血色がよく、体温も保たれていて、青ざめたりしていないということが目印となる）。血液の循環は、以下の方法によって維持され、血行をよくすることができる。
—内からは適当な栄養物の摂取、外からは暖房によって、身体を温める。
—体温を維持して、身体の冷えを予防する（被服、宿舎等による）。
—身体を動かし、身体衛生の保持に努める。

五、防寒手段としての酒類を、徹底的に厳しく戒めることは不可能である。酒類は皮膚の血管を広げ、暖かいという錯覚を起こす。直後に暖かい空間に長く留まると予定されている場合にのみ、酒類の摂取は許される。再び野外に出なければならない者が（歩哨など）、酒類を摂ることは許されない。酒類は身体の消耗をもたらし、それによって、凍傷を促進する。従って、肉体労働前に飲酒することは許されない。いちばんよいのは、茶のような温かい飲み物に酒類を混ぜることである。

Ⅱ. 被服と装備

冬季被服の支給規則

一、良好かつ充分な防寒の前提条件となるのは、被服をすべて適切に支給することだ。サイズが小さすぎる被服は血液の循環を妨げ、皮膚血管の鬱血《うっけつ》を招き、凍傷を助長する。これは、サイズの小さな靴について、非常に多く当てはまることである。

二、原則。下に冬季被服を着込んでも、人の動きが妨げられないように、あらゆる被服において、そうしたサイズのものを支給する。重ね着した被服のあいだに暖かい空気層がある場合にのみ、極寒に際しても、効果的な防寒が期待される。一般に、厚い布地のものを数枚着用するよりも、薄い布地の被服を多数重ね着するほうが防寒効果を得られる。

図六《マ》九《マ》a。

図六《マ》九《マ》b。

細則

三、野戦帽は、頭部カバーの上にかぶったときに後頭部を覆い、また、折り返しの部分を下げて、後頭部と両耳を保護できるように、サイズを合わせたものを支給する。

三a、以下のように二枚の頭部カバーを着用するのが、もっとも適切である。一枚目の頭部カバーは、頭にかぶり、のどに巻きつける。二枚目の頭部カバーは、後頭部から、額に掛けていき、眉までかぶる（図六九a）。そうして、最初の頭部カバーを引き上げれば、後頭部、両耳、のど、あごを覆うことができる（図六九b）。この上から、野戦帽やヘルメットをかぶることができる。

四、セーターやドリル織り上着の上に着用する野戦上衣を支給する。オートバイ手・オートバイ狙撃兵には、三六式セーターのほかに、羊毛で編んだセーターを着用できるようにしてやらねばならない。羊毛で編んだタートルネック・セーターを着用する者は、野戦上衣の襟元を広げ、のどと襟留めのあいだにタートルネックが入るよう、充分に余裕を取ること。袖口はボタン留めすべし。

五、野戦服（灰緑色および黒色）は、充分に裾の長いものを支給し、身体の主要部分を守るようにしなければならない。

六、乗馬ズボンは、長靴胴部でふくらはぎの鬱血を生じさせるようなものであってはならない。膝のところが自由に動くよう、充分に余裕を取ること。

七、布外套。原則として、背中の折り目を開いたかたちで着用する。そうしなければ、窮屈になり、防寒効果も得られない。乗馬用の外套は、充分に裾の長いものでなければならない。

八、羊毛で編んだセーターは胴体全体を覆うものでなければならない。袖は長めにしなければならぬ。それによって、手首の内側が温められる。従って、袖を折り返してはならない。

九、厳寒時には、野戦帽や頭部カバーを着用した上に、ヘルメットをかぶること。その際、野戦帽の折り返しを開いて、下げておく。ヘルメットの金属部分に両耳が触れるようにすることは許されない。

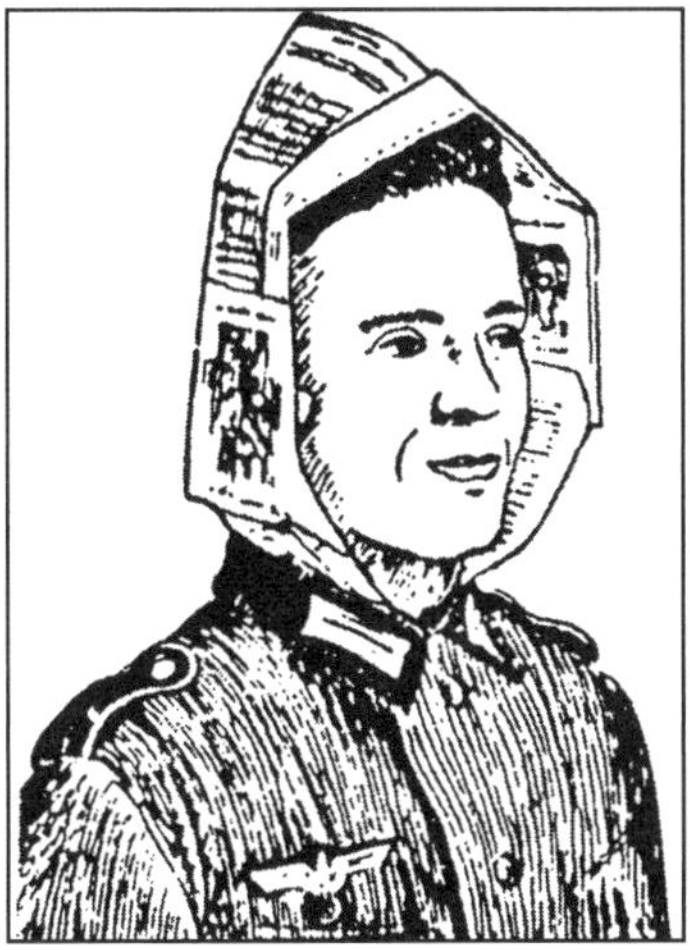

図六九c。新聞紙でつくったフード。

図六九d。ちりめん紙でつくったフェイスマスク。

一〇、靴類は、大きなサイズのものを用いなければならない。それによって、底敷きを入れ、靴下一組、あるいは靴下二組を重ねて履いたり、足布を巻いたときにも、つま先部分に、一ないし二分の一センチほどの余裕が得られるようにする。

一一、上外套ならびに被覆外套は、幅も長さも充分に取ったものを、布外套の上に着用すべし。

防寒用の応急措置

一二、ヘルメットの内部には、フェルトの詰め物を入れる（古いフェルト帽の上部を使うのが、もっともよい）。必要な場合には、ハンカチか、丸めた新聞紙を詰める。あご紐は、血行を妨げないよう、緩く結んで、垂らしておく。図六九cは新聞紙でつくった簡便なフード、図六九dは紙製のフェイスマスクを示す。

一三、足は、とりわけ寒さに弱い。長靴下を頻繁に交換すること。ワラの底敷き、詰め物、紙、さらには注意深く差し込み、適当に折った長ワラ、うまく足に巻き付けた新聞紙は、足の凍傷の予防手段として有効であることが証明されている。足布（紙製のものも同様）は、靴下よりも保温作用が大きい。長靴下の下に紙を挟み、その長靴下の上にまた紙を巻いて、さらに足布で包むことは、とりわけ有効である。長靴下のところに擦過傷を負わないよう、折り目はすべて、なめらかな状態にしておくべし。

一四、フェルト製長靴は、雪が粉雪状態であるときにのみ使用する。濡れたフェルト製長靴は、防寒の役に立たぬばかりか、一定の危険さえある。フェルトが吸った水分が蒸発することによって、足部の体温が低下し、気温が低い場合には凍傷をもたらすことがあるからだ。

一五、長靴の革が凍り、冷気が足に浸透することは、その上に、布、毛皮などの足カバーを付けることで、ある程度防げる。足カバーの自作に関する手引きは、図七二をみよ。

一六、替えたばかりの肌着は、長く着用していたよりも、保温効果が高い。ゆえに、いかなる場合でも、洗濯の機会があれば活用すること（第三一条）。極寒・強風の際には、とくに男性器の部分を保護することが必要になる。入手できる場合には、応急措置として、

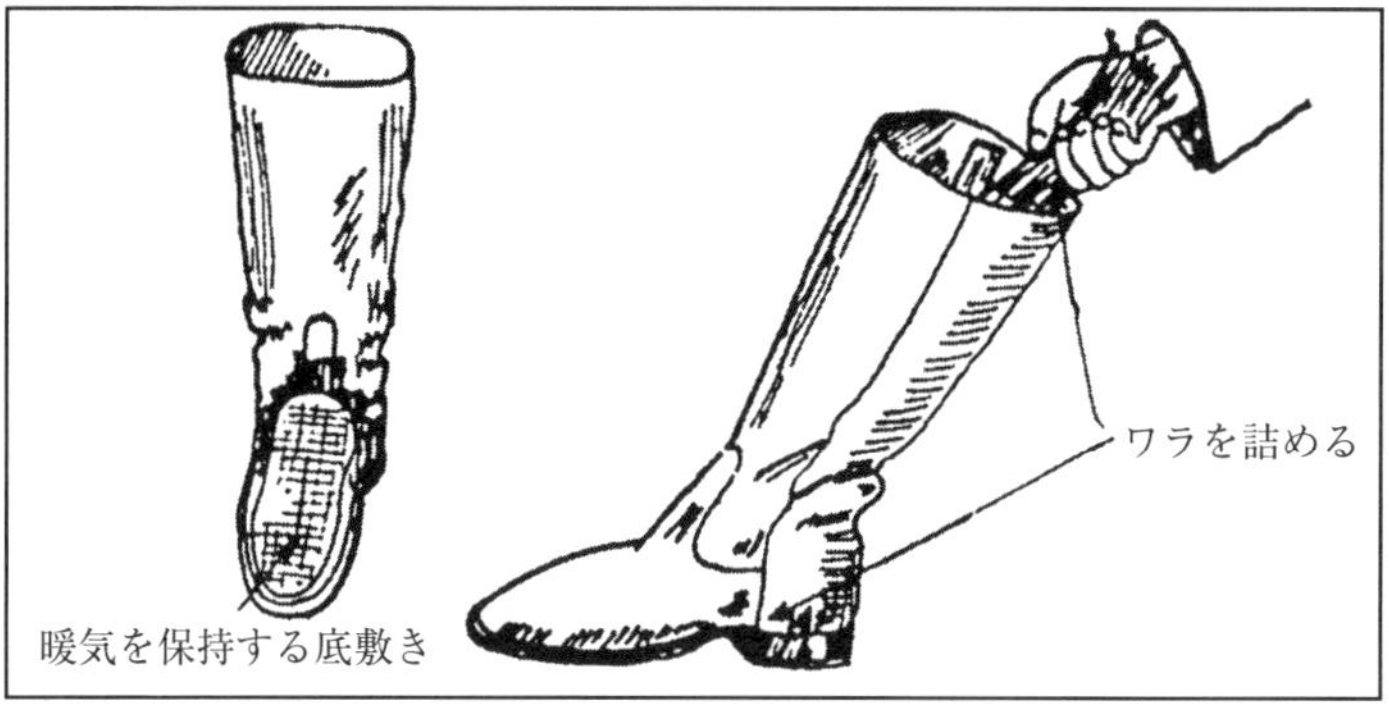

図七〇。

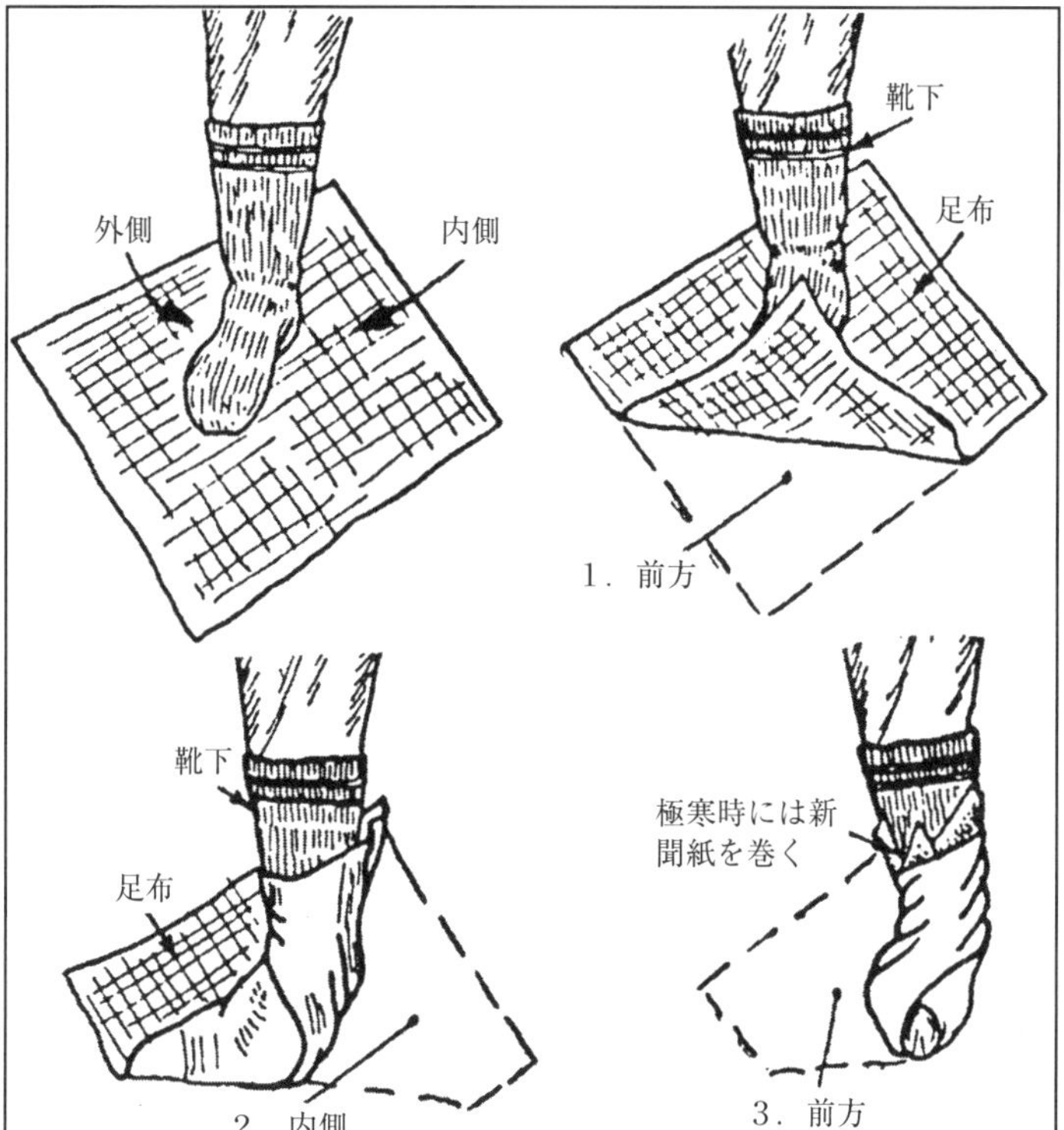

図七一。

図七一a。編んでつくったワラ靴。

図七一b。折りたたんだ新聞でつくった紙チョッキ。

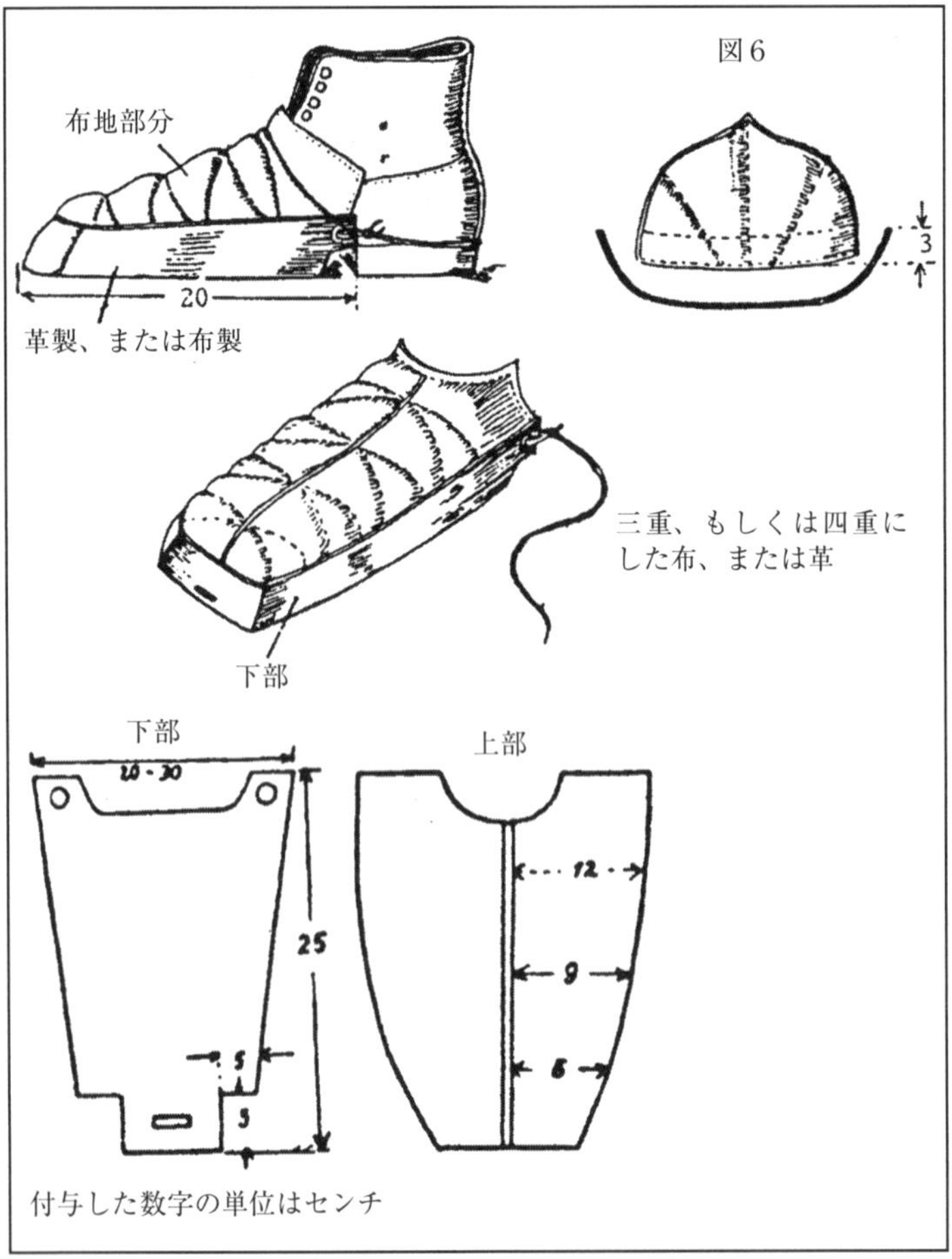

図七二。オーバーシューズ（つま先保護具）。上の図は、オーバーシューズ（つま先保護具）自作のための、将兵への手引きとなる。

スポーツ用ズボンを着用するか、ズボンとズボン下のあいだに紙を挟む。
一七、騎手は、余り布、ワラを編んだもの、細縄を、あぶみに巻いておくこと。長靴の前部を差せるよう、ワラを編んでつくった足の保護覆い（あぶみに付けておく）を用いることも推奨される。歩哨や御者用のフェルト靴が不足しているときには、ワラ靴を用いる。その製作には、現地住民を徴用すべし。図七一aに示したワラ靴は、ワラ縄を編んでつくったものである。湿った状態のワラ縄を使って、靴のかたちをつくった上で、縫い合わせる。
一八、オートバイ手。走行時の向かい風に対して、胸部を保護するため、平らに均した新聞紙を、シャツとセーターのあいだに挟む。図七一bは、紙製の簡便なチョッキを示す。膝の防寒には、よくこすった新聞紙を、ズボン下と長靴下のあいだに、何重にも巻くのがいちばんである。このとき、長靴下は、新聞紙がずり落ちるのを防ぐため、膝まで伸びるものにする。
一九、できるかぎり、手袋ではなく、ミトンを着用する。こうした冬季被服が全員に行き渡らない場合には、交互に共用すること。たとえば、フェルト靴、上外套、羊毛マフラーなどである。

雪の混入に対する予防措置

二〇、袖口。野戦上着の袖のボタンホールにボタンをはめ、必要な場合には縛りつけて、その上から手袋を着けること。胴部の長い長靴。長靴のすねのまわりに、丸めた紙、干し草、ワラを緩く詰める。布製ズボンは、裾を長靴のなかに入れるのではなく、ニッカーポッカー状にするか、長靴の上に下ろすようにして、裾を充分に縛りつけるべし。

二一、加えて、外套右前部の内側にボタンを付けることも可である（左前部の下留め用ボタンと同じ位置に付ける）。両方のボタンとも、それぞれ糸で固定するが、留めやすいように短い間隔（一センチ半ないし二センチ）をつくっておく。外套背面のベントもボタン留めする。背面ベントの裾は、両足のあいだに巻き込み、角に付けられたホックで、必要な長さのところに留める。しかるのちに、前部の裾を両足のあいだに通して、巻きつける。この裾のホックには、あり合わせの布でつくった一種の巻物（幅十二センチ、長さ百二十センチ）を付ける。その一端をホックに留め、長靴胴部に隙間がないように巻いていき、紐で縛りつけること（図七三および七四をみよ）。

二二、編上靴。長靴を装備していない隊は、巻き布付の編上靴を履く。巻き布なしの編上靴を履かねばならない場合には、布製ズボンの裾をくるぶしまで引っ張り、両側から覆

図七三。

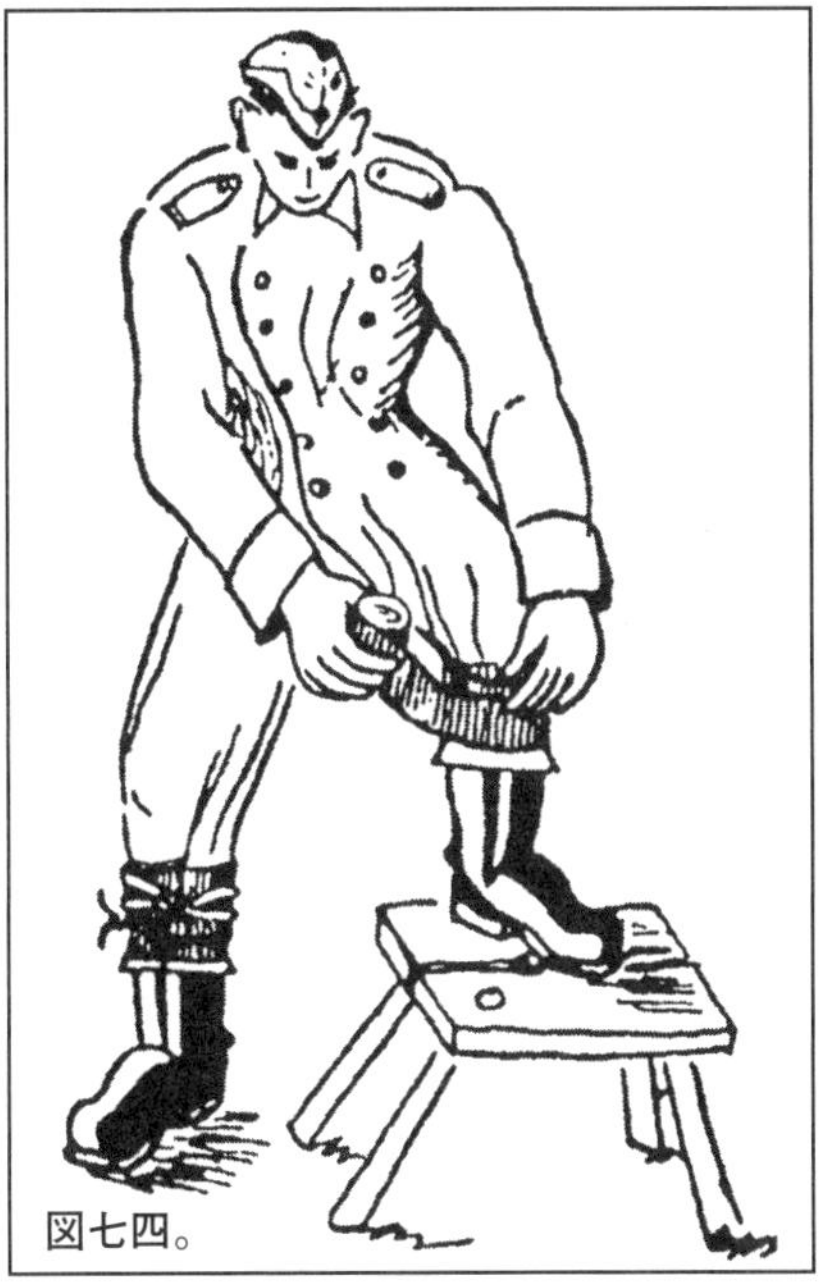

図七四。

うようにして、上から靴下を着ける。靴下が二組あれば、スキー靴下同様重ね履きする。

二三、スキー走行のために、スキー靴を用意する。スキー用長靴が極度に不足している場合には、各兵が装備している編上靴のみで、隊の主力をスキー走行させることを考慮する。行軍用長靴はスキー走行に不向きである。スキー走行のためには、編上靴の靴底のもっとも狭い部分を、スキーのバインディングの高いところにブリキのベルトで固定する。損傷を防ぎ、より良好な走行位置を取るためだ。このベルトは、空き缶などから取った薄いブリキ板でつくる。ブリキのベルトは縦方向に直角に当て、靴底の下側に小さな釘（テクゼ）で固定すべし。この金属板の上端は、靴の上革を切らないように、折り曲げて叩いておくこと。靴のかかと後部は、かかと鉄の上に、三ないし四本の靴釘を打っておく。そうしなければ、靴底に水が染みてくるからである（付録「スキー用具の割り当て」を参照）。

二四、新聞紙は、多くの場合、きわめて良好な防寒具になる。従って、常に充分な数を備蓄し、携行すべし。ほかに、応急防寒具として、以下の物が充分利用可能である。

紙製頭巾。

紙製チョッキ（肌着と上着のあいだに着用する）。

紙製足布。

紙製肌着。

二五、強烈な光が雪に反射すると、眼に炎症を起こしやすくなり、深刻になると雪盲《せつもう》をもたらす。積雪地で、太陽に向かうかたちで観測を行うことは、往々にして不可能となる。それゆえ、サングラスを着用すること。雪めがねの応急製作の手引きは、付録「雪めがねの組み立て」に記載されている。

被服と装備の手入れ

行軍・戦闘中

二六、

(a) 使えなくなった備品を交換し、小修理を行うため、行軍中の小休止・大休止を利用する。

(b) 負傷者が残していった物資は放置せず、収集して、残らず隊内に分配する。

(c) 吹雪の際には、偽装の妨げとならないかぎり、毛皮（皮革）を天幕布地で覆い、保護すること。

(d) 積雪地における迷彩色は白であるが、白灰色がより優れている。よって、ヘルメットは白く塗ること。塗料が不足している場合は、水に溶いた精製白亜か、石灰を用いる。雪上用白衣か、雪上白上着を着用すべし。それらがないときには、白のドリル織り被服か、白布を利用する。加えて「冬季の偽装」の章をみよ。

図七五。

小休止の際

二七、湿った被服、なかんずく長靴の乾燥に、主たる注意を払うべし。火がつく恐れがあるから、焚火や熱い暖炉の直近で乾かしてはならない。そうして乾燥させた靴は硬くなり、こわれやすくなる（図七五）。湿った靴には、ワラか紙を詰めておく。靴の手入れは、行軍準備として、きわめて重要だ！　雪は皮革の敵である。皮革製品は柔軟な状態にしておかねばならない。

二八、それゆえ、靴の上革（足関節までの上皮革）には、毎日、微量の油を塗るべし。油を含んだ状態にしておくのが最良である。ただし、油を塗りすぎた皮革は冷たくなり、水が染みやすくなる。こうした皮革製品の手入れを、行軍直前等になって初めて行うような真似《まね》は許されない。事前に充分な時間を取って、手入れしなければならないのだ。濡れた長靴の手入れの詳細については、付録「泥濘・融雪期の靴の手入れ」をみよ。靴底には釘を打っておく。

将兵は、小休止の際にも、修繕時間を置き、被服を清潔に保つよう注意しなければならない。

大休止（長期休止）の際

二九、被服のクリーニングと手入れの講習を行う。
　下士官講習のテーマでもある！

三〇、清掃・修繕時間を置くこと。洗濯は、なるべく洗濯所で行う。さもなくば、設営部隊か、各隊において、洗濯場を設置すべし。それができない場合には、各隊内で洗濯当番を定める。中隊以上、もしくは小隊単位で、監督を受けながら洗濯を行うのである。洗濯用の場所を用意し、洗濯物や濡れた上着の乾燥室を設置すること。

三一、羊毛製品はけっして煮沸してはならない。体温ほどの温かさの水を使用すべし。毛皮外套や毛皮製品は、はたきやブラシで清掃する。湿った毛皮を暖炉の直近で乾かすことは、絶対に不可である。
　被服にたかったシラミは、可及的速やかに駆除する（熱風による駆除）。加えて、将兵の身体についても、同時にシラミ駆除をほどこさなければならない。

三二、専門職人の作業場を設ける。小修理は、個々の将兵が自ら行えるようにしておかねばならない。靴下の繕いは大事である。

三三、融雪・泥濘期の靴の手入れについては、付録「泥濘・融雪期の靴の手入れ」をみよ。

Ⅲ．冬季の給養

一、あらゆる指揮官ならびに、給養事項をゆだねられた部隊諸機関で働く者すべては、戦友の福祉と健康に関する、きわめて責任重大な任務を果たさなければならない。それを常に自覚すること。よって、以下に挙げるヒントに、正しく、かつ忠実に注意を払うべし。

一般

二、冬季においては、将兵は、夏季よりも頻繁に温食や温かい飲み物を摂らなければならない。朝食と夕食に、たびたび温かいスープを出すように努力すること。温かい飲み物を供するため、いつでも湯を用意しておかねばならぬ。

寒さが厳しくなるほど、より多くの脂肪分を含んだ食事が必要になる。気温十度以下での喫食、とくに冷食は避けるべし。気温三度以下、もしくは氷結状態での喫食は、重度の健康障害をもたらす。

三、酒類、もしくはアルコールを含んだ飲料は、宿営地で晩にのみ支給すべし。ラム酒は、温かい飲み物（茶など）に混ぜたかたちでのみ供すること。コニャック、ウオッカ等の配給に際しては、給養受領者が、物々交換や贈与などによって、それぞれに認められた分量以上を摂らぬようにする。各隊の指揮官等は、酒類の支給によって健康を損なう者が出ないようにする責任を負っている。

四、野戦烹炊所による給養が不可能であると、あらかじめわかっている場合には、温かい飲み物と温食を支給できるよう、粉末コーヒーや茶などの食料品を前もって準備する。しかしながら、必要な量にとどめ、兵士に過剰な負担を与えてはならない！　さもなければ、兵士たちは往々にして、目下よけいであると思われる物を遺棄してしまう。

誰もが料理をできなければならない。適宜練習させておくこと。パン焼きの手引きは、付録「飯盒によるパン焼き」に記載されている。

斥候隊、とくに追撃隊には、かさばらない軽量の給養物を支給する（自炊することもあり！〕。

五、食料品・嗜好品のほとんどは、湿気と寒気に非常に弱い。寒気は、腐敗を起こりやすくし、栄養価を減少させ得る。それゆえ、寒さの影響を受けやすい食料品が倉庫に置かれていた場合には、その輸送、貯蔵、支給について、格別の注意を払うべし。

極寒期の行軍における給養

六、極寒期には、野戦烹炊所より、冷凍肉、缶詰・瓶詰肉、保存用ソーセージ〔サラミなど、燻製にしたソーセージ〕、ベーコン、燻製肉、乾燥ジャガイモ、乾燥野菜を携行すること。豆果、練り粉食品〔パイなど〕、乾燥ジャガイモ、乾燥野菜が、とりわけ適当である。

大量の水分を含んだ給養品は携行すべからず。

七、温かい飲み物の支給。ただし、酒類、もしくはアルコールを含む飲料は不可。

給養不可能な場合には、以下の携帯糧食を用いる。

―バターやジャムを塗るか、ほかの食品を挟んで、すぐ食べられる状態にしたパン。寒気を防ぎ、ポケットに入れていくことができるように紙で包んでおく。

―クネッケパン〔クラッカーのように焼いたライ麦パン〕。

―乾燥フルーツ。
―飴や砂糖菓子。
―チョコレート。

八、飲み物を入れた水筒は厚く包み、雑嚢か、背嚢に入れて、ある程度温めておく。水筒を雑嚢の外に吊っておくと、中身はすぐに凍りつく。
渇きをしのぐために、胃が空の状態で雪を食べたり、冷水を飲むことは、絶対に不可である。融雪水も、なるべく煮沸してから飲むこと（注意せよ！）。

緊急時の給養

九、斥候隊や孤立した哨所においては、敵や天候の動きによって、食料品の節約を強いられることがある。ロシア人の経験をもとにした、備蓄品を食いのばす方法に関する手引きは、付録「緊急時の給養」に記載されている。

食料品に対する寒気の作用

一〇、パン、肉、缶詰・瓶詰肉を含むあらゆる種類の肉製品、脂肪、乾燥豆果、乾燥野菜、魚、魚缶詰、乾燥フルーツ、練り粉食品ほかの穀物製品、米、コーヒー、茶、砂糖、塩、調味料、粉末状の食料品の保存性は、寒さによって損なわれることはない。もしくは、ほとんど影響を受けない。

一一、野菜、水か、その果汁に漬けたミックスフルーツ、あるいは果物の缶詰・瓶詰、ザウアークラウトや豆類の缶詰、もしくは樽詰め、マーマレード、蜂蜜などは凍りやすいが、それらを摂食しても害にはならない。気温零度以下のところに貯蔵しないようにすべし。

一二、瓶や樽に入った牛乳、果汁、ミネラルウォーター、ワイン、ビール、酒類は、凍結防止措置をほどこさなければならない。さもなければ、瓶や樽が割れてしまう。赤ワインは寒さに耐えられない。

ジャガイモは、凍ると甘くなり、風味が損なわれる。

硬質チーズやプロセスチーズは、凍結させると、解凍したあとも味が落ちる。また、ぼろぼろの乾燥状態になってしまう。

凍った食料品の扱い

一三、缶詰・瓶詰を含む、凍った食料品は、常に室温でゆっくりと解凍し、温めてやらねばならない。缶詰・瓶詰を解凍するために、熱い暖炉に載せるようなことは、絶対にやってはならない。食料品を繰り返し凍結・解凍するようなことは避けるべし。それは、凍結させたままでおくよりも、食料品を駄目にするからである。

一四、凍ったパンは、数か月にわたって保存し得る。健康のため、凍ったパンは、解凍したのち、塊か、薄片に切り分け、焼き網か、鉄板の上で焼くこと。ただし、完全に解凍したパンは、焼かなくとも、健康を損なうことなく摂食できる。凍ったパンの解凍は、ほぼ、どこにいても可能である。暖炉がなければ、フライパンその他で温めることができるし、ズボンのポケットに入れて、体温で解凍することも可能だ。

一五、凍った肉は長期間保存できる。必要な量だけを、室温でゆっくりと解凍するか、冷水に浸すこと。その際、凍結と氷の結晶によって、筋肉繊維が断たれていることを念頭に置くべし。それゆえ、解凍後の肉は、比較的早く腐敗する。肉汁も、きわめて速く流出してしまうのである。

一六、凍った骨なし肉は、暖気によって、速やかに解凍し得る。豚肉・牛肉の半身、もしくは四分の一身は、できるだけ、気温プラス一度、もしくは二度の部屋に吊し、解凍すべし。ときにマイナス三度になるようなところでは、解凍に一日ほどの時間を要する。解凍後も、一ないし二日、同じ気温のところにその肉を吊しておくべし。

　凍ったフライシュヴルスト〔ソーセージの一種〕は、室温でゆっくりと解凍し、しかるのちに切り分けること。
一七、凍った魚は、凍結状態で数日間保つ。食材に使う際には、取り出す前に冷水に漬けておく。
一八、凍らせることなく、低い気温のもとで甘くなってしまったジャガイモについては、暖かい部屋に二十四時間置いておけば、その甘みが抜ける。
　凍結がさほど進んでいないジャガイモは、調理前の数時間、冷水に漬けておく。

　完全に凍ったジャガイモは、そういうものとして、ただちに沸騰した湯に入れ、調理を済ませる。
一九、新鮮な野菜を凍らせたのち、解凍すると、その保存性は損なわれる。ただし、解凍後、ただちに摂食するのなら、そうした野菜は無条件に利用できる。凍りついたキャベツ、カリフラワー、紫キャベツの玉などは、氷結点に近い気温で（およそマイナス四ないし三度）刻み、沸騰した湯に投じる。それによって、風味が最良の状態に保たれるのである。

紫キャベツのサラダは、まだ凍っているが切り刻むことができる状態にして、つくる。

二〇、固く凍りついたバターやマーガリンは、支給の八日前からすでに、気温プラス五度から十度までの部屋で解凍すること。急速に解凍するのは不適当である。

凍った缶詰・瓶詰は、室温でゆっくりと解凍すべし。凍った缶詰・瓶詰の蓋のふくらみ（缶の膨張）は、見せかけだけのことであり、そうした保存食品の利用を妨げるものではない。凍結による膨張でハンダ付けした部分が破損した缶詰は、速やかに消費すること。

凍った瓶入り飲料などは、低気温ではあるが氷結点に達しない室温の部屋で、解凍するまで、ずっと置いておく。

凍らせた肉、野菜、果物の保存は、包みに添えられた規則書に従って行うこと。

食料品の輸送と保存

二一、寒さと雪により、給養物資の輸送には、特別の安全措置が必要になる。

給養車輌は、遮断された二重の木箱（その木箱の隔壁のあいだに、干し草、木毛《もくもう》〔毛状に削った木材〕、おがくずなどを詰める）か、ポット、樽、かご、鍋釜などを備えていなければならない。給養車輌の床には、ワラ、自作のワラ布団、古毛布、袋などを敷き詰める。容器類（木箱、袋、かご、瓶など）も同様に、ワラ布団、毛布、古くとも清潔な袋、モミの枝、木の葉などで、防寒用の覆いをかけるべし。こうした遮断材は常に乾燥した状態にしておかなければならない。さもなくば、その目的を果たせなくなるからである。

輸送に際しては、できるかぎり、正午ごろの暖かい時間を利用すること。

二二、少量の給養物資の貯蔵には、第二一条に記したことが有効である。

寒さに弱い食料品を大量に貯蔵する場合に、考慮の対象になるのは、家屋・兵舎内の乾燥した地下室か、防寒措置をほどこされた倉庫のみで、そうした部屋では、室温が氷結点以下に下がらない。あるいは、暖房によって、室温を氷結点以上に保つことも可能だ。

この種の倉庫がないときには、寒冷期以前に、各部隊が同様の部屋を応急的に設置しなければならない。各部隊は、寒さの到来よりも前に、寒さに弱い食料品の貯蔵を済ませておかねばならないのである。

二三、あらゆる種類の冷凍肉、冷凍野菜・脂肪は、マイナス十度以下の気温で、天幕内、もしくは、他の一時的な施設に貯蔵することができる。ただし、その際には、適切な措置を取って（金網を張るなど）、ネズミの出入りを防がなければならない。この場合、気温が零下に下がっても、何の影響もおよぼさない。脂肪は、光にさらされないように処置すること。どんな脂肪でも、光線を浴びれば、すぐに腐敗してしまう。

二四、畜殺したばかりの肉は、ネズミやハツカネズミから守られているかぎり、マイナス十五度以下なら、露天、もしくは応急的な施設（天幕など）で冷凍することができる。香辛料は、他の食料品と分けて、乾燥した暗所に保存すること。

ジャガイモの自家冷凍

二五、極寒期により良好な輸送を行うために、ジャガイモを冷凍することも可能である。凍らせたジャガイモは、気温の低さを顧慮することも、特別の安全措置をほどこすこともなく、車輛に積み込んで輸送し得るし、質や風味、栄養価も目立って損なわれることはない。

その場合、安定した天候と、少なくともマイナス十度以下の気温が予想されるときに、まったく問題のないジャガイモを貯蔵庫や地下室から出し、時間を置かず、ただちに寒気にさらす。この際、ジャガイモを一層に敷くことに、とくに注意しなければならない（層を重ねることはしない）。そうしなければ、寒気が迅速に染みわたるか、保証のかぎりではなくなるからだ。いかなる場合においても、速やかに冷凍しなければならないのである。

二六、マイナス十度以上の寒気にさらされたジャガイモの味は甘くなる。調理にあたっては、まずブラシやホウキでジャガイモをきれいにし、通常通りに料理する（第一七条参照）。ジャガイモの皮を剝くのであれば、最初に五分間冷水に浸すこと。

凍結しない適当な倉庫がないときには、ジャガイモと越冬可能な野菜（キャベツ類、トウヂシャ、コールラビ、セロリなど）は室《むろ》に貯蔵するのが、もっとも氷結を防止できる。

応急地下室（小型）構築の手引き

二七、およそ二ないし二メートル半の竪穴を、予想される給養物資倉庫の大きさに合わせて掘り、屋根付きの組み立て式給養物資小屋を建てる。全体を、約一ないし二メートルの厚さの土で充分に覆う。入り口には仕切りをつくり、寒気が直接貯蔵庫に入り込めな

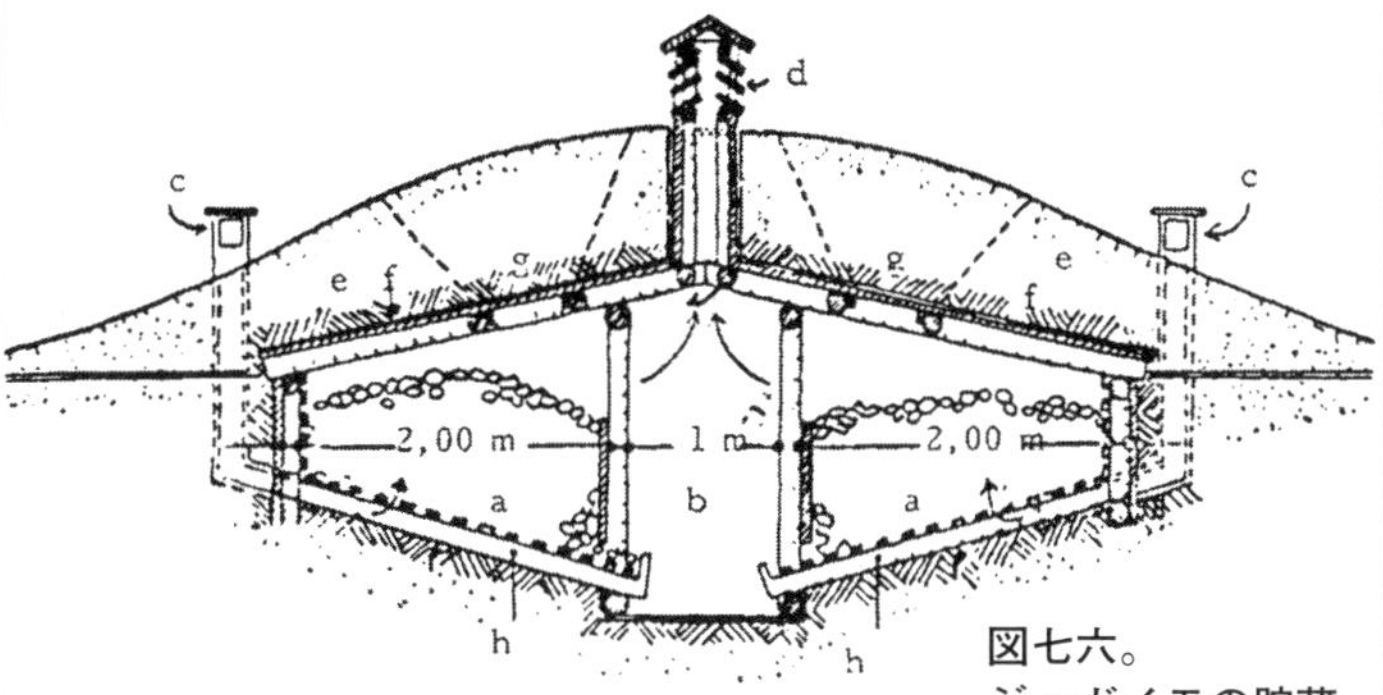

図七六。
ジャガイモの貯蔵。

(a)ジャガイモ置場
(b)通路
(c)通気口
(d)排気装置
(e)盛り土
(f)遮蔽用粘土層
(g)投入口（のちにふさぐ）
(h)木床の下に空気層をつくる

いようにする。経験によれば、そうして設えたなら、気温がマイナス二十五ないし三十度となっても、内部の室温はなお零度以上に保たれる。詳細は、図七六（ジャガイモ貯蔵庫）をみよ。

二八、あらゆる種類の給養物資倉庫は、常に見張りを付し、清掃し、貯蔵された食料品が必要に応じて支給されるように管理しておかなければならない。腐ったり、カビが生えたり、その他の問題が生じた食料品は、ただちに分別し、隊付軍医、もしくは隊付獣医の診断を受けて、可能であれば使用に供する。

腐敗と闘うべし！　ネズミ、ハツカネズミ、その他の有害生物に注意せよ！　ネズミ取り等を設置せよ！　ネズミの病原菌に用心せよ！

調理設備、烹炊業務、調理、給養物資支給

二九、味良く、また、何よりも変化に富んだ食事を調理し、野戦烹炊機に負担をかけないようにするため、給養バラックの建築

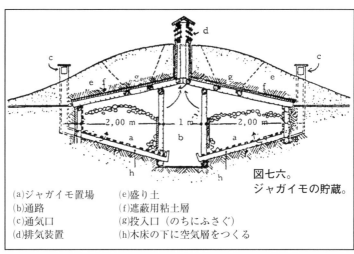

や、現地に既存の調理所の拡張等により、調理設備の常置に努めること。

三〇、野戦烹炊機を使用したのちは、煙突の跳ね蓋と灰落としを閉ざし、雪が入り込まないようにすべし。極寒期に、野戦烹炊機の釜や他の鍋に液体を入れたままにすることは不可である。中身の氷結により、亀裂が生じる恐れがあるからだ。鍋釜は、洗ったのちに乾かすべし。調理場、給養物資保管所、将兵の宿営所、調理要員の待機場ならびに作業場の距離は、可能なかぎり短いものでなくてはならない。その連絡路は、除雪するか、踏み固めておくこと。調理場は、水場のそばに置き、風や天候の変化に影響を受けないようにすべし。

三一、水が不足している場合には、緊急措置として、清潔な雪を融かして使うのも可とする。この場合、採雪場をとくに定め、けっして汚されないようにしなければならない。

Ⅳ．冬季の健康維持

一、以下のヒントの一部は、冬季における健康維持のための諸措置をまとめたものである。

それらは、すでに当該の項目で触れた。従って、医療、もしくは衛生上の措置のみを扱う場合を除き、細目は割愛する。

行軍、休止、野営、陣地、戦闘における諸措置

二、行軍と小休止に際して。宿営地や野営地を出る前に、顔に凍傷防止軟膏を塗っておく。行軍途中では、凍傷の症状が出ていないか、それぞれが互いに注意してやること！　身体の凍傷にかかった部分（鼻や耳など）は、最初は青ざめてきて、やがて顔に白い染みができる！　こうした症状を示す者は、自ら適時に気づくことができないのがしばしばである。

三、身体の部位の感覚がなくなっていないか、細心の注意を払うべし。
　とくに危険な部位は、鼻、頬、あご、額、耳、手指、足指、かかと、男性器である。感覚喪失はしばしば、短期間の軽い痛み（ちくちくする刺激）と結びついている。当該の部位は蒼白になる。かかる症状が確認された者は、凍傷にかかった部分を、そこがまた赤くなり、通常の感覚を取り戻すまで、手か、手袋で摩擦してやること。雪でこすることは不可。氷の結晶で傷をつくるだけのことになる！　足の凍傷には、足を踏みならし、

すねや足をぶらぶら揺らす（振り動かす）ことが有効である。手の凍傷には、腕を揺らしたり、回すことが有効である（また、肩のあたりを叩く）。

四、向かい風のなかを進むときには、頻繁に顔を風の向きからそらしたり、口ではなく、鼻で長く深く息を吐いたりすることで、鼻を守る。全身を激しく動かすことで、鼻の体温もまた保たれる。よりしっかりと防護するためには、一時的にミトンで緩く鼻を覆って、軽くこすり、何度も深呼吸する。ときどき、頭を前傾させること。そうすれば、吐き出した暖かい息が流れ、顔がもっとも温められることになる。

顔を上向きにしていること、口で呼吸すること、多々しゃべることは間違いである。そんなことをすれば、暖かい息がほとんど鼻に来なくなるから、凍傷になりやすい。

五、極寒期の小休止、あるいは、佇立したり、座り込んだり、匍匐することを強いられた場合には、以下の動作を続けるべし。ミトンのなかの指を動かす。手を手袋に出し入れし、摩擦する。靴のなかで足指をこする。さらに、靴を互いにこすり合わせる。そうすることで、靴底が前に後ろにと浮き上がり、足指やかかとも長靴のなかで摩擦される。こうした動作で、足が緩み、暖かい空気が危険な部位に行き渡る。腕や脚、肩を軽く動かしたり、回すことで、ひざ、ひじ、背中が摩擦され、温められる。

六、パンを行軍中の糧食とするときには、切り分けてから、野戦用上着の胸の上に入れて携行する。そうしておかなければ、パンが凍りついて、食べられなくなる。凍った食料品の摂取は胃腸障害を引き起こすから、食料品は温めておくべし。凍ったパンは焼くこと（「冬季の給養」の節を参照せよ）。

七、極寒の際には、最悪の宿営地といえども、野営に優ることはたしかだ。しかしながら、そうした場所に有害動物がいないことは稀である（伝染病の危険、シラミ等！）。不潔な市街地においては、常に伝染病の危険にさらされる。清潔なワラは、汚れた寝台よりもましなのだ。以前に別の部隊、とくに敵のそれが宿泊した納屋に宿営することは、新しいワラが手に入らない場合には望ましくない。それゆえ、どうにかなるのであれば、新しいワラを調達すべし。可能ならば、前遣隊を送って宿営地を暖房せしめ、主隊が到着したときには、すでに暖められているようにする。

取水場も、先遣隊によって偵察させておく。

八、湿った（汗を吸った）被服は冷えやすくなる。よって、肌着の交換を命令し、監督すること（肌着の替え、とくにシャツと靴下を携行させるべし）。

九、極寒に際しては、凍傷予防が必要になることになる。夜間には、時おり将兵を起こし、体操をさせること。

一〇、常に仮設便所を置くべし。厳冬期（地表凍結期）には、古小屋が仮設便所に好適である。

就寝前には用便を命じるべし。それによって、野営員の睡眠が不必要に妨げられることはなくなる。

一一、井戸がない場合には、流水、もしくは滞留している水の中心部から取水するか、雪を融かして調達する。そのような水は、けっして煮沸せずに飲んではならない！

一二、戦闘中であっても、凍傷になっていないか、将兵が互いに注意することが必要である。従って、できるかぎり、離れ離れにならないようにすべし。

負傷者は、とくに寒さを感じやすい。失血ののちには、なおさらのことである。従って、負傷者は急ぎ保護すること（「冬季の負傷者手当てと後送」の節参照）。

可能であれば、温かい飲料を前方に送るべし（魔法瓶に入れる）。

陣地、哨所等の暖房については、「暖の取り方」の節をみよ。

地下壕に排気設備を付ければ、少なくとも一時的に換気することができる。さもなくば、健康を損なう危険がある（一酸化炭素中毒）。

長期宿営における諸措置

一三、長期宿営（休息期間）における業務の配分。寒く、暗い時間帯は室内業務に、日の出ている昼間は野外業務に利用する。野外で立ったままにさせることは、とくに身体に負担をかけたあとには（発汗している）避けるべし。戸外での業務中の小休止は、横臥したり、座ったりすることができないため、有益ではなく、むしろ害になる。射撃訓練においては、頻繁に交代させ、山小屋やキャンプファイアを用意しておく。

一四、居間および寝室においては、不必要な器材を持ち込み、その管理や清掃にわずらわされるようなことがあってはならない。ゆえに、壁掛けなどは吊らない。枕カバーは洗濯可能なものにするべし。居間には、好適な人工光による照明をほどこすこと。壁と天井には漆喰《しっくい》を塗る。広間が使えるところでは、そこで食事をすることとし、居間では摂らない。身体を洗うのは、居間で行うのが適当である。その際、居間は早めに暖房をほどこしておく。暖かい部屋においてのみ、徹底的に身体を清めることができるのだ。

一五、有害動物は人間を悩ませ、危険な伝染病を媒介する。これに対する最良の措置は、宿舎、被服、下着、身体を清潔に保つことである。シラミは、発疹チフス、回帰熱、五日熱を媒介する。五日熱は、人間が密集して暮らしているとき、とりわけ冬季に、しばしば発生する。ネズミは、それに寄生するノミによって、ペストを媒介する。

有害生物対策に取り組むのが早いほど、駆除も容易になる！

一六、コロモジラミは、とくに被服や装備の折り返し部分に付き、そこに隠れる。つまり、ズボン吊りの留め具、編上靴の紐、胴巻きの縫い合わせやバンド、水筒カバー、上着やズボン下、シャツ、ワラ袋、背嚢の縫い合わせといったあたりだ。そうしたところにシラミがいないか、探すこと！　被服点検の際、当該箇所に特別の注意を払うべし！　定期的にシラミ駆除の時間を設けよ！

被服をクレオソート溶液（営内病室の場合）か、石油に浸してから、熱した鉄でアイロンをかければ、個々に発生したシラミを駆除できる。定期的に除虫粉を使用すること！シラミが大量に発生したときには、駆除施設において、乾燥と高熱により、それらを根絶する。またスチーム・煮沸洗浄が望ましい。

一七、南京虫は寝台や建物の隅々に巣くう。南京虫が大量に発生した場合には、宿営所の燻蒸を実施する。そのためには待避所が必要となるが、身体を清め、被服消毒を行ったのちでなければ、そこに移ることは許されない。燻蒸監督は、宿営所に再び入るにあたって、従うべき注意措置を指示する。それによって、シラミ駆除の成果が損なわれることはなくなる。

一八、配電線の周辺をネズミやハツカネズミから守るべし。ネズミ取りを仕掛け、ネズミやハツカネズミの恒常的な駆除を行う。ネズミ捕りの餌には、穀物、肉、ベーコン、魚、臓物などに毒を含ませたものを用いる。ネズミ捕りの置き場所や仕掛けた餌を頻繁に変えること！　ときには、徹底的なネズミ駆除が必要になる。ネズミや他の齧歯類《げっしるい》がふらふらと走りまわり、捕らえることができる場合、あるいは、こうした齧歯類の死骸があちこちで眼につくような場合には、人間にペストが発生する危険があると考えられる。ネズミのペストは常に、ヒトのそれに先だって発生するのである。この種のことが観察されたなら、隊付軍医に詳細に報告すること。それによって、適時に対抗措置を取ることが可能となる。

一九、ネズミやハツカネズミなどを駆除するため、動物を飼うのは適当でない。犬や猫は、彼らと親しく暮らす人間に、鼠咬症《そこうしょう》、犬条虫症、狂犬病を感染させることがある。東欧では、現地に棲息《せいそく》する狼（狂犬病を媒介する）から、犬猫に狂犬病が感染することも稀ではない。狼や野良犬、野良猫は根絶せよ！　人間を咬んだ動物で、狂犬病に感染した疑いのあるものは、射殺の際に頭部を撃ってはならない。その脳髄の検査が必要になるからである。

二〇、廃棄物処理。残飯はブタの飼育に利用すべし。利用できないか、燃やせない廃棄物には、廃棄物壕を用意する。これは、よく土で覆うこと。それによって、有害動物が寄ってこなくなる。

二一、仮設便所を、取水場と宿営所の反対側に建てる。便槽のなかは、いつでも土をかけておくこと。便槽の半分ほどまで埋まった時点で、完全に埋め立て、その位置がわかるようにするべし。内壁の板は毎日、クレオソート液で洗浄する。夜間使用した便器は、洗浄の後、日中、戸外に置いておく。汚物樽には石灰を撒く。

二二、井戸やあらゆる取水場の清潔を保つこと（伝染病の危険を防ぐ）。井戸の周囲には壁をめぐらせ、外側に傾斜した中庭をつくって、はねた水が流れていくようにして、汚れを防ぐ。井戸のつるべに吊した桶は、他のことに使ってはならない。桶は、つるべの縄（鎖）に、しかと固定しなければならない。使用後の桶は、綱に吊しておき、地面に置かないようにする。

二三、他の処置については、「長期宿営」の諸項目をみよ。

冬季衛生

二四、身体保護。可能であればどこであれ、応急的なシラミ駆除施設をつくり、利用する（サウナ。付録「サウナ構築」をみよ）。いちばんよいのは、朝は冷水、夜は温水で身体を洗うことだ。粗く編まれた小型の浴用タオルを使うのが適当である。少なくとも、週に一回は温水シャワーを浴び、続いて冷水で身体をひきしめること。そうしなければ、風邪をひく恐れがある。身体を洗ったあと、戸外に出る前には、顔と手に油を塗る（ワセリン、下地軟膏、防水皮膚クリーム）。ひげを剃るのは、夜にするのが適当である。さもなくば、冷たい外気で顔が荒れてしまう。髪を短く刈っておくこと（シラミ対策）、髪を手入れし、よくブラッシングしておくことは、きわめて重要である。充分な歯磨きも重要かつ必要だ。

二五、注意を払いつつ、ゆっくりと野外で身体を動かす時間を増やすこと、また、室内、とくに寝室の暖房を十二分にほどこすことによって、肉体が鍛えられる。冬季に入る前にもう、体力増強にかかっていなければならない。ただし、湿気に対して、身体を鍛えることはできない。

二六、被服については、「被服と装備」の節をみよ。

二七、栄養物。寒冷気候における人間の必要に応じて、将兵の給養に配慮すべし（脂肪分の多い食料）。ヴィタミンB錠、その他のヴィタミン錠、肝油を支給するときには、将兵がそれらを本当に摂取しているかどうかに注意すること。

冬季の疾病と緊急処置

二八、凍傷は、全般的なものと局所的なそれに区別される。全般・局所凍傷を引き起こす要因は、以下の通り。

—栄養不足。

—失血（負傷の際に、その危険あり！）。

—貧血。

—身体を完全に動かさない状態におく（野外で眠りこむなど）。

—肉体の酷使ならびにすべての疾病。それらによって肉体が衰弱し、外部の障害に対する抵抗力が減少するからである。

—あらゆる種類の自堕落。とくに酒類の濫用。

二九、全般的な凍傷では、身体が重く感じられる症状が現れ、歩行は不安定になる。意識も失われそうになる。皮膚の血色が悪くなり、脈拍と呼吸は緩慢になる。しだいに眠気も強くなる。

三〇、局所的な凍傷は、全般的な凍傷の症状とともに現れることもあるが、多くはそれのみで生じる。局所的凍傷になるのは、おおむね血液循環が少なかったり、阻害されたり、広い範囲で外気に長時間触れていたため、とくに寒気にさらされたような身体部位である。とりわけ、耳、鼻、手指、足指だ。さらに凍傷が進むと、手足や下腿部が冒される。

局所的凍傷の兆候は、以下のようなものである。

凍傷に冒された部位は、まず蒼白になり、感覚を失う。しかるのちに赤紫に変色する。それから腫れ上がり、動かすのが困難になる。ついで、激しい刺激痛を発する。

三一、凍傷予防措置については、本章「一般」の節、とくにその節の第三条より第五条をみよ。

極寒時にガソリン燃料に触れると、瞬時に凍傷を引き起こす。金属部品に触れた場合も同様。

三二、局所的凍傷の緊急処置。

応急処置については、第三条を参照せよ。

深刻な凍傷に際しては、当該部位を丹念に揉みほぐす（マッサージ）。そのとき、必ずしも雪を用いなくともよい。使用する場合は、柔らかい雪にかぎる。さもなくば、鋭い雪の結晶により、皮膚が傷つけられる恐れがある。それによって、危険な感染症が引き起こされる可能性があるのだ。

雪を使ったマッサージののち、患部をよく乾かす。もっともよいのは、軟膏を塗ったり、薄い手袋や柔らかい布を使って揉みほぐすことである。

必要とあらば、数時間にわたってマッサージを続けるべし。過早に望みを捨ててはならない！ 凍傷手当てのために、可及的速やかに防風された場所を探すこと。温かい飲み物を与えよ。酒類は不可！ 重傷のケースであれば、可及的速やかに衛生将校に引き渡す。

高い熱があるときは、まず冷温湿布をほどこし、続いて軟膏（凍傷治療用軟膏）付包帯を巻く。
三三、全般的凍傷の緊急処置。凍傷患者を可及的速やかに密閉された部屋（地下壕など）に運び、しだいに室温ないし寝台の温度に慣れさせる。これは、室温の調整や温熱湿布によって実施する。温熱湿布に用いる湯の温度は、だんだんと熱くしていくこと。湿布の交換の際には、軽く肌を撫でるだけでも堪えるものである。必要とあらば、人工呼吸を行うが、それは患部の硬直が解けたのちとする。意識を失っている場合に、飲料を含ませてはならない。凍傷患者が自分で容器を持てるようになったら、初めて飲用させること。

三四、氷結層が崩れて、水中に落ちたときの緊急処置については、付録「氷結層が崩れた場合の行動」をみよ。

三五、一酸化炭素中毒。宿営所や暖炉が応急的なものであるほど、一酸化炭素中毒の危険が大きくなる。よって、火の番を配すること！

三六、内燃機関の排気によっても、同様に一酸化炭素中毒が生じることがある。それゆえ、自動車や機関装置の格納庫には、ドアの下方に大きな通風口を設けておくべし。この開口部は、エンジンを動かしているあいだ、閉めてはならない。閉鎖された空間では、絶対に自動車のエンジンを始動してはならないし、戸外にあっても、カバーがかけられている場合は同様である。機関装置の排気は戸外に出すこと。排気ガスによる暖房装置を備えた自動車では、排気管のパッキングに注意すべし。

一酸化炭素自体は無臭であるから、たとえば、ストーブの都市ガスや乾留ガスに混入している場合にのみ感知される。最初に一酸化炭素中毒が察知されるのは、中毒した者の振る舞いによってのみである。感情の激変、馬鹿笑い、一人で歌い出すなどといったことは、警報となり得る。中毒はすぐに完全な意識不明に進んでいく。肌の色が鮮明になった状態で失神した者が出たら、一酸化炭素中毒の疑いがあると確認される。鮮やかな肌の色は、死が訪れたのちも、しばらく続く。

三七、緊急処置。陸軍式呼吸装置を備えた救急隊が行う。ガスマスクでは、一酸化炭素を防げない。一酸化炭素の疑いがある場合、閉めきった空間には、陸軍式呼吸装置を着けた者のみが入る。陸軍式呼吸装置がないときには、進入前に外から窓をこわすか、息を止めた状態で内部から開ける。

中毒者を新鮮な空気のなかに運び、冷えた部屋に置いて、下半身を毛布でくるむ。ただちに人工呼吸を行い、意識を取り戻すか、死亡が確実になるまで、継続すること。これは、数時間にわたって続くことがある。隊付軍医に結果を報告すること！

三八、一酸化炭素中毒の危険については、隊付軍医に定期講習を実施させるべし！

V. 冬季の負傷者手当てと後送

付録。スキーおよび小型橇での負傷者の搬送・後送。

a. 負傷者の手当て

緊急処置

一、戦場では、速やかに負傷者を捜しだすことが必要である。夜間においては、なおさらのことだ。さもなくば、重度の凍傷が避けられなくなる。

負傷者を暖かい状態に置き、暖気を供給することは、とりわけ重要である！

被服の切除や切開は、最低限度に留めなければならない。しかし、被服の大幅に血が染みた部分は、ただちに乾かすことができない場合、切り取ってしまうこと（凍傷の危険あり）。

二、包帯をする際に、厚く詰め物をする。とくに四肢や関節部には、そのようにすること。最初の包帯には大量の血がにじみ出て、極寒期には凍結しがちであることを考慮しなければならない。よって、通常の包帯の上に羊毛布を緩く巻きつけ、さらに羊毛毛布で覆う。さらに、紙製の四肢カバーを使うべし。

三、太い血管から出血している場合には、先に血管クリップで留め、最終的な傷の手当てを受けるまで、消毒した包帯を巻いておく（重傷度表示票に記載する）。血管クリップは、前線包帯所および主包帯所に大量に備蓄しておく（すでに戦場において、軍医補助が使用できるようにする）。衛生将校が血管クリップを渡せなかったり、圧迫包帯が充分にないような緊急時にのみ、ゴムバンドを使用しても可。これらは、頻繁に緩めてやり、ごく短期間のみ締めつけるようにすること。そうしなければ、四肢が凍傷に冒されるのを避けられなくなる。

四、銃創には、特別の注意を払うべし。副木をあてるときには、繊維素を大量に含んだ金属か、他の絶縁材でつくったものを巻きつける。腕に銃創を負った場合には、できるかぎり、胴体に触れるように包帯を巻く。胴体の体温で腕を温めるためだ。外套や毛皮製品、紙製カバーは、羊毛の詰め物をした包帯の上に付ける。下肢の銃創の場合は、傷ついた足を、羊毛毛布で、体温で温めることができる無傷なほうの足といっしょに巻くことが適当である。羊毛毛布がないときは、綿や脱脂綿を何層にも重ねた詰め物で代用する。

五、心臓から遠い部位の切創は、充分寒気から守られるように、とくに細心の注意を払う（紙製の四肢カバーや患者搬送袋を用いる）。フェルト長靴や手袋を外すことは許されない。むしろ、その上から、ワラや羊毛毛布を巻きつけるべし。大腿部銃創の場合は、流れ出した血が長靴に溜まっていないか、あらかじめ調べてみること（凍傷の危険がある）。

意識を失った負傷者については、フェルト長靴や手袋をなくしていないか、注意してやる（場合によっては、フェルト長靴や手袋に加えて、羊毛毛布などを巻きつける）。

軍医の処置

六、一般に体温が標準以下に下がった場合には、暖房された部屋で急速に温めることがとくに望ましい。とりわけ負傷者は、おおいに温めてやる必要がある。腹部を負傷した者には、温かい飲み物を摂らせないが、意識のある者には供してやる。温かい飲み物とは、熱いスープ、コーヒー、茶などである。以後も暖かい部屋にいられることが確実であるときにのみ、酒類を出す。

七、いかなる術式であれ、外科侵襲〔手術〕は出血を抑えて行う。あらかじめ、問題ない血液循環がなされていることを確認すべし。大量失血ののちには常に輸血を行う。いかなる場合であれ、可能であれば、保存血清や血液代用剤を使う。前記の血液代用剤の効果が出るのを待ち、負傷者を長期間観察したのちに、さらに後送する。

八、血液循環の維持は、通常の状態よりもずっと重要である。血液循環を速めて、手足を温め、血行をよくするよう、試みなければならない。アドレナリンや同様の効果を持つ薬品（ベリトール、シンペロール）の投与は、凍傷を進めることになるから控えること。手術実施のための後送が切迫しているのに、いまだ血液循環が充分でない場合には、動脈の血管痙《けい》攣《れん》を治めるため、末梢血管を拡張する薬品（ユーパヴェリン、パプヴェリン）の投与が望ましい。場合によって、二ないし四時間おきに投与する。

九、銃創に際しては、輸送時に包帯を巻くとき、どの部位も締め付けられないようにすることに注意すべし。包帯が乾くまで、少なくとも四日間、負傷者が同じ場所に留まることができる場合にのみ、ギプスや石膏包帯をあてがうことが許される。

搬送にあたっては、ギプスを支える包帯、また、そこから突き出た手指・足指に厚く脱脂綿をあてて包帯で留め、羊毛毛布やワラを編んだものを巻く。

一〇、早期に破傷風に対する抗毒素を注射しなければならない。第二度・第三度（凍傷の度合い」の全般的凍傷においても同様である。濡れた被服は搬送前に入念に乾かすこと。

ここまで述べた医療処置は、前線の諸衛生施設で、症状と必要に応じて、何度も重ねて行うべし。

b．負傷者の搬送

搬送準備

一一、一般に、後方衛生施設にただちに搬送するように努めること。そうした施設では、最終的な傷の手当てをほどこすことが可能である。一見、軽微な受傷であっても、同時に凍傷にかかった場合は、部隊に留まることはできない。凍傷の程度は必ずしも、最初から正確に診断できるものではなく、さらなる寒気の作用によって、軽傷者も危険な状態になることがあるからだ。

前線包帯所には、暖炉と暖房可能な部屋（防空壕、地下室、暖房可能な天幕）の用意が必要である。

搬送路

一二、前線包帯所、駐車場、主包帯所のあいだの距離、また、主包帯所と野戦病院間のそれが大きな場合には、中間宿駅（暖房された部屋を備える）を置く。そこで、負傷者を温め、給養を与え、さまざまな世話をしてやることができる。こうした中間宿駅は、農民小屋等に置くのが適当で、一人、もしくは複数の衛生隊員を配する。温かい飲料、給養品、既述のように、血が染みて凍りついた包帯を交換するための資材を充分に備えておかねばならない。

後方の中間宿駅には、疲弊した馬と交代させるための換え馬（それに応じた飼料）を置いておく。

一三、搬送路は、部隊の補給路と一致させるのが目的にかなっている。そうした道は継続的に除雪し、共用し得るように標識を立てるべし。

重傷者多数を橇で搬送する際には、衛生将校一名および衛生隊員を搬送隊に随行させる。敵がいる恐れのある地域を通る場合は、充分な数の武装護衛隊を付すこと。

輸送手段

一四、野戦用担架は、冬季においても有用である。担架は、可能なかぎり、スキーで運べるようにしておくべし（スキー教習課程）。負傷者を輪かんじきに乗せるのは有効ではない。豪雪の際、最前線において、負傷者一名、衛生資材などを運べるようにするため、高脚の小型橇や、より好適なアクヤ（「移動・輸送手段」の章をみよ）の備蓄に配慮すべし。泥濘期には、図九八～一〇〇（二八六～二八七頁）に示した牽引方法が有効であると証明されている。

一五、前線包帯所からは、輓馬橇を十二分に利用しなければならない。牽引式の救急車や救急自動車は、整備された良好な街道でのみ使用し得る。

輸送機間の装備

一六、搬送に際しては、すべての凍傷罹患の可能性を排除しなければならない。搬送中のすべての期間において、どんなかたちであれ、温かさを保つことに主眼を置くべし。もっとも大切なのは、搬送隊すべてに、羊毛毛布、紙製の負傷者搬送袋や四肢カバー、紙製のチョッキや頭巾を多数用意しておくことである。可能であれば、フェルト長靴を持っていない負傷者のために、それらを準備しておかねばならない。馬橇や救急車などには、毛皮製の足覆いか、羊毛毛布を備えさせる。すべての橇やその他の輸送手段には、緩く束ねたワラ（緊急時にはモミの枝）か、ワラを編んでつくった布団を敷く。ワラ布団は、防寒・防振用に側壁にも吊る。馬橇には、できるだけ水平につくった木製の荷台を置き、そこに護衛隊用の覗き窓を設える。必要な場合には、隙間風防止用に幌や天幕布をかけ、負傷者を完全に覆うこと。

一七、あらゆる輸送機関は、状況によって、湯たんぽ、化学式の懐炉、途上の宿駅で熱することができるレンガを装備すべし。同様に、熱い砂を詰めた袋も使用し得る。場合によっては、そうした砂袋を負傷者のかたわらに置くこと。その場合、意識を失った者や銃創で神経を断たれた者については、とくに火傷に注意する（羊毛毛布や被服で覆う）。

一八、あらゆる輸送機関にとって、温かい飲み物を携行することは重要である（魔法瓶、熱い砂を入れた桶、水筒に詰める）。

Ⅵ. 冬季における馬匹の世話と手入れ、ならびに獣医学的処置

冬季宿営での休息期間における措置

冬季に馬の疾病を予防するには、一般に以下の防止措置を取る。

一、責任者の将校および獣医将校により、飼料係と馬匹世話係に頻繁かつ詳細に教習をほどこす。馬の体力増強はすでに秋にはじめられるが、過剰に行ってはならない。寒冷期が到来するころには、毎日、牽引索を外した馬を充分に野外に出してやる。衝突によるけがを防ぐため、野外に出した馬も、厩舎にいるとき同様、一列につなぐこと。暴れ癖のある馬は切り離して、一頭だけにしてやる。馬を湿気や隙間風から守ること。

二、冷風や激しい氷雨のときを除き、冬季においても、毎日野外で運動させる。皮膚の血管を刺激し、皮膚の血行をよくするため、馬体の清掃回数を増やすべし。週ごとに全頭検査を実施する。

三、気温がマイナス五度以下であるか、隙間風が強い場合にのみ、馬に覆いをかける。と

くに秋季には、覆いをかけないようにすること。それによって、馬の毛皮が厚くなる。

つなぎ〔ひづめとくるぶしのあいだの部分〕の毛は、短すぎないようにする。作業ののちは、ひづめやつなぎの関節についた雪を取ってやる（架台につながず、よく乾かす）。つなぎを、乾いた清潔な状態に保つこと（繋皸《けいくん》〔足の関節部に生じる湿疹〕予防！）。ひづめはよく手入れしてやる。ひづめを頻繁に清掃すること！　常に乾いたマットレスを与えるべし（蹄叉《ていさ》〔ひづめのくぼんだ部分〕の腐敗防止！）。厩舎に入れたら、ただちにひづめのねじ式スパイクを外す。馬のあいだには柵を立てる（負傷防止！）。

四、薬を投与するときには、その数時間前に飼料に溶かしておく。そうしなければ、疝痛を起こす恐れがあるからだ。あらたに馬を移す厩舎は殺菌消毒する（アントラセン油〔木材の防腐剤〕、壁漆喰を塗り、床を消毒する）。部隊の馬匹と民間人の馬をともに収容してはならない。

疾病（伝染病）の発生が重なる場合には、ただちに獣医将校に報告すること。獣医将校が到着するまで、当該馬は隔離する。これについては、固有の清掃用具と要員を備えた隔離所を、とくに設置する。

伝染病の駆逐

五、応急的な宿営地では、おのずから伝染病の恐れが大きくなる。われらが馬にとって、寒冷期のもっとも恐るべき敵は、以下のものである。

六、疥癬虫《かいせんちゅう》。強い痒み、毛の禿げ、痂皮《かひ》〔かさぶた〕、皮膚に結節・しわが形成されるなどといった兆候が現れる。よく発生するのは、頭やのど、鞍や馬具が触れる箇所、尾の付け根である。

きわめて伝染性が強く、人間にも感染するから、最大限の注意を払うべし。早期の診断が大切である！

当該馬を隔離、清掃用具、鞍、鞍敷き、馬具、馬房仕切りを清掃・消毒し、担当の獣医将校にただちに報告すること。

七、シラミ。痒みが生じ、毛が抜け落ちた箇所ができる。卵（シラミの卵）で、その存在が確認される。よく発生するのは、たてがみや尾の付け根である。

当該馬を隔離、清掃用具等と馬房仕切りを清掃・消毒し、担当の獣医将校にただちに報告すべし！

八、二酸化硫黄の燻蒸による疥癬虫駆除は、そうした処置が人間と家畜にとって有害であるため、通常は獣医業務所においてのみ考慮の対象となる。実施する場合、燻蒸棟を設置する。

九、極寒期の燻蒸によるシラミ駆除は、清掃ほかの通常の手段によっては達成されない場合にのみ、例外的に考慮の対象となる。こうした薬品による処置と並んで、清掃の徹底、好適な飼料を豊富に与えること、干し草を清潔にすることなどが、われらが持ち馬の敵を駆除するための重要な補助手段となる。

一〇、さらに、一連の伝染病（流行性感冒、鼻粘膜カタル、肺結核）の発生に注意を払うべし。最初の症状は、熱発、気怠さ、食欲不振、咳、水鼻、膿混じりの鼻水などである。鼻粘膜カタルの場合には、気管リンパ節の腫脹がみられる。

ここでも、病気発生を素早く察知し、病馬を隔離することが、効果的な駆除の大前提となる。従って、あらゆる病馬を速やかに獣医将校に診せることが至上の原則となる！獣医将校が到着するまで、病馬は無条件に安静な状態に置くこと！

冬季における長期宿営所の拡張

一一、長期宿営所に移る際には、たとえ数日のことといえども、馬匹のために、ある程度保護される、暖かい厩舎を確保してやるべし。
兵営の厩舎、もしくは民間の厩舎を応急的に使用することができないときには、仮設厩舎を用いる。
一二、天井に遮断覆いを張る（天井に羽目板を張る）。それによって、大量の湿気を含んだ風が吹き込んで、室内が極度に冷え込むことを避け、湿気が結露するのを防ぐのである。
排煙用の大煙突（あるいは、垂直に掘った排気用の竪穴）も設置すべし。
一三、馬が砂を喰い、砂疝痛を起こすのを防ぐために、固い床敷き（木材、石材）を置かねばならない。また、そうしておかなければ、融雪期に床がぬかるみになってしまう。
外壁は二重にしなければならない。壁のあいだの空洞には断熱材（ワラ、ヨシ、苔、モミの小枝、木毛、おがくずなど。堆肥は不可）を詰める。一重の外壁では、馬匹をいっぱいに入れていても、厩舎内の温度は、外気温が約マイナス二十度の場合で、マイナス五ないし七度にまで下がる。風は、こうした気温低下をとくに促進する。壁には、漆喰か、アントラセン油を塗ること。
一四、マットレスの維持補修と乾燥のため、床に馬尿排出用の傾斜をつけ、厩舎の通風が充分になされるようにする。
寝ワラは、馬柵の頭側にのみ用い、砂混じりの泥炭は馬柵の後ろ半分にのみ敷く。
一頭ごとに飼い葉桶を置く。
飼料、馬具、鞍を置くために、乾燥した別室を設ける。
一五、厩舎の温度は十二度を超えてはならず、できるだけ五度を下回らないようにする。厩舎に温度計を備えること。馬に覆いをかけるのは、気温マイナス五度か、隙間風があるときのみとする。
一六、厩舎には、充分な換気がなされるようにすべし。隙間風を避けること。馬は頻繁に飲水するが、冷水を与えてはならない（厩舎の気温に合わせる）。水道や井戸の冷水飲用を控えさせるため、水桶を置いてやる。刻みワラと干し草をたっぷりと与えること。

b．行軍・戦闘前およびその途中での処置

飼料

一七、冬季、極寒・豪雪期の行軍運動と作戦は、馬匹の能力に、とくに大きな要求をかけることになる。馬匹の栄養状態を良好にし、力が出せるようにするためには、充分な飼

料が不可欠である。

　本国から大量の干し草を補給することは期待できない。従って、飼料の現地調達を早期に確保すること。干し草、ライ麦ワラ、カラス麦ワラ、小麦ワラと並んで、緊急時には、トウモロコシワラ、ヨシ、ヒース、アイスランド苔、ハナゴケなどが代用飼料として考慮される。

一八、寝ワラの節約のために、以下の草木を使うのがよい。泥炭腐植土、おがくず、苔、木の若葉、木毛などである。
　カラスムギの給付の一部は、ライ麦、小麦、大麦、トウモロコシ、糠《ぬか》、キビ、ソバ、油かす、ジャガイモ（あらかじめ、ふかしておく）、糖蜜、カブなどで代用し得る。

一九、代用飼料を使用する際には、常に注意を払うべし！　飼料を与えるときには、いつでも獣医将校の立ち会いを求め、与えられる代用飼料の量と種類について申告する。ある種類の飼料を、ふいに別のものに変えるのではなく、だんだんと馬に慣れさせること。カラスムギ、干し草、ワラについては、申し分のない質が保たれるよう、衛生将校に監督せしめる。
　干し草は、できるかぎり乾燥した、通風のよいところに備蓄する。しかし、厩舎内部に貯蔵するのは不可。火災の危険があるからだ！

二〇、冬季においても、馬に大量の飲水をさせることを要する。行軍開始前には、馬匹に腹いっぱい飲水させておくこと。飲料水を厩舎内に放置し、そこの気温まで温めておく。それができない場合には、極寒期には、干し草などを飲料水の上に置いておき、馬にゆっくりと飲水させるか、はみを着けた状態で飲水させる。きわめて急を要する場合にのみ、短期間、馬に雪を喰わせて、飲水の代わりとすることができる。

小桶や水桶があるときには、飼い葉袋の使用を禁じる。濡れた状態では凍って、破れやすくなってしまうからである。

二一、行軍開始前とその途上において、馬匹には、飼料を少量ずつ頻繁に与える。しかし、主たる飼料給与は、その日の目的地に到着したのちとする。そうすることで、馬匹は、より安定した状況で摂食でき、飼料のよりよい消化が保証されるからである。

装鞍、馬具装着、冬季の装蹄

二二、冬季には、規定通りの装鞍と馬具装着が、格別の重要性を持つようになる。馬具の一部は極寒期に硬く、きつくなり、擦過傷や挫傷を起こす原因になりやすいからだ。規定通りに革の手入れをすれば、馬具は冬季においても柔軟な状態に保たれる。

二三、冬季の雪や氷がある時期に、ねじ式のスパイクを付けることなく行軍させてはならない！　完璧な装蹄を行うべし。充分な数の交換用スパイクやスパイク留め具を携行すること。足先とひづめの外側には、鋭いH字型スパイクを、ひづめの内側には先の丸いスパイクを装着する。

スパイクのねじ止めに際しては、細心の注意を払う。さもなくば、馬匹の蹄冠やつなぎの捻挫を引き起こすことになるからだ。非常用ドリルや最低限度の油脂の使用により、ねじ止めは往々にして、おおいに容易になる。

蹄鉄底に蹄鉄油や軟石鹸を塗ると、ひづめに雪やワラが詰まるのを予防する。

馬のブラッシング用に、乾いた布きれを携行すること。

二四、豪雪時にひづめに雪が詰まることへの応急対策として、不要になった自動車用ホースを十ないし二十センチに切り、ひづめの上に被せる。その下端、三ないし四センチほどをひづめ冠部にかけること。宿営地に入ったら、鋭いH字型スパイクは常に外してやる。そうしなければ、必ず冠状切創や打撲傷をつくってしまうからである。

二五、休止地に入ったら、装鞍、馬具の具合、蹄鉄やねじ式スパイクが固定されているかどうかを調べるため、三十分ほどの小休止を設ける。
また、大休止ごとに、馬具の位置、装蹄、とくに、ねじ式スパイクが正規の位置に装着されているかを点検する。

休止

二六、休止地手前一キロあたりから、なるべく馬を並足で走らせる。
汗をかいた馬は、とりわけ冷たい隙間風に弱い。ゆえに、防風措置がほどこされた場所でのみ（森の縁、生け垣、壁）、小休止を取ること。
馬には、暖かい覆いをかけてやる。馬匹用ベルトがないときには、覆いが風で飛ばされないようにするため、ベルトか、あぶみ紐二本で、馬の胸の前に縛りつけ、固定してやる。御者や騎手が、鞍覆い（馬匹用毛布）を自分用に使うことを禁じる。馬は、風が吹くほうに尻を向けさせ、密に立たせて、できるだけ、互いに触れ合うようにさせる。

降雪時の野営厩舎

二七、雪中で馬を野営させるのは、やむを得ない場合のみである。ドイツ産の馬匹を損なわずに野営できるのは、ごく短期間だけだ。

冬季、馬匹を野営させる際には、きわめて簡素なものであろうと、避難所に優先して入れるべし。
二八、充分積雪しているときには、穴を掘り、一箇所あたり、五ないし十頭の馬を収めてやることができる（底面は、できるだけ均すこと）。掘り出した雪は、馬体の大きさに合わせて、一・七ないし二メートルの高さの壁をつくるのに利用する。馬匹はできるだけ密に立たせ、風から守られているほうに頭を向けさせる。可能であれば、厩舎にいるのと同様なかたちに立たせる。暴れ癖のある馬は隔離する。
二九、四番目の壁は開放し、天幕布地で遮蔽するか、充分に広い出口を残して、雪製のレンガを積み上げる（出口は天幕布地で覆う）。飼料をやるための狭い出入り口は開放したままにしておく。留め綱はゆるみなく張る。
寝ワラの代わりに、粗朶やモミの枝を敷く。雪が硬く積もり、林が近くにあるときには、その木々などの幹を使って、ごく簡単な種類の屋根を張り、雨よけのひさしで覆うことができる。野営中の馬より至近のところに、厩舎番用の野営地を設置すべし。厩舎番は絶対に必要である。

野営施設構築には、二ないし五時間（雪製レンガを使う場合には五時間）かかる。

三〇、積雪状態が不充分な場合、最低でも風が吹いてくる方向は遮蔽する。さらに「冬季野営」の節と四〇a、b、四一a〜cをみよ。

極寒時（とくに夜間）には、馬匹を暖房設備のまわりに集める。加えて、敵情からして許されるときには、馬列の前、もしくは後ろから一定の距離を置いて、その放熱を以て馬匹を温めるために火を焚く。さらなる手引きは「冬季野営」の節に記載されている。

馬匹愛護のための諸処置

三二、各車輛に引き綱を備えておく。これは、急な昇り坂での馬匹牽引の補助、急な下り坂での車輛の保持、凍結した路面や道路の隆起した部分で車輛のスリップを防ぐために使われる。とくにトラクターや火砲に引き綱を付しておくこと。
各車輛ごとに前置き角材（二本）を備える。その下部は鋭角にしておかねばならない（場合によって、使用済みのスパイクをねじ止めするのも可）。

撒き砂と土工用具（スコップとつるはし）の携行を要する。それらは、橇の滑り木や氷上に打つスパイクがない場合に、応急の代用品となる。牽引用馬匹、車押し・制動要員も配分する。

鉄道輸送

三三、積載前に、けがをさせないよう、スパイクを外す。馬匹を、多数のワラとともに積載し、隙間をふさぐ。通風口の跳ね蓋は片面にのみ設置する。

冷水を大量に飲ませるのは不可。「極寒期の鉄道輸送に際しての振る舞い」の節を参照。

Ⅶ．極寒期の鉄道輸送に際しての振る舞い

a．一般

冬季においても、人員輸送用の貨車を運行しなければならない。個々の案件に際して、全部の貨車にストーブを装備できない可能性があることを考慮しなければならない。客車による輸送でさえ、必ずしも暖房が保証されるわけではない。とりわけ、外国製の車輌機材、電化された区間の輸送、貨車に牽引される小型の輸送車に関しては、そうしたことが

ままある。それゆえ、将兵は、いかなる輸送に際しても、その開始前に、自ら極寒を防ぐため、徹底的な対策を講じておかなければならない。このとき、輸送業務所が相談に乗ること。

b. 輸送開始前の準備

(a) 大規模な人員輸送（三十名以上）は、少なくとも輸送開始の四日前に申告すべし。それによって、もっとも適した鉄道車輌を準備し、暖房施設を点検することができる。

(b) 人員・馬匹輸送用の貨車には、多量のワラを積む。車輌の壁が薄いときには、紙やワラで厚くする。可能ならば、追加で天井を付す。

(c) 防水・防風用に木製の仕切りをつけ、特別に野戦烹炊機を備えた貨車でない場合には、野戦烹炊所をつくる。その際、鉄道車輌を損傷したり、積載限度を超えることがないようにすべし。梁《はり》を張り出させることは不可。資材は、将兵が自分で調達すること。防風（および野戦烹炊）設備には、凍傷防止軟膏、ゴーグル、歩哨用外套と長靴を備えておく。

(d) 降雪や路面凍結の際、鉄道車輌、積載スロープ、積載橋が除雪され、地面に砂が撒かれている場合には、自動車や戦闘車輌を最初に積載、もしくは卸下《しゃが》する。路面氷結時には、自動車や戦闘車輌はとくに、くさびや引き綱で固定し、スリップを防ぐ。配水管を設置し、暖房した人員輸送貨車につなげる。極寒期の自動車は、冷却器が凍結しないよう、凍結防止資材で遮蔽する。場合によっては、ワラやワラ布団、毛布などで完全にくるむこと。集合排水機がある場合には、冷却水には、ごく少量の不凍液を入れる。卸下に際しては、適時、牽引要員を手配すること。

(e) 路面凍結時に、積載スロープや積載橋に砂が撒かれている場合は、最初に馬匹を積載・卸下する。馬匹には充分覆いをかぶせるべし。

(f) 予定の積載時間を守るよう、あらゆる措置をほどこす。その際も、積載駅と適宜連絡を取ることが重要である。積載・卸下時間の超過は、のちに重大な障害となる。

c．鉄道輸送中の将兵の防寒措置

(a) 停車するたびに、野戦烹炊所より、温かい飲み物を供する。

(b) 防空要員と車輌哨兵を頻繁に交代させるように配慮する。運行上の必要から停車するごとに、非暖房車輌と暖房車輌の兵員を交代させる（運行中に交代させてはならない！）。

(c) 長期間停車する際には、車外に出て、体操するように心がけさせる。その際、歩哨を配置して、線路を横断させないようにすること。あらかじめ、輸送・鉄道業務所に照合した上で、命令によってのみ乗車・下車を実行させる。

(d) 必要もないのに、ドアや窓を開けたままにしてはならない。さもなくば、列車が冷え込む。それぞれのストーブに（とくに夜間）火の番を配置する。火の番は、積みワラの一部がストーブのそばに置かれないよう、格別の注意を払うべし。

鉄道車輛のドアの錠は外部に付すが、内部からは開放できるようにしておく。加えて、貨車側板に引き戸を付け、ストーブの排気管を外につなげられるようにする。この開口部は、手やドア用鳶口《とびぐち》で開け閉め可能とすること。下車、もしくは長期の停車の際、ここを利用することもできる。

d. 鉄道・輸送業務所の防寒措置ならびに、部隊と輸送業務所間の協力

(a) 客車はなるべく機関車のすぐ後ろに連結し、熱気が通って暖房になるようにする。

(b) ドイツ製の貨車は、個々の例外を除き、固有のストーブを装備するべし。その設置は、鉄道業務所によって行われる。鉄道業務所は、各車輛に備蓄燃料を携行させるべし。輸送指揮官は、停車場将校や停車場責任者に燃料補充を要請する。緊急時には、機関

車用の備蓄から、暖房用の燃料を得ることも可である。その場合、輸送指揮官は、機関車長に受領証明書を渡す。

ロシア製の広軌用貨車には、部隊が自らストーブを設置する。その際、火災の危険に注意すべし。ストーブの排気管は、木材と接触させてはならない。排気管の出口は、ブリキの防護材で覆うこと。煙が支障なく排出されるようにしなければならない。消火器を用意しておく。車輪留め、車輌設備、防雪柵や停車場の内装などを暖房用燃料に使ったり、暖気管、ストーブ、管、石炭箱、座席や寝台、ドアの鏡板を盗むことは、後続部隊の難となるから、あらゆる手段を用いて防止すべし。

暖房設備を有する貨車を馬匹輸送に使う場合は、ストーブと付属品を組み立て、手荷物車に持ち込むこと。暖房設備はていねいに扱うべし。卸下時に持ち去ることを禁じる。

(c) 車輌の照明は鉄道運営側の任務である。照明がつかなくなることも想定すべし。従って、部隊側でも自らの資材によって応急照明を準備しておく（けっして光を洩らしてはならない！）。

(d) 自前の野戦烹炊機を持たずに輸送にのぞむ際には、輸送申告にあたって、追加の給養物資を要求し、また、乗車中には輸送業務所との連絡を維持しなければならない。輸送業務所を通じて、ドイツ赤十字の給養所に温かい飲み物を要求しておくのである。前もって、到着時刻を申告しておくべし。

(e) 暖房のない貨車で輸送されるときには、長期の停車に際して、兵員を暖房された待合室に入れてやること。そのため、乗車中にも輸送業務所と連絡を取りつづけるべし。それによって、待合室の準備が可能になる。

Ⅷ．暖の取り方

一、可能なかぎり、暖を取ったり、保温が利くようにしてやることで（とくに歩哨の足）、兵士の耐寒能力は著しく高まる。陣地、野営地、応急宿舎においても、簡単な機材や自ら製作した設備で、充分に暖を取ることが可能である。

暖を取るのに使用できるものは以下の通り。

—ロウソク。

—ランプ。

―調理器具（アルコール、ガソリン、石油を燃料とするもの）。
―焚火。
―熱した石など。
―野戦ストーブ。
―宿営所用ストーブ。
―壁をめぐらせたストーブ。

二、天幕、雪中の野営所は、あらかじめ、ロウソクやランプ、調理器具等で暖めておけば、内部の気温は、ある程度耐えられるほどになる。空き缶や空になったジャム桶に穴を開け、熱した灰や木炭を詰めれば、同様に、手頃な良い熱源となる（図七六aおよびb）。有毒ガスの発生に注意すべし（運用規則を忠実に守る！）。覆いをかければ、ロウソク等の上に雪が融けかかるのを防げる。

三、さまざまなやり方で火を焚く。長く高熱を発するが、ほとんど煙が出ないような焚火が最良である（偽装のため！）。横木焚火がきわめて優れていることが証明されている。枯死した針葉樹材がいちばん利用に適する。垂木の相接する面に刻み目をつけ、そこに

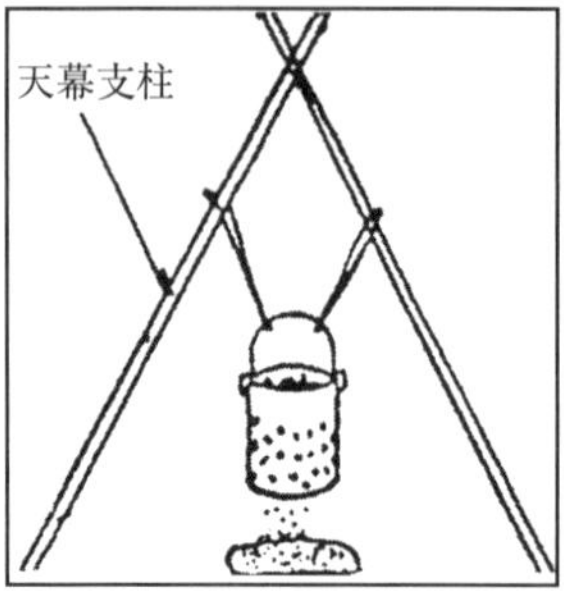

図七六ａ。
ジャム桶を吊し、天幕用暖炉を兼ねる。

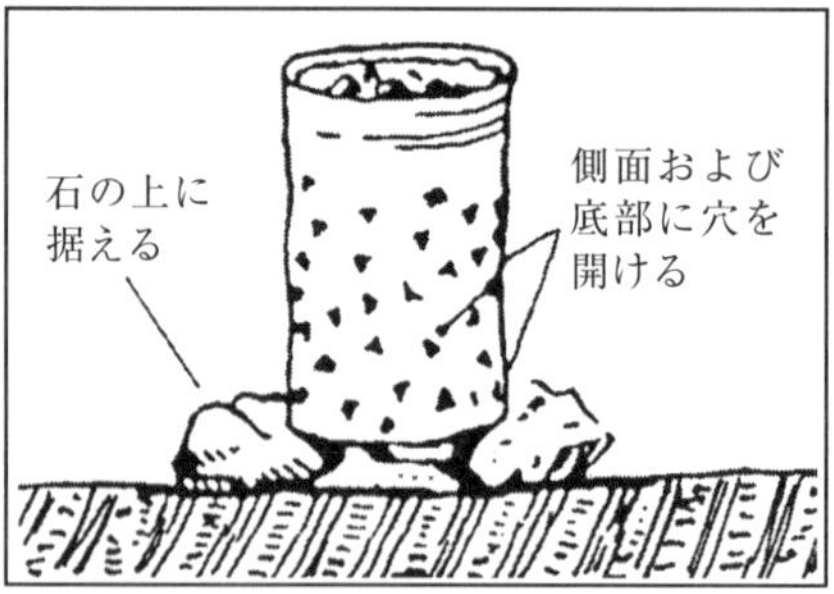

図七六ｂ。
空き缶に木炭を入れ、暖房源とする。

図七七。垂木二本でつくった横木焚火。

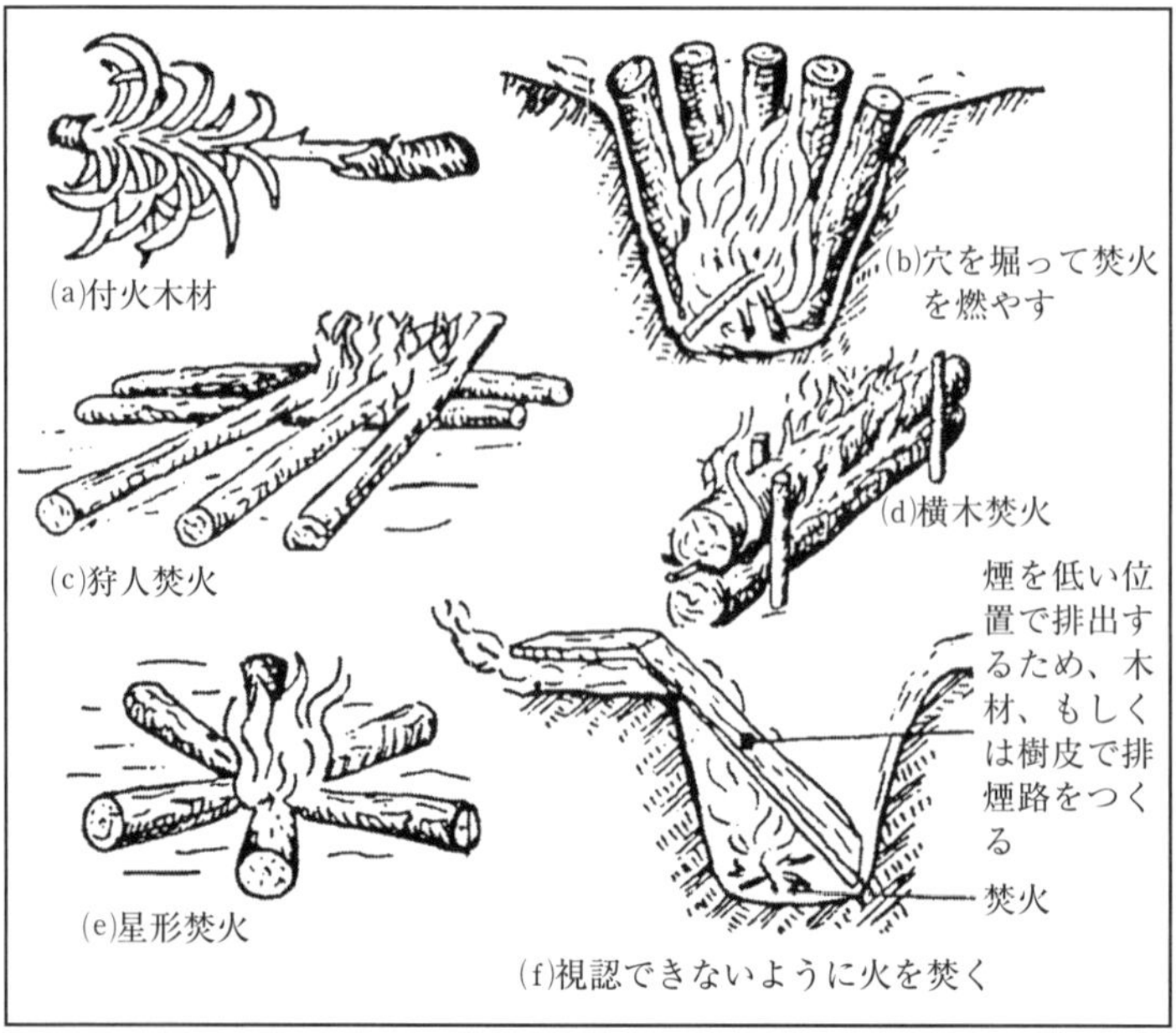

図七八。かがり火、焚火、付火木材。

おがくずを詰めて、火をつけること。火はくすぶり、さして煙を出すことなく、数時間燃えつづけ、そこから暖を取ることができる。図七七（図三三と三四も参照せよ）。

四、その他の焚火の種類については、図七八b～fに示す。

b．壕内（かなり深く掘る）の焚火。木材を置く。さほどの燃料を必要とせずに暖を取ることができ、木炭も得られる。

c．狩人焚火。二本の薪の上に、別の三本を格子状に置く。交差している部分に火をつける。燃えるにつれて、薪を前にずらしてやる。火が緩慢に燃えつづけ、よく暖を取ることができる。

d．横木焚火（図七七参照）。「夜間用焚火」とも呼ばれる。これを焚く際には、二本の垂木に溝を刻み、下にする垂木の溝に木炭を詰める。その上に二本目の垂木を載せる。火は、ゆっくりと、目立たぬかたちで燃える！

e．星形焚火。燃えるにつれて、薪を押し出していく。

f．視認不能な焚火。深く壕を掘り、そのなかで火を焚く。上に樹皮や材木をかぶせるように立てること。端は折り曲げ、壕の上端部に水平になるように掛ける。そこを伝って、排煙がなされ、火の光は外に洩れない。

図七九。

五、湿った木材に火をつけるのは、しばしば困難となる。その場合、図七八aに示したような点火材を使うこと。ロウソクの残片も役に立つ（常に携行すべし！）。シラカバの樹皮も湿気を含んでいて、燃えにくい。よい点火材になるのは、乾いたモミや菩提樹の枝、木片を束ねたものである。マッチがなくなったときには、乾燥させた樹皮や紙でつくった点火材を用いる。あるいは、銃弾の薬莢から弾丸部を取り、中の火薬を少量、点火材に振りかける。ついで、薬莢に弾丸を戻し、銃口を点火材に密接したかたちで発砲する。

六、塹壕やタコツボでは、図七九のように燃焼させるのが有効である。

七、応急手段として、とくに哨所などでは、熱した石を使うことができる。その上に、金網や紙箱、ワラをかぶせて、足を温めるのである（熱した石は、やはり熱した砂を詰めた桶に入れて運ぶ）。

八、同様に、たとえば、以下の応急手段を用いることができる。とくに、搬送される負傷者を温めるのに適している。

—温めた石。

—湯や温めた石を詰めた瓶。

—紙、布、毛皮でつくったカバー、毛布。

九、さまざまな種類の野戦ストーブが支給される。付属の取扱説明書を熟読すること。同じことが、宿舎用ストーブにもあてはまる。

暖を取るには、しばしば応急資材を使わなければならない（中毒の危険に注意せよ！）。最前線では、木炭のみを用いる（無煙で燃焼する）。木炭製造については、付録「燃料としての木炭の確保」に記載されている。

一〇、野戦ストーブは、まわりに壁をめぐらせることにより、より放熱がよくなる。構築の手引きは、図八〇および八一に示した。

一一、長期宿営所への被覆暖炉の設置は、捕虜か、現地住民につくらせるのが、もっともよい。自分たちがつくる場合の手引きは、図八二および八三に示した。

図八〇。被覆式塹壕暖炉。

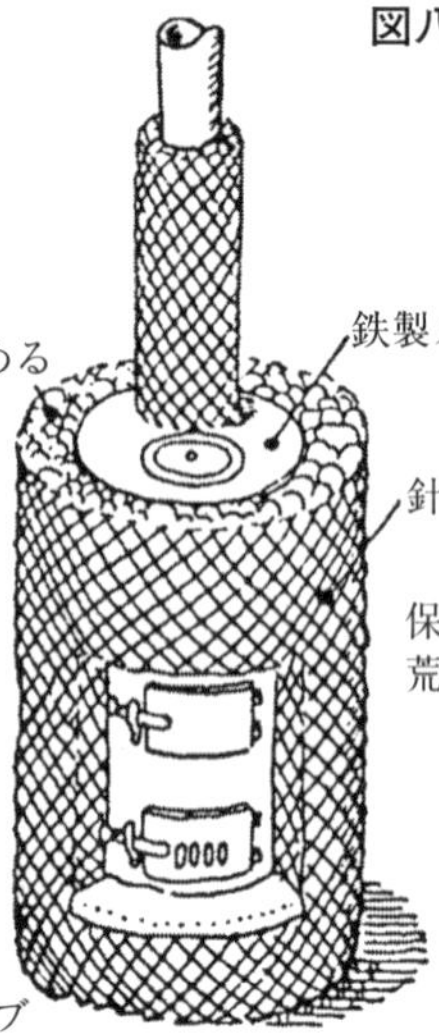

解説
(a)塹壕ストーブ
(b)暖気を高めるために、ストーブと被覆部のあいだに、わずかな隙間をつくる
(c)暖められた空気を流す通路
(d)木材や枝を乾燥させるために設えた空間
(e)ストーブから排煙管につながるストーブ管（鉄板製）
(f)排煙管
(g)排煙管と煙突を結ぶ連結管（鉄板製）

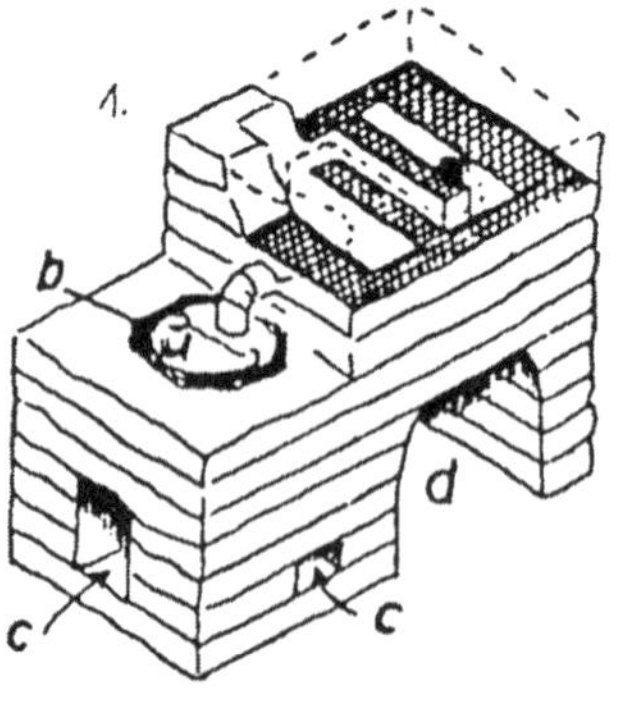

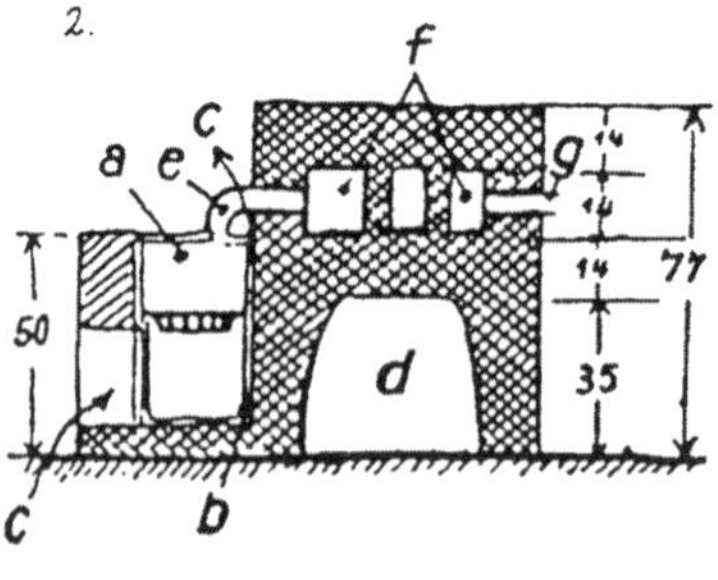

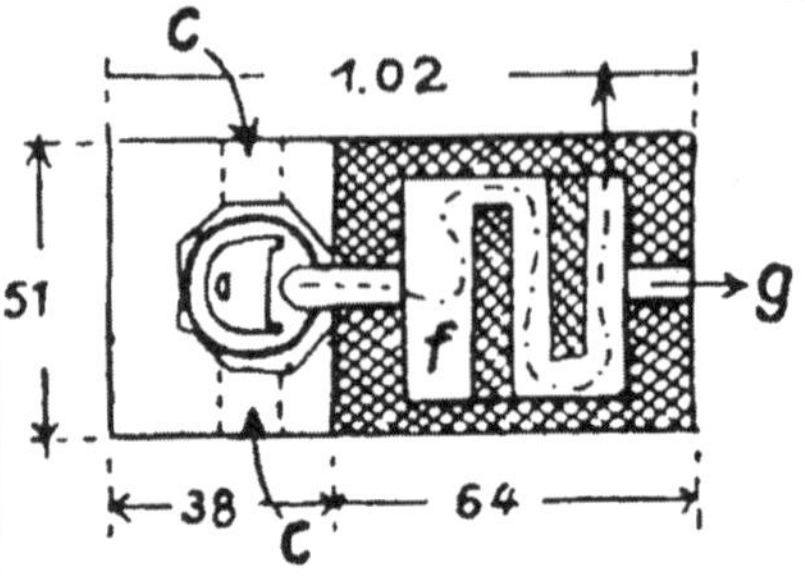

レンガを積み、粘土漆喰で固めて壁をつくり、被覆する。より良好な暖房のため、暖気が排煙管を通っていく構造にする。
1．管の断面を示した外観図
2．縦断面図
3．平面図

図八一。被覆を施した塹壕ストーブ。

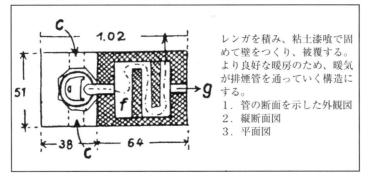

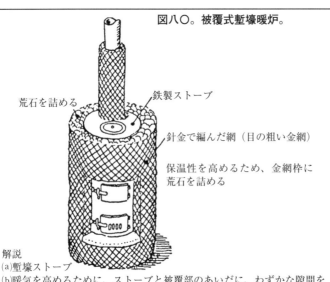

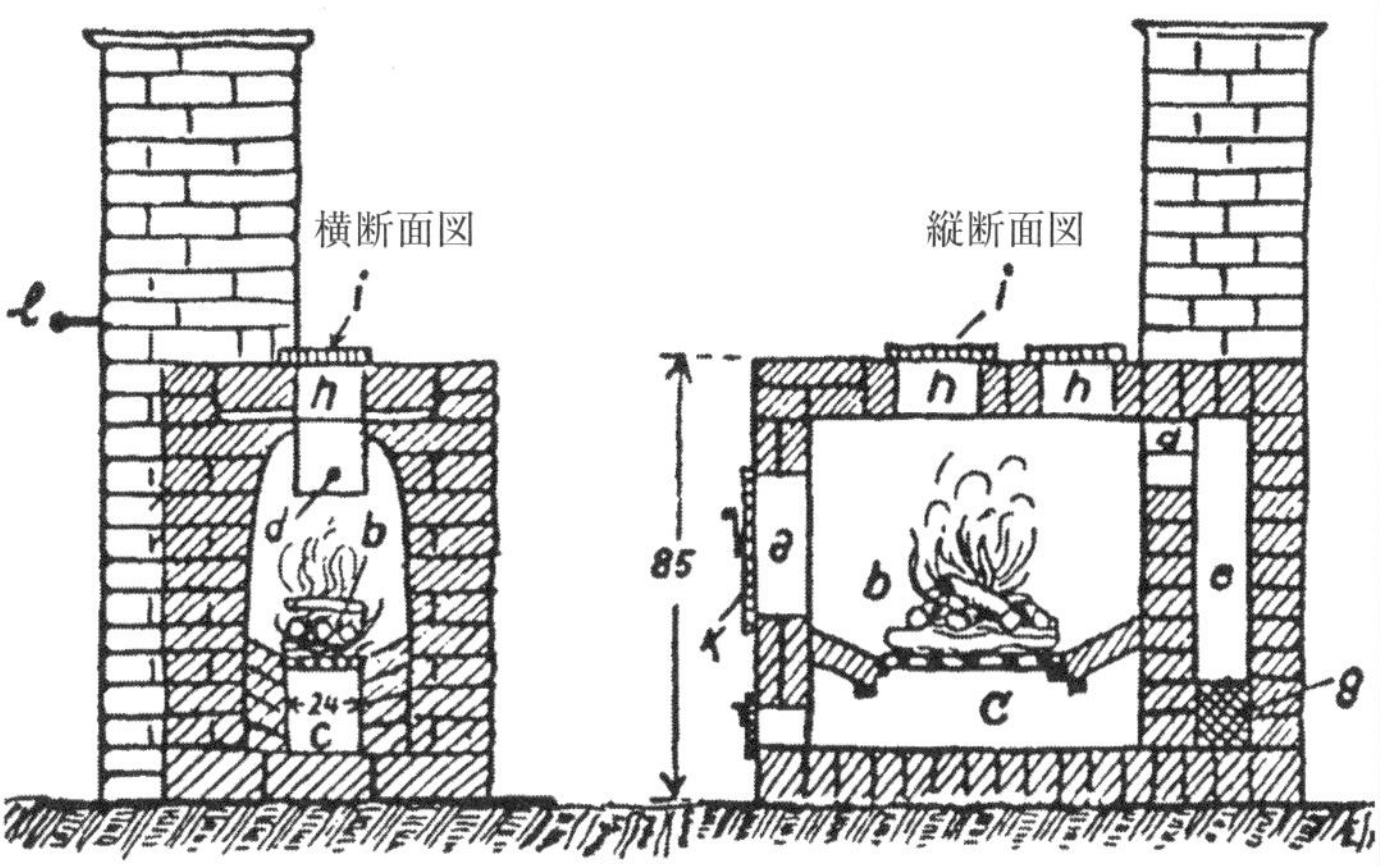

宿営する建物に設置するもの。なるべく専門家の指導を受け、レンガと粘土漆喰で組み立てる。開放部の大きさは、規格化された鉄製部品に合わせて定める。暖炉の前には、木製の床に飛び火しないよう、レンガを積んでおく。

図八二。コンロ二基を備えた被覆ストーブ。

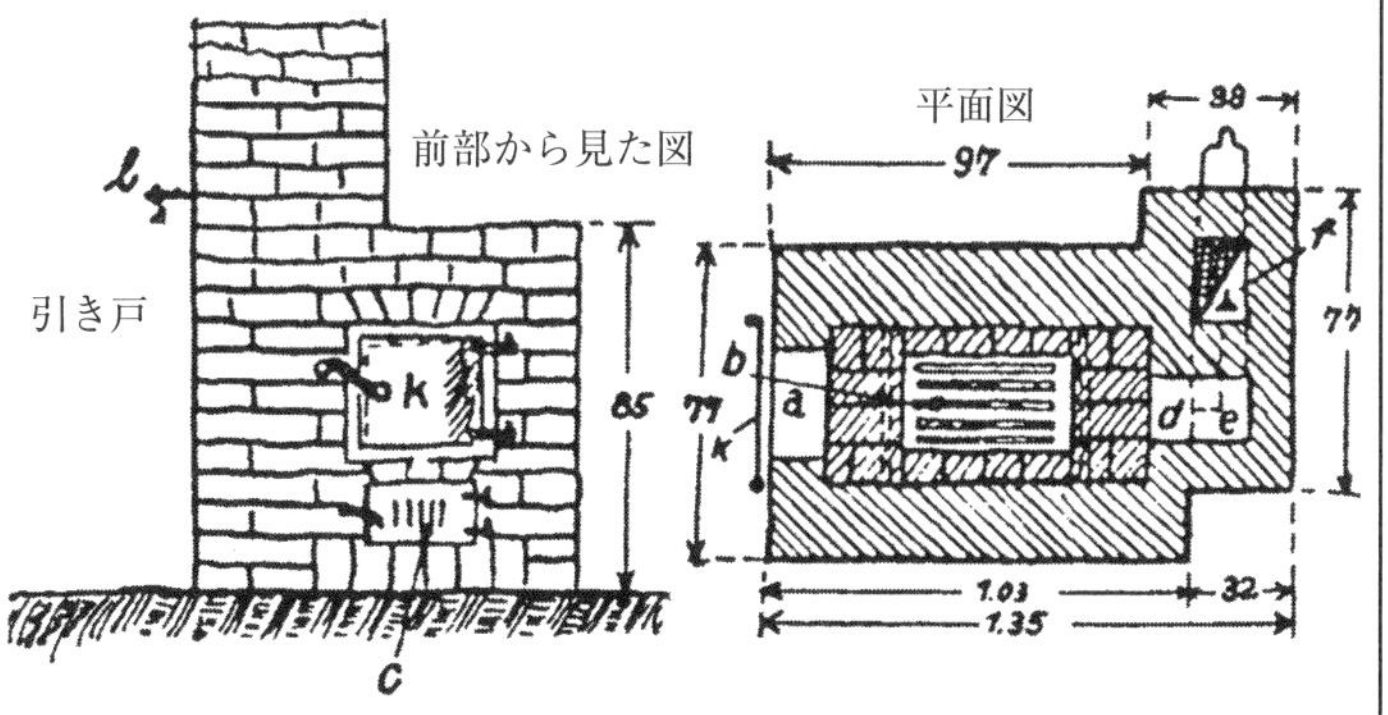

解説

(a)薪を燃やす大型コンロ
(b)調理用金網（約三十×二十五センチ）
(c)灰落とし箱（扉は、通風を加減するため、なるべく引き戸にすること）
(d)排気口
(e)排気管下降部
(f)排気管上昇部。もっとも深くなっている部分に、清掃用の開口部を設えること
(g)清掃用開口部
(h)鍋置き用開口部
(i)二十五×三十センチ、六ないし八ミリ厚の調理用鉄板
(k)三十五×三十五センチの鉄板製扉を、平鉄の枠に据えつける
(l)積み上げたレンガに引き戸を付す。薪に点火したのちは閉ざすべし
〔図中の(g)(h)(i)表示は原文でも欠。(j)がないのも原文ママ〕

図八三。

照明

一二、宿営所には、相応の照明設備をほどこすべし（まずは勤務時間中、続いて休憩時間中に兵に設置させる）。給与された照明手段に関する取扱説明書と付録の安全処置説明書をよく読むこと！

K．自動車業務

一、冬季には、寒気、雪、路面凍結によって、自動車業務は格別に困難になる。従って、常に自動車を使えるようにしておくための措置すべてに関する知識を得ることが不可欠になる。

自動車の冬季装備

二、冬季装備には、以下のものがある。
チェーンとその交換部品、工具。

装軌車輛のためのスパイク。

側車が付いていないオートバイ用の滑り板。

下敷き用の厚板、丸太、ワラ。

冷却器カバー（ワラを編んで自作する）。

冷却器覆い用の幌、厚紙、合板。

フロントグラス用の不凍ガラスか、応急対策用の資材（油、脂肪、グリサンチン、食用洗剤か、食塩の水溶液を薄く塗る）。

牽引用の綱。

スコップや鋤、場合によっては斧。
撒布用の砂や砂利、車輪留めの角材。
木製の自動車内装用部品。
バッテリー用の断熱包装材。
三、チェーンは長さを合わせなければならない。チェーンがタイヤを傷つけないよう、しっかりと張るべし。予備タイヤには、チェーンを緩く張っておき、使用の際に固着させる。
装軌車輛用のスパイクも同様にして、履帯に装着する。
四、チェーンによって、緩く積もった雪を越えていくことが可能になる。
民間用の通常乗用車で、二十センチの積雪を越えられる。
民間用の通常トラックで、三十センチの積雪を越えられる。
路外走行可能の乗用車で、三十五センチの積雪を越えられる。
路外走行可能のトラックで、四十センチの積雪を越えられる。
火砲を牽引した牽引車輛（八トン）で、五十五センチの積雪を越えられる。
街道に二十センチ以上の積雪があり、しかも除雪されていない場合は、雪中にスタックする危険があるため、もはや通常の運行はできない。

寒気が自動車におよぼす影響に対する措置

五、気温が零度以下になると、エンジンの冷却水が凍結し、シリンダーケース、給水ポンプ、冷却器が破裂する。

以下の予防措置を取るべし

六、冷却水の取り出し（とくに夜間）。そのために排水コックと排水ねじ、給水ポンプのコックを開くこと。停止したエンジン内の水は、すべて排出させるべし。排水コックの開口部から針金を差し込み、詰まりがないかを点検する。水をすべて排出させたなら、コックを閉める。この部分が凍結すると、翌日の給水の際に動かなくなるからである。最後に、短期間エンジンを作動させ、残った水分を蒸発させる。

七、不凍液の使用。以下の分量で凍結防止効果が得られる。
マイナス十度までは、水八十トンあたり二十トンのグリサンチン。
マイナス二十度までは、水六十六トンあたり三十四トンのグリサンチン。

マイナス二十五度までは、水六十トンあたり四十トンのグリサンチン。
マイナス三十度までは、水五十五トンあたり四十五トンのグリサンチン。
マイナス三十五度までは、水五十二トンあたり四十八トンのグリサンチン。
マイナス四十度までは、水五十トンあたり五十トンのグリサンチン。

ほかにもエタノールが利用できる。これを水と同量混ぜることで、グリサンチンと同様の凍結防止効果が得られることが証明されている（有害物質であることに注意！　取扱説明書を熟読すべし！）。

八、不凍液を混入する前に、冷たい水は温めておき、蒸留水でエンジンを何度か洗浄しておく。給水ポンプ、ゴム管、排水コックなどの被覆が薄い箇所は水漏れを起こすから、さらに被覆をかける。不凍液と水の混合は、特別の容器で行い、それから注入する。

エンジン脇のよく見えるところに表示板を取り付け、そこには、寒気の程度と状態、不凍液を注入した日付などを記しておく。

冷却水が費消されたとき、グリサンチンを使用した場合には水を、エタノールを使っている場合にはエタノール混合水を追加する。後者は気化するからである。寒気の状態に応じてではあるが、少なくとも週に一度、冷却管を点検すること。場合によっては、不凍液を追加する。

エンジン修理の際、または脱落した自動車からは、不凍液を取り出し、他の自動車に再利用すること。備え付けのサーモスタットは、正しい手順で点検すべし。さもなくば、冷却器が組み立て後に凍結してしまう。

九、気温マイナス十五度以下では、潤滑剤が固着しはじめるので、充分な潤滑作用はもはや保証されなくなる。

予防措置は以下の通り

一〇、エンジンの注油。

気温がマイナス二十度を下回ったら、エンジンオイルの総量の十五パーセントまで、気温がマイナス三十度を下回ったら、エンジンオイルの総量の二十五パーセントまでガソリンで薄める。手元にガソリンがないときには、例外的にディーゼル油を用いる。

エンジンオイルへの最初の混入は、つぎのように実施する。

機具取扱説明書にもとづき、潤滑油タンクを確認し、適切な量のガソリン、もしくはディーゼル油を正確に計量する。

暖機運転中のエンジンでは、計量したガソリン等を、潤滑油注入キャップを通して、ゆっくりと注ぎこむ。注入後、なお五分ほど、暖機運転を続けなければならない。それによって、ガソリン等がエンジンオイルと充分に混合される。

注意事項！　いかなる場合でも、停止して冷えたエンジンのオイルにガソリン等を注入してはならない。そんなことをすれば、ガソリン等とエンジンオイルの混合が遅れ、充分に溶け合わなくなる。結果として、エンジンの重大な故障が生じる。

オイル計測棒には、以下のように記した札を付しておく。

「ディーゼル油混入Xパーセント」〔Xは、実際に混入した割合の数字を記す〕。

ディーゼル油の使用は、エンジンオイルが満たされている場合のみで、その混合は補助手段にすぎない。

ガソリンは蒸発するから、時間の経過とともに継ぎ足してやらねばならない。
一一、伝導装置、車軸駆動部、操縦系統の注油。
国防軍の新しい潤滑油（冬季用）は、極寒時にも薄める必要がない。従来の国防軍用潤滑油は、氷結期の到来前に薄めてやらねばならなかった。混合比は、潤滑油四に対して、ディーゼル油一であった。

よって、従来の国防軍用潤滑油は薄めてから、国防軍用の新潤滑油はそのままで充塡する。

一二、あらゆる可動部に油脂を塗り、潤滑させる。気温がマイナス二十度を下回ったら、潤滑油脂とエンジンオイルを一対一の割合で混ぜるか、潤滑油そのものを使う。

一三、中央注油機構による潤滑化。
氷結期が到来する前に、中央注油機構のエンジンオイルタンクに、エンジンオイル三、ディーゼル油一の割合で混ぜたものを満たしておく。雪や水がタンクに入らないように注意すること。何度も折り曲げられたようなホースは、外側に、古くなった脂肪か、油を塗る。注意深く氷を除去すべし。

氷結期の到来前に、エンジンフィルターのオイルタンクを空にし、エンジンオイル三、ディーゼル油一の割合で混ぜたものを満たしておく。

一四、バッテリーはいつでも充分に充電しておかなければならない。充電済みのバッテリーは凍らないが、充電されていないそれは、わずかに気温が下がっただけでも凍結するからである。その際、バッテリーボックスが破裂してしまう。

防護されていないか、わずかな防護しかほどこされていない自動車備え付けのバッテリーについては、板、段ボール紙、木毛などで寒気や隙間風を防がなければならない。その際、ショートしたり、電線の損傷が生じないように注意すべし。

マイナス二十五度以下で冷却されたバッテリーは温めてやらねばならない。エンジン始動のための放電能力が不充分になっているからだ。バッテリーは、可能なかぎり取り外して、倉庫（地下壕など）に保管すること。

注意事項！　隔壁を設けていない裸火のそばで、バッテリーを使用してはならない！爆鳴ガスによる爆発の危険がある！

冬季、鉛蓄電池には、蒸留水の代わりにバッテリー用希硫酸（深さ一・二八センチ）を、ニッケル蓄電池には　バッテリー用アルカリ液（深さ一・二四センチ）を充填する。

一五、ブレーキ装置の手入れ。

機械式ブレーキの軸受けやジョイントには頻繁に注油し、水が染みこまないようにする。油を塗らないブレーキ索も、気温マイナス二十度を下回ったときには注油すべし。

油圧ブレーキは、気温マイナス三十五度までならば、通常のブレーキオイルを利用できる！　ただし、マイナス三十五度を下回ったら、ブレーキオイルを取り出し、エタノールか、燃料用アルコールを一対一の割合で混ぜ、再び注入する。

氷結期に不凍液が使えない場合には、空気タンクに入った水を毎日除去する。不凍液が使える場合には（各自動車ごとに四分の一リットル）、およそ三ないし四週間ごとに、ブレーキ装置の水を抜き、あらためて四分の一リットルの不凍液を満たす（緊急時にはディーゼル油を使う）。

排気ブレーキは、取扱説明書にもとづき、充分な手入れをほどこしておけば、冬季においても、特別の措置を必要としない。

駐車の際にハンドブレーキを引いてはならない。ブレーキ胴の制動子が凍ってしまうからである。
一六、防風用フロントグラスに霜がつくのを防ぐため、凍結防止ガラスを取り付ける。それがないときには、第二条に挙げたような応急資材を用いる。

冬季の自動車運用

一七、エンジン始動に際して、寒気がエンジン内に入り込みかねないような措置はすべて避けるべし。幌は、操作上必要な場合にのみ開く。携行した、もしくは取り付けた暖気材（触媒剤など）は、エンジン点火前に遠ざけないようにする。

水冷式エンジンは、冷却水なしで始動させることは許されない（エンジン内のシリンダーに亀裂が生じる）。

始動中の凍結を避けるため、極寒期には例外的に、水冷式エンジンを冷却水なしで始動させることが許される。ただし、点火直後に冷却水タンクを湯で満たすこと。軸受けブッシュが組み込まれたエンジン（戦車や牽引車のエンジン）は、いかなる場合でも、冷却水なしで始動させてはならない。

クランク付のエンジンは、始動を試みる前に必ず、何度もクランクを回すこと。マイナス二十度以下に冷やされたエンジンは、始動前に常に温めてやる。

マイナス十度までの気温での始動

一八、ガソリンエンジン。ギアを外す。排気装置の始動設備、もしくは通気孔の取っ手を引く。アクセルは踏まず、点火栓を閉ざして、始動装置を動かす。
この状態で、始動補助材として、ズプラリーン剤、軽ベンジン、当該自動車に使用される燃料、アセチレンガス（液化活性炭）を用いる。

一九、ディーゼルエンジン。エンジン部分を、加熱プラグや放熱体で熱しておく。ギアを外す。アクセルペダルは踏まない。始動装置を動かす。
この状態で、始動補助として、ねじ回しで燃料ポンプのタペットを三、四回、上下に動かす。石油、ディーゼル油、エーテルを混合したものを注入する。

気温マイナス十度以下での始動

二〇、気温マイナス十度以下で、エンジンを始動させるためのもっとも確実な手段は、前もって、また、個々の部品を温めておくことである。

以下の手段を用いるべし。

—冷却水を温める。冷却水を取り出し、温めた上で、再度満たす。

—エンジンオイルを温める。エンジンオイルを取り出し、温めた上で、再度満たす。

—ガソリンエンジンの場合は、点火栓を温める。点火栓のねじを外して取り出し、ガソリンを注いで点火、温めたのちに清掃して、再び取り付ける。

—エンジンボックスをトーチランプ（取っ手のあるなしは関係ない）や裸火で温める。

焚火には、空き缶に入れた木炭や燃料を使う。温める際には、ゴム製部品、燃料ポンプの点検ガラス、減りやすい冷却水などを、火に対して保護すること。原則として、焚火一箇所につき、一人に番をさせる。

弾薬、燃料、その他爆発の危険がある物資を積んだトラックのエンジンを温めるのに、トーチランプや裸火を使うことは不可。亀裂が生じる恐れがあるから、戦車を裸火で温めることも不可である。

大型車輌（戦車や牽引車）のすでに始動しているエンジンからの排気ガスは、暖機に適している。排気ガスはよく遮蔽されたかたちで、温めるエンジンにみちびくべし。

慣性始動機を備えた自動車はすべて、バッテリーを長持ちさせるため、最初の始動に際しては常に慣性始動機を使うこと。慣性始動機もあらかじめ温めておく。

―始動に際しては、熱く蒸した布やトーチランプの炎で、吸込管を温めておく。

―自動車に付属していない補助バッテリーも、できるかぎり広く利用すること。

二一、加えて、補助手段としては、以下のことが考慮の対象になる。

―自動車の牽引。牽引車には、少なくとも被牽引車と同等のエンジン出力がある自動車を用いる。

―充分な人員がある場合には、車を押し出してやる。

—下り坂を転がして、始動する。
—右に記した三つの始動方法のいずれにおいても、始動させるエンジンは、できるだけ長い距離を進めた上で伝導部につなぎ、自動車が充分な速度を得たところでギアを入れる。

大きな摩擦抵抗が生じて、損傷を引き起こさないよう、牽引、押し出し、下り坂での始動の前に、エンジン、伝導部、軸駆動部を温めておくこと。

二二、冷えたエンジンを始動させる際には、油が厚く固まっているため、弁心棒を噛みやすい。バルブは、ゆっくりと閉ざすこと。

ガソリンエンジンの場合、バックファイアによって、気化器に火がつきやすい。これを消火するため、ただちにつぎの処置を取るべし。燃料コックを閉め、点火栓を切る。砂か、乾いた布きれを火にかぶせる（絶対に水を使ってはならない）。消火器を利用する。ただし、マイナス二十度以下では、消火器はもうその効力を失う。

冬季の車行

二三、運転中の自動車といえども、寒気によって、停止したエンジン同様に不利益をこうむる。自動車保護のため、以下の作業と注意措置が必要になる。防寒カバーを使う。エンジンカバーは、毛布やワラ布団で覆う。冷却器の跳ね蓋を閉ざす。剝き出しで風にさらされている燃料管を、アスベストか、ボール紙などでくるむ。オートバイの気化器が向かい風にさらされないように防護する。換気装置を止める（必要とされるあいだ）。空冷エンジンの場合は、冬季の運転に際して、通風管をふさぐ。

二四、エンジンの始動後、数分ほど暖機運転しなければならない。冷却器の跳ね蓋、冷却器カバー、エンジンカバーは、その間、閉ざしたままにしておく。

二五、路面凍結時、とくに山道での運転では、ブレーキをかけるときに、木材で舗装した部分や市電のレールに注意すること。スリップの危険あり！

スリップした場合は、その方向と反対側にハンドルを回し、スムーズにアクセルを踏むことで抑えられる。

凍結した路面には、砂、砂利、灰を撒くべし。小枝や枝、ワラなどで、撒布材の代用とすることも可能である。

二六、縦列を組むときには、制動距離を長く取ることができなくなるので、より大きく車間距離を開くこと。

山道を登る際には、なるべく停止しないようにする。再発進が難しいからだ。

二七、追い越しや待避のやりように注意せよ。先行車の軌跡を離れるとき、自動車は横滑りしやすくなる。積雪の際には、縁石や凍ったわだち、道路の溝など、地面の平らでない部分が視認しにくくなる（事故の危険あり！）。

二八、スタックした自動車は、アクセルを踏むだけでは、再び浮かびあがらない。つぎの作業を行うべし。

―わだちを掘り下げ、自動車の下の雪を取り除く。

―沈んだ車輪を持ち上げ、下に厚板や丸太を敷く。

―駆動車輪の前に木の枝を敷く。

―多数の人員で押し出す。

―馬匹の牽引により、引きずり出す。その際、前輪は自由に回るようにしておくこと。

滑車を備えた自動車なら、自力でスタックを解消することができる。巻いた綱の端を、立木などに縛り、エンジンの力を使って滑車を回せば、車体はおのずから引き出される。

駆動部に履帯を備えた自動車も、同様に自力でスタックから逃れられる。立木等に結びつけたザイルを履帯に固定し、発進とともに巻き取っていくのである。

二九、「行軍」と「冬季街道業務」の節も、併せて参照すべし。

運転終了後の処置

三〇、大休止の際には、ときどき暖機運転を行う。そのための要員を配しておくこと。

　極寒期には、運転終了後、エンジンを二ないし三分間アイドリングさせ、ゆっくりと冷やす。原則として、運転終了直後にエンジンを切ることは避けるべし（激しい気温差により、圧力がかかる）。

三一、駐車場には、ホールや納屋等を選ぶべし。それらがない場合は、風からさえぎられた場所（森のなか、家屋の陰、生け垣のそば、干し草小屋の横など）に自動車を駐める。ワラ、幌、板材、積み上げた雪などを、自動車の風よけとする。これらは、二ないし四個を自動車のボンネットに相対するかたちで設置すること。エンジンカバーを毛布で覆う。地面からの寒気をさえぎるため、ワラ、木の枝、木の葉などを敷く。排気管に注意せよ！　排気管の下、または後方にワラなどがあると、火災の危険が生じる。

「冬季野営」の節も参照せよ。

三二、タイヤの凍結を防ぐため、自動車の下に、ワラ、木の葉、木の枝などを敷く。戦車の履帯凍結に対しても、同様の処置をほどこす。

装軌車輌を駐める前に、まず履帯、起動輪、遊動輪から、雪と氷を取り除く。そうしておかなければ、発進の際に履帯が切れる。

三三、大休止のときには、自動車を駐めるため、雪塊や木材でつくった小屋、差しかけ屋根をつくる。暖房も設置すること（不要になった古樽などの容器から自作する）。「長期宿営」、「暖の取り方」、「冬季野営」の章節も参照せよ。

L．移動・輸送手段

Ⅰ．一般

一、冬季戦においては、機動性を維持するために、以下のことが必要とされる。
―スキーとかんじきの装備。斥候隊とスキー部隊（小隊、中隊、大隊）のほか、とくに、徒歩、自転車、オートバイ、騎馬の伝令や通信兵、砲兵中隊・小隊、衛生隊に装備させる。

―人間か、役畜が牽く装輪車に、橇の滑り木やブレードを装着する。

二、橇に改装する際に、必要とされるかぎり、予備・付属部品を取り外し、橇内に保管する。

三、移動・輸送手段は、現地調達するか、自作することができる。とくに橇を自作する場合には、現地で普通に使われているものを手本にすべし。それらは、何世紀にもわたり、有効性が証明されてきたのである！　滑り木の間隔を一定にすることに注意せよ！

Ⅱ. スキーとかんじき

四、スキーは、支給するか、現地調達する。自作は時間がかかり、困難である。
　以下のスキーは、陸軍における使用に適さない！

―特殊スキー、ジャンプ・滑降用スキー（重すぎるつくりになっていることで判別できる）。

―一・八五メートル以下の長さのスキー。

―中間部分の幅が六センチ以下のスキー。

―中間部分の幅が九センチ以上のスキー。

―それぞれが不揃いのスキー。

―縁が鉄製のスキー（東部戦線においては有効性がない）。

―長さ一・一五メートル以下のストック。

―金属製か、人工材でつくったストック。

―ストックの雪輪が軽金属製のもの。

五、スキー一組は、つぎの品から成る。
バインディング付のスキー一組。
ストック一組。
スキーワックス一缶（五十グラム）。
六、とりあえず、バインディングを完備することを心がけなければならない。バインディングは簡便であるほど良い。それによって、バインディングの故障はより少なくなり、個々の部品の交換や予備部品の補充が容易になるからである。各隊（小隊、斥候隊など）内部では、バインディングの規格化に努めること。
七、スキーの手入れについては、付録「スキー・橇用具の手入れ」に記載した。

かんじき

八、かんじきを支給する。応急措置として、図八三aのように、木材や木の枝に紐を付したものをつくることもできる。
九、かんじきでの歩行は容易に習得できる。しかしながら、豪雪時に長距離を行くのは疲労をともなうものである（最前列の者は適宜交代させること）。平らな土地では、内股で平

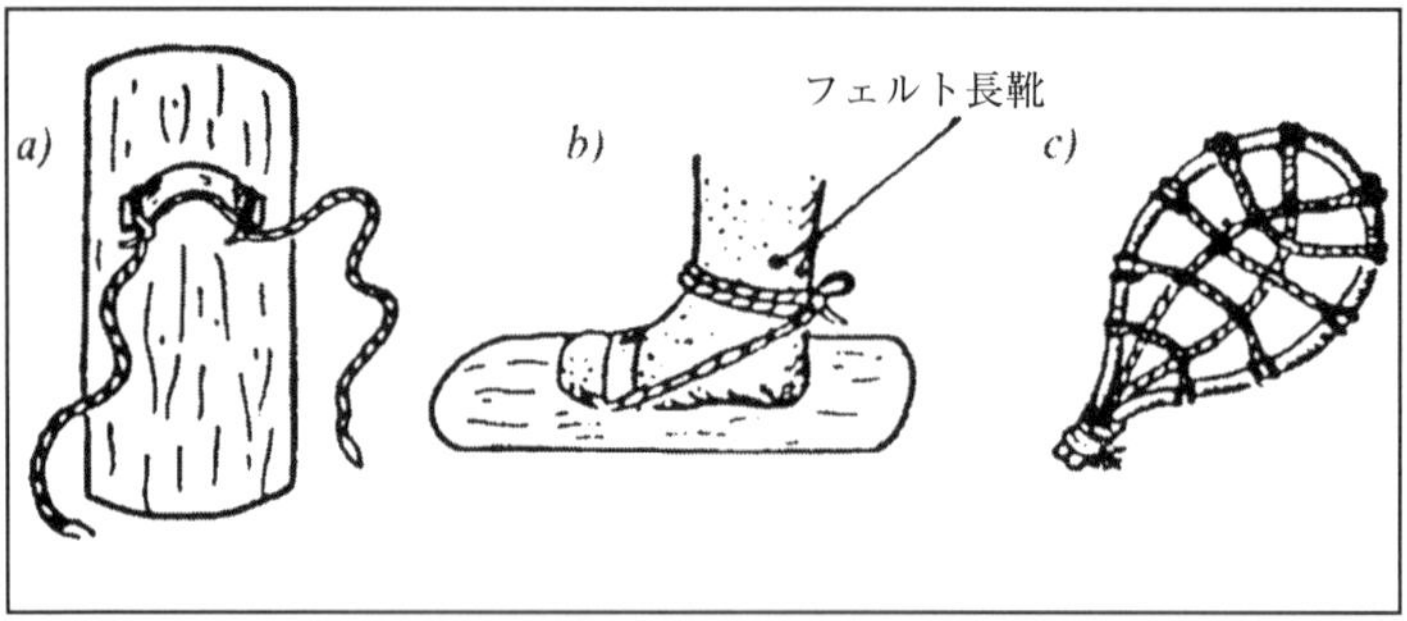

図八《マ》三《マ》。カンジキ(a)、木製の(b)、紐と枝を組んだ(c)。

均的に踏むようにして歩く。坂を登るときには足先、下るときにはかかとに重さをかける！

一〇、スキーとかんじきの使用に関する詳細は、手引き書『スキーの短期訓練』をみよ。

Ⅲ．小型橇

一一、スポーツを目的としてつくられた小型橇やトボガン橇は、軍事目的、とりわけ東部戦線の積雪地帯での大量使用には不適である。

軽量で高脚、滑り木のあいだの幅が広い橇（中程度の積雪の際）とボート状の橇「アクヤ」（豪雪時）が有用であることが証明されている。

アクヤ

一二、アクヤは、部隊、とくにスキー部隊の装備に指定されている。その自作については、第一七条に記載する。アクヤの種類はつぎの通り。
—軽量アクヤ（合板製）。
—軍用アクヤ。
—ボート型アクヤ。

一三、合板製の軽量アクヤ（図八四）は、ボート状の平らな橇である。荷物固定と幌用の綱を通すため、両方の側板の上部に四つずつ穴を開ける。軽量アクヤは、少量の荷物（弾薬、手榴弾、地雷、糧食箱、負傷者、無線装置など）の輸送に用いる。前進は左の手段による。
—一ないし三名のスキー手。牽引には、取っ手を三つ付した索を使う。
—牽引用に訓練された犬二頭。その際、最前方の犬は、引き綱で誘導してやらねばならない。

急斜面でのアクヤの停止や操作のため、後方の紐穴金具に制止索を通し、取っ手を付ける。

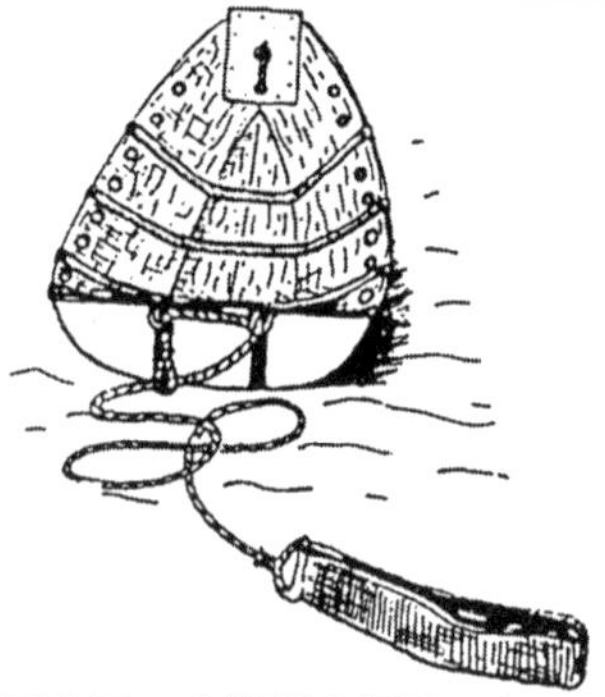

図八四。合板製の軽量アクヤ〔牽き橇〕。

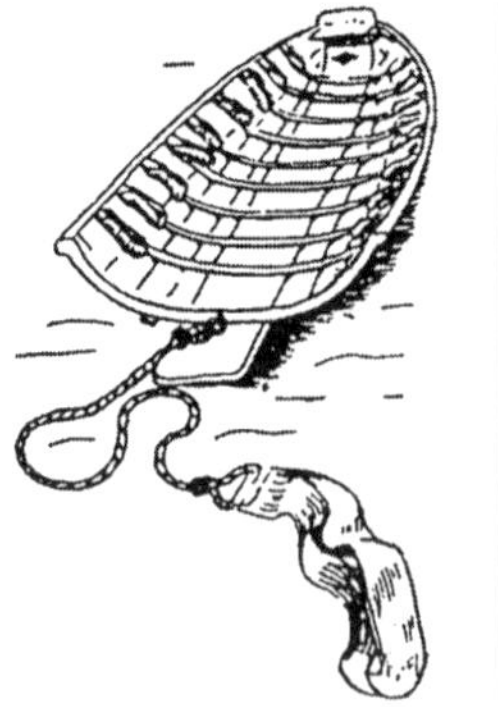

図八五。軍用アクヤ。

図八六。ボート型アクヤ。

一四、松材製の軍用アクヤ（図八五）は、ボート状の平らな橇である。後部は開放しておくが、塵芥や雪を防ぐため、取り外し可能な後方仕切り板を設置する。荷物固定と幌用の綱を張るため、内壁上部にベルト取っ手を付す。中心に取り付けた滑り木は、横方面へのスリップを防ぐために面取りしておく。

一五、軍用アクヤは、軽量の兵器（機関銃、迫撃砲、対戦車ライフル）と弾薬の輸送に用いる。機関銃、軽迫撃砲、軽対戦車ライフルは、アクヤの上から射撃可能である。前方と後方に、牽引・制止索取り付け用の環を付す。

　軍用アクヤは、軽量アクヤ同様に牽引される。

一六、ボート型アクヤ（図八六）は、軍用アクヤ同様につくられるが、上開口部が狭まったボート状のかたちになる。

　通信機材、弾薬、手榴弾、地雷、糧食箱、無線装置、重迫撃砲などの輸送に用いる。毛布などで覆いを付ければ、負傷者搬送にも使える。

ボート型アクヤは、軽量アクヤ同様に牽引される。

アクヤの自作

一七、三層から成る約四ミリ厚の合板を、図八七に従って細断し、リベットとリベットワッシャーで留め合わせていく。先端部には、牽引用の穴を二つ開けた板片か、合板（接着剤を使い、五層以上に貼り合わせる）を一枚、リベット留めする。牽引索を掛けるための穴は、できるだけ深い位置に開ける。それによって、雪中にはまったアクヤを引きずり出し、容易に前進させられるようになるからだ。後端部には板材（およそ二センチ厚）をはめこみ、薄い鉄板で固定すべし。その上部に、制止索を吊るための留め具を二つリベット留めする。アクヤ下部には、板を一枚、もしくは強度の高い合板をリベット留めし、それによって橇を滑らせるようにする。制動効果を強化・向上させるため、両側面に鉄製のベルトをめぐらし、内部にはブリキの肋材《ろくざい》三本をリベット留めする。

アクヤの左右の縁には、それぞれ四つの穴を開け、荷物固定用の綱を張れるようにする。木材に湾曲をつける前に、水に浸して、柔らかくしておくべし。

完成したアクヤの外観は、図八八に示す。

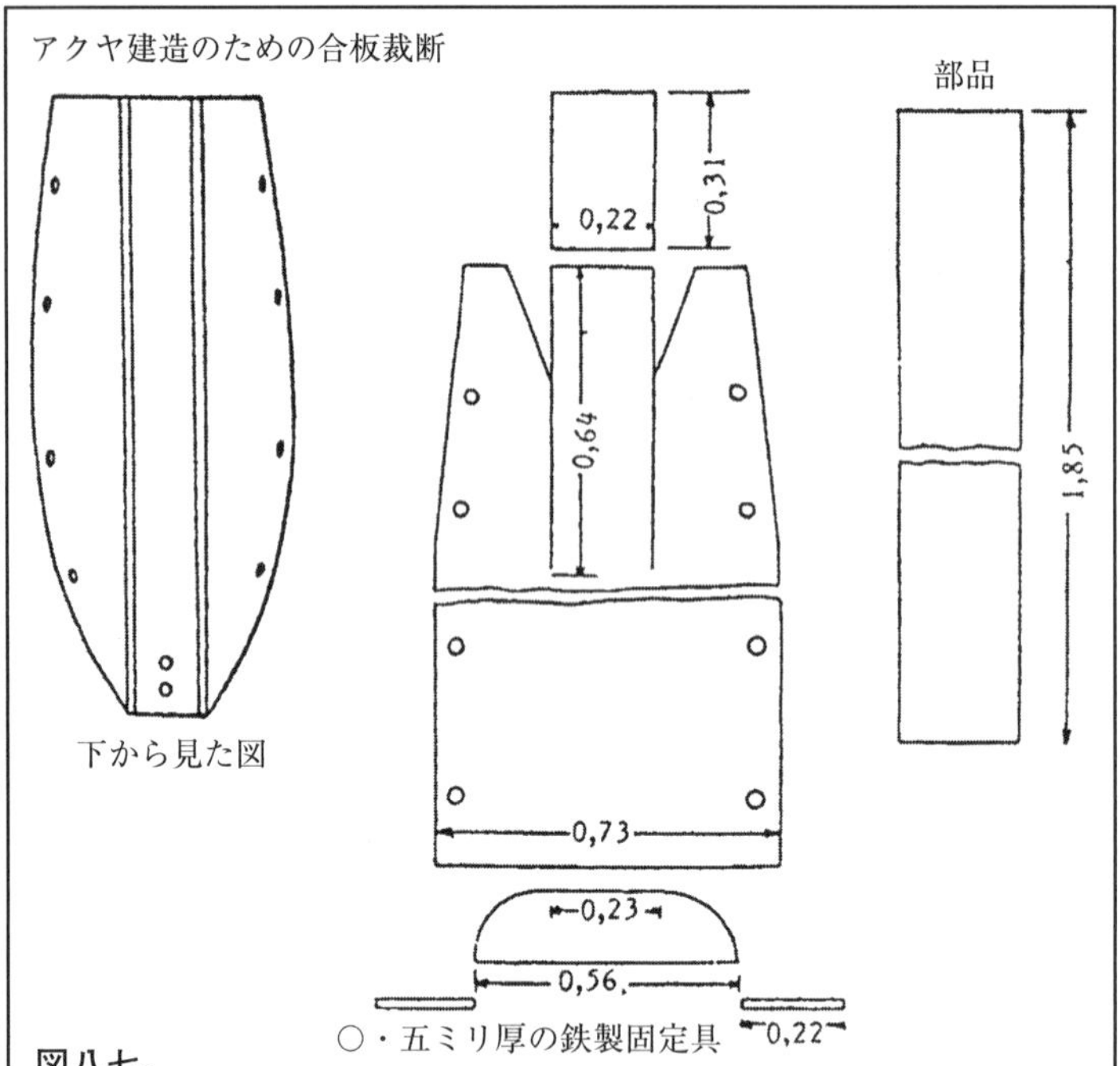

図八七。

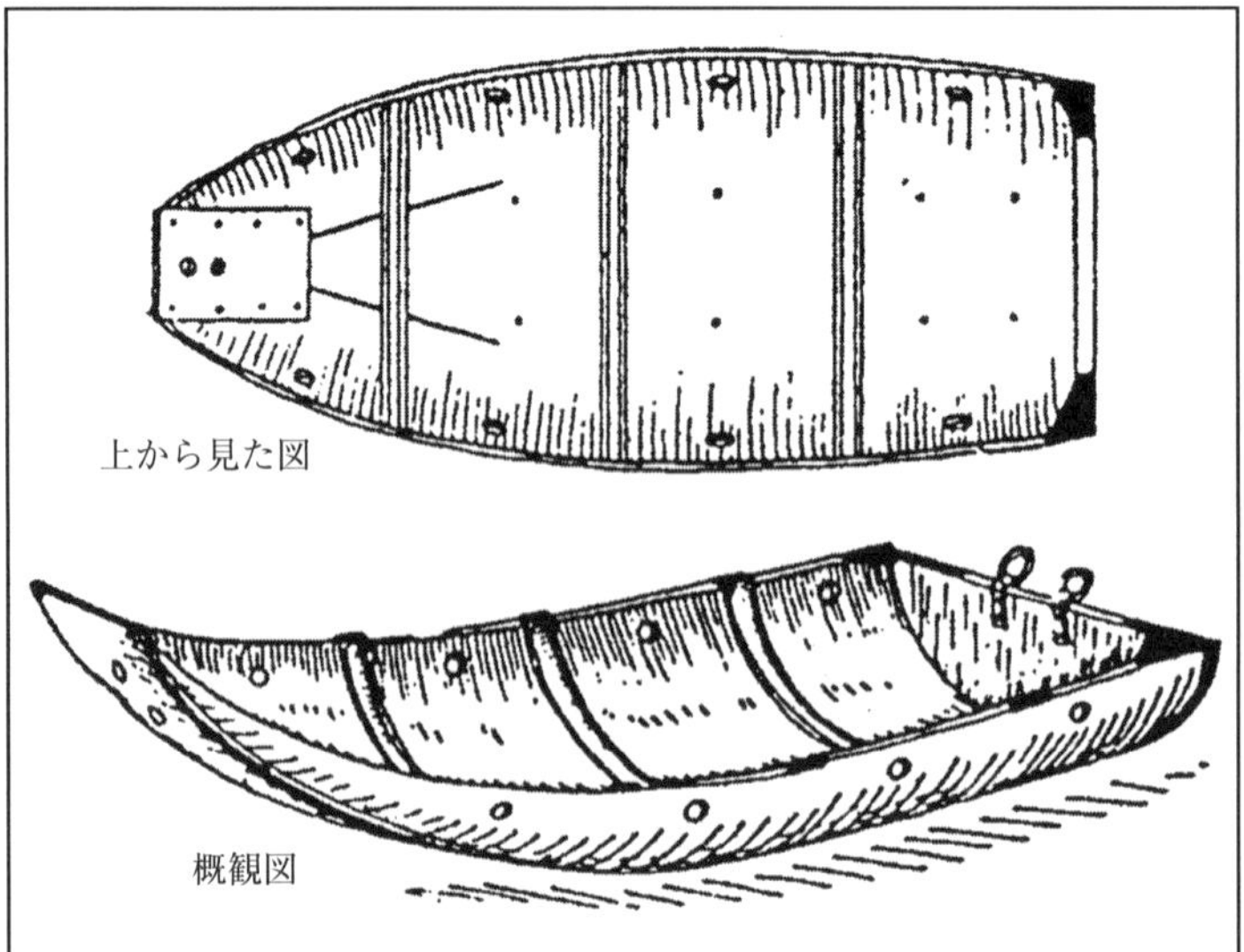

図八八。合板でつくった自家製アクヤ。

自作の小型橇

一八、軽量の小型橇（陸軍高地戦学校型）は、東部戦線における中程度の積雪時に、きわめて有用であると証明されている。これは、人力、犬、馬匹による牽引に適し、軽量の調達しやすい材料（たとえば古スキー）からつくられる。

一九、軽量小型橇は木製で、結合部分に鉄製部品を使わない橇である。橇は、柔軟な運動性に富んだものでなければならない。前部の荷台には、後部よりも荷重がかからないようにする。小型軽量橇の重量は四ないし五キロであり、それゆえ、兵員一名か、犬一頭の牽引により、道路や補助道のない土地で使用できる。スキー手が牽引する場合は、積荷を八十キロまでとし、犬が牽引する場合は、積荷の重量が犬自体の体重を超えないようにすべし。

二〇、牽引装置として、単独牽引、もしくは二人牽引用の二重ながえ（同時に制動に用いる）を付し、単独牽引、複数牽引、犬による牽引のため、牽引索をつなぐ（できるだけ、胸部や腹部にベルトで留める）。丘陵地帯では、制動索をブレーキに使う。

二一、軽量小型橇の部品は以下の通り。

一、滑り木二本。

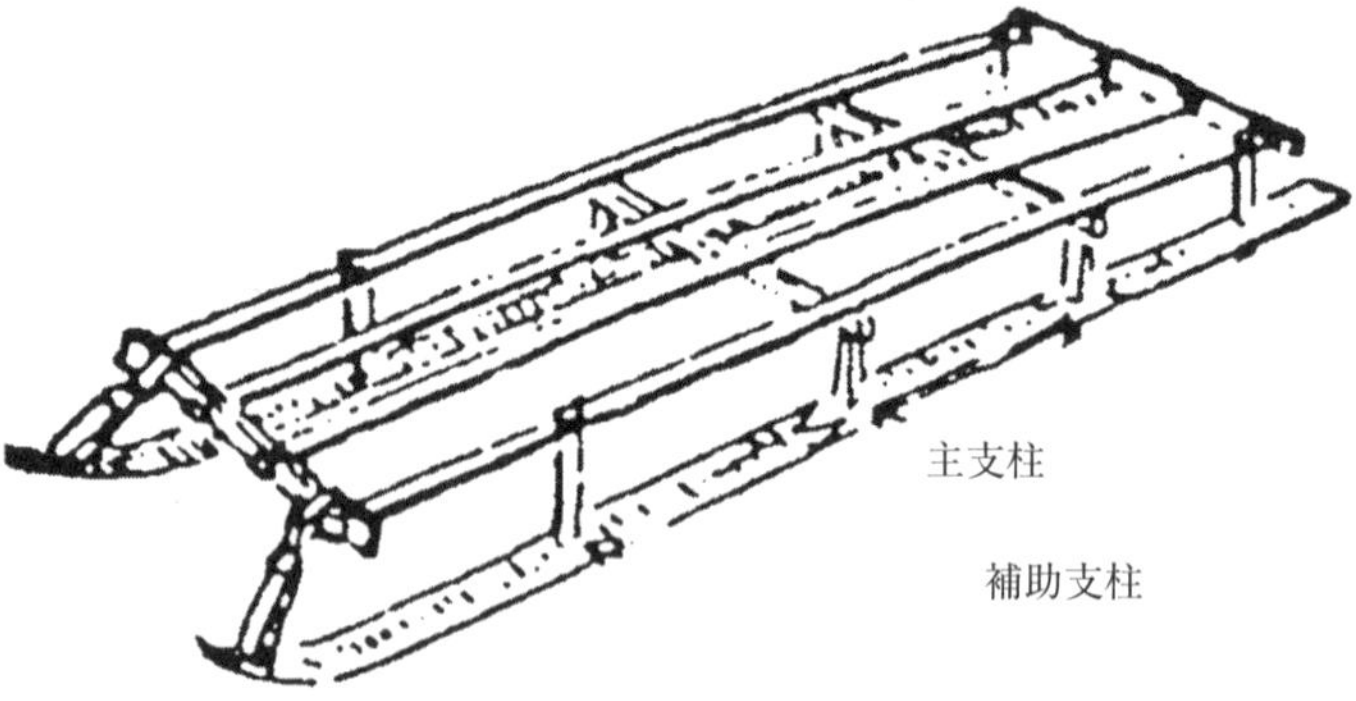

図八九。軽量の小型橇。

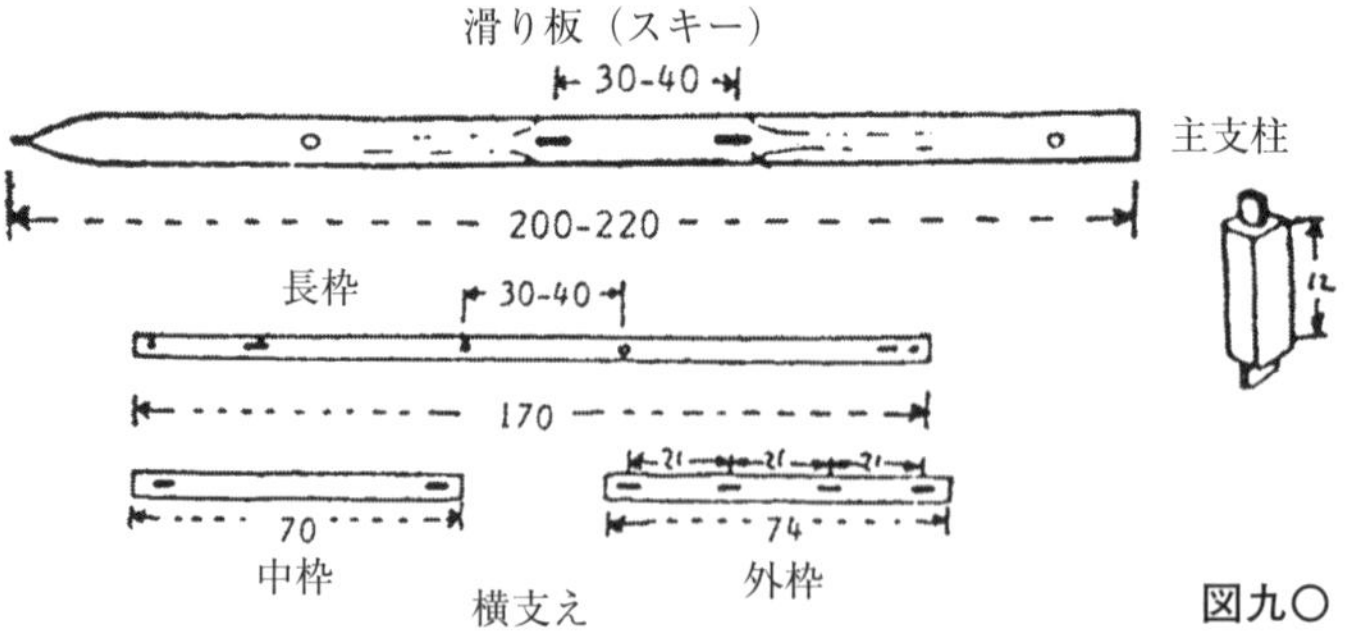

図九〇

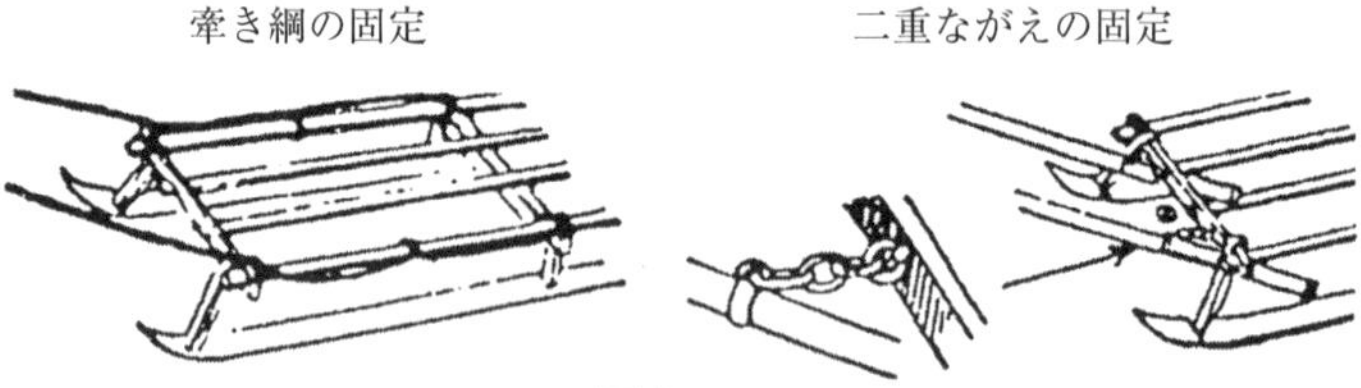

図九一。

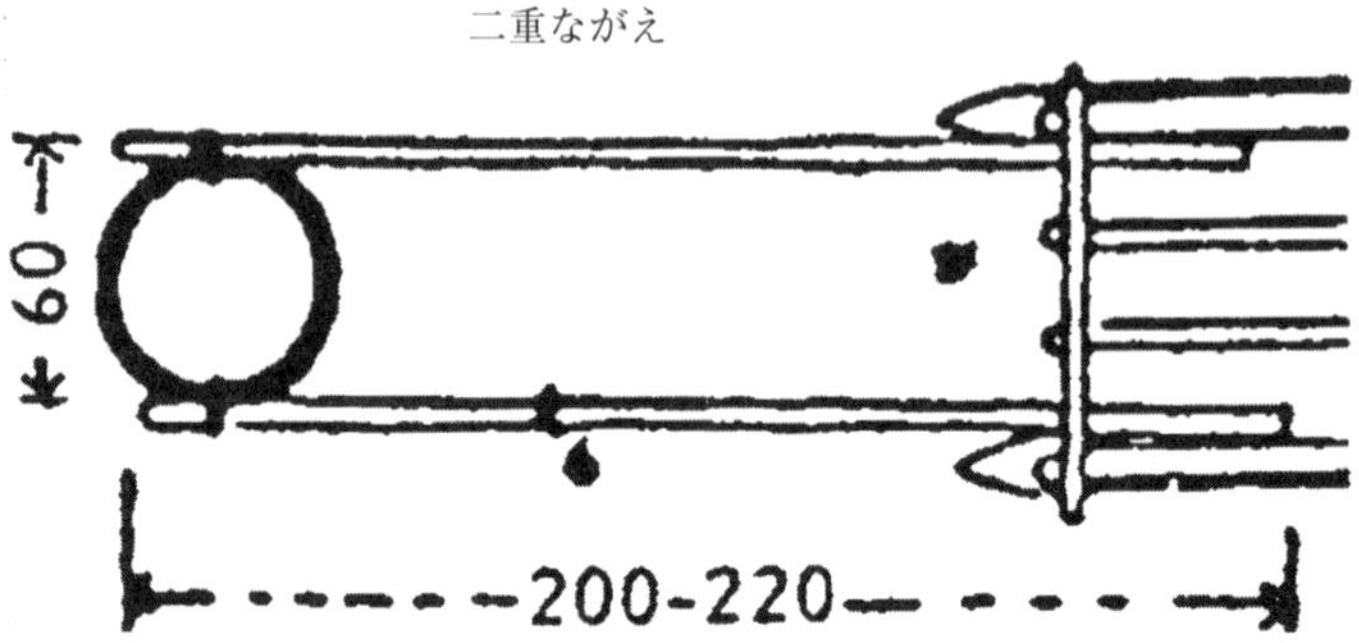

図九二。

二、支柱四本、補助支柱四本。
三、縁枠四本。
四、横枠四本。
五、床板四枚と金具。

二二、軽量小型橇製作の手引き。
工具。斧、のこぎり、ハンマー、突きノミ、ナイフ、九ミリおよび十三ミリのドリル。

材料。

—バインディングを外したスキー。揃いの一組ではなくなり、使えなくなった古スキー二本を使ってもよい。

—上部構造用の硬材。中央部の縁枠二本は軟材で充分である。硬材の代用品として、乾燥させたシラカバやトネリコの丸太を使うのも可。ただし、その場合は、安定性や負荷抗堪性が減少する。

—二十五センチ長の床板、環、もしくは紐穴金具を、上部構造および滑り木の床板にねじで固定する。牽引用に環を二つ留める。また、二人牽引や制動索をつなぐため、それそれに二個の環を付ける。
—二人牽引用のながえとして、二百ないし二百二十センチの竿四本。直径六十センチの取っ手（あるいは、樽のたがを使う）一本（二人牽引の場合は二本）。牽引索、制動索、ロープなどの連結に使う綱。

建具係一名と助手一人で製作する場合で、作業時間は一時間半ほどになる。

二三、古くからシベリアで使われている同様の橇を、図九六に示す。これは、スキー手による牽引に適し、荷台に負傷者を乗せて運ぶことができる。スキー型の滑り木は、長さ四ないし五メートル。滑り木の間隔は、スキー手の幅に合わせてある（ただし、六十センチを超えることはない）。橇の高さは七十センチ、滑り木から荷台までは三十センチになる。荷台は、橇枠の上板に余裕を持たせて、ベルトか縄で吊り下げている。

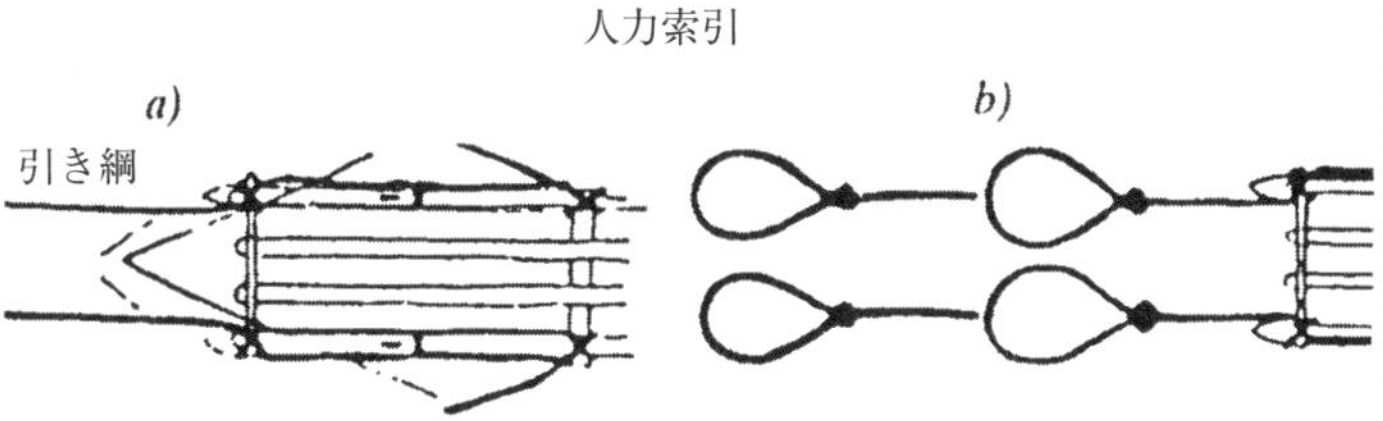

図九四。

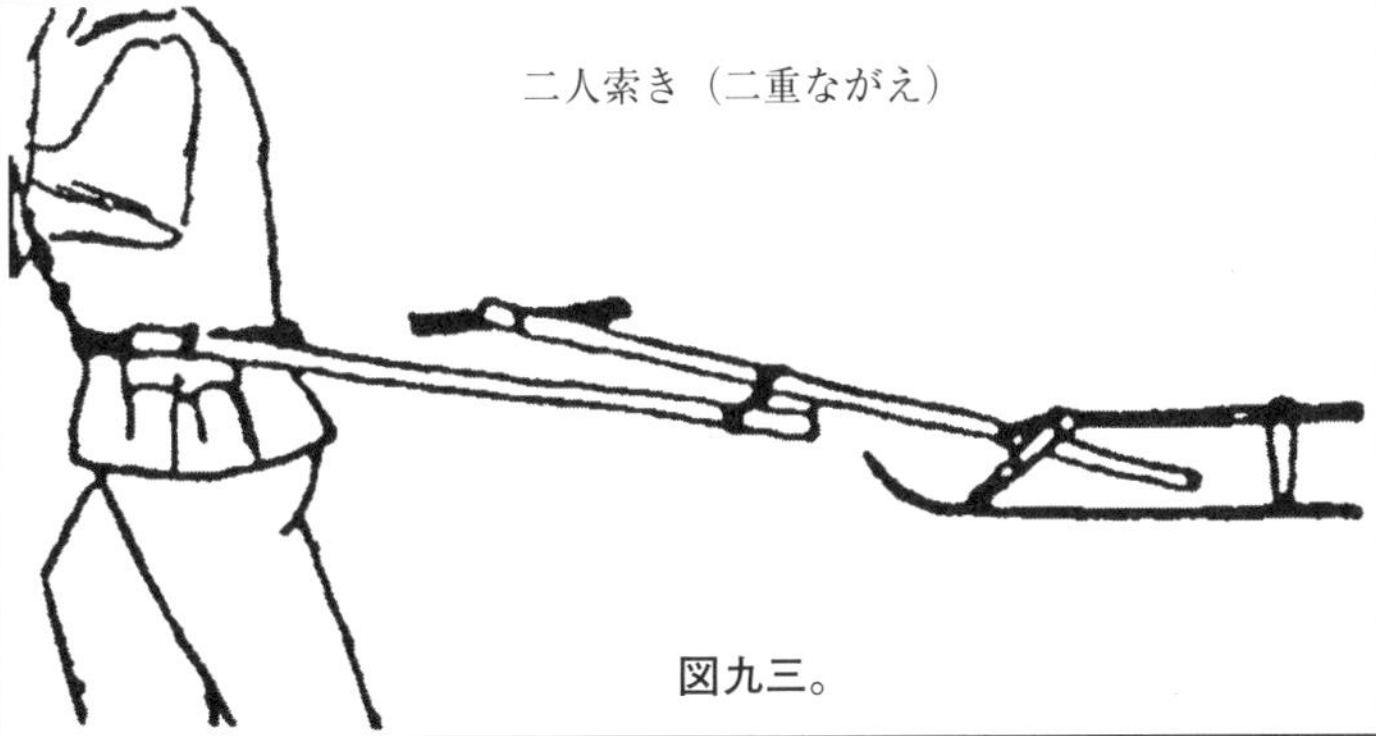

図九三。

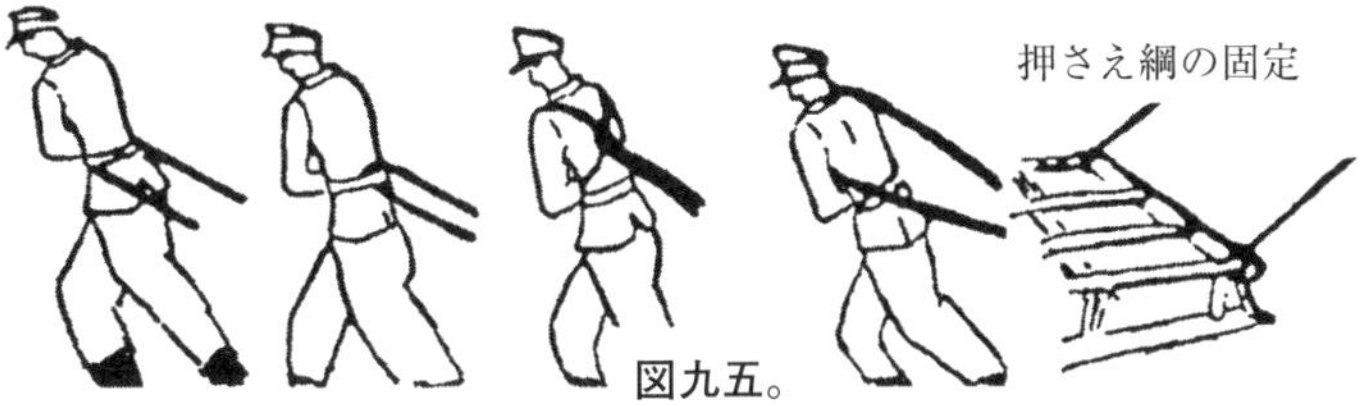

図九五。

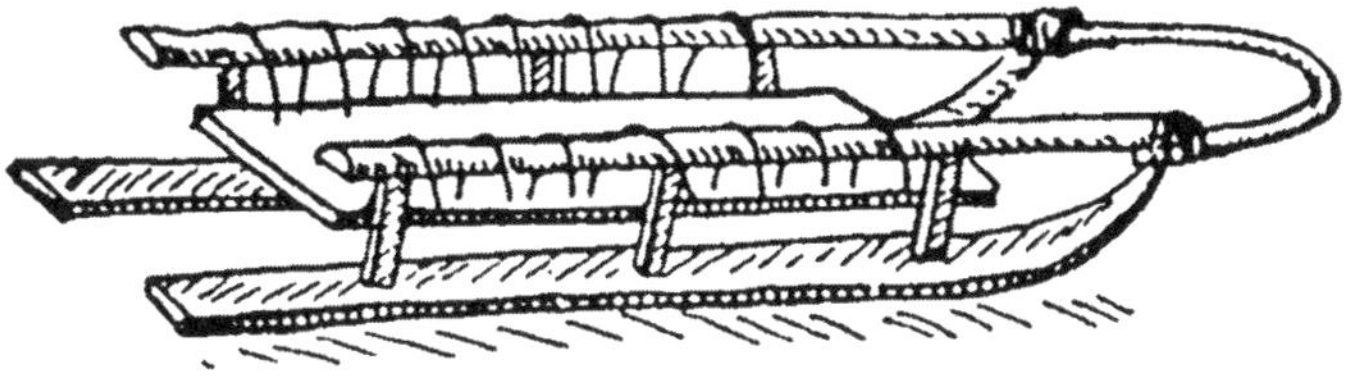

図九六。シベリア式スキー橇。

Ⅳ．馬橇

二四、小型橇の場合と同様、中央で用いられている馬橇は、東部戦線では重すぎ、手頃ではない。それらは、野戦にある部隊、なかんずくスキー部隊に追随できない。滑り木の幅の規格統一もなされていない！

軽い積荷を運ぶには、ロシアで一般に使われている橇、「パンジ橇」がもっとも有用であることがあきらかになっている。その負荷抗堪性は少ないが、パンジ馬の牽引力に相応している（厳冬期で、一ツェントナー〔五十キロ〕を超えないことがしばしばである）。

二五、簡便なパンジ橇の自作については、図九七aおよびbに示した。パンジ橇は、東部戦線において、とくに負傷者搬送に適していることが証明されている。遮蔽された、暖房可能の橇がない場合には、なおさらである。

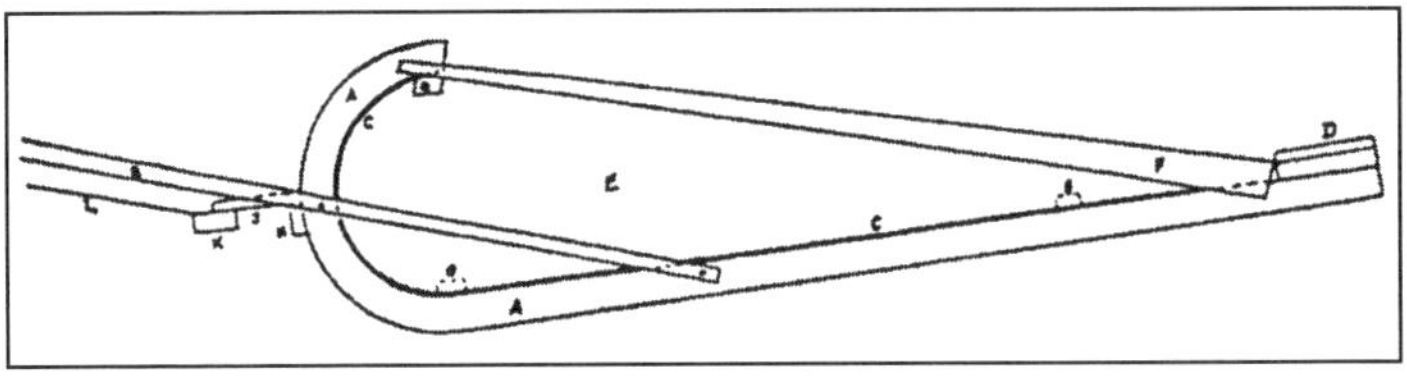

図九七ａ。自製橇（負傷者搬送に適する）。

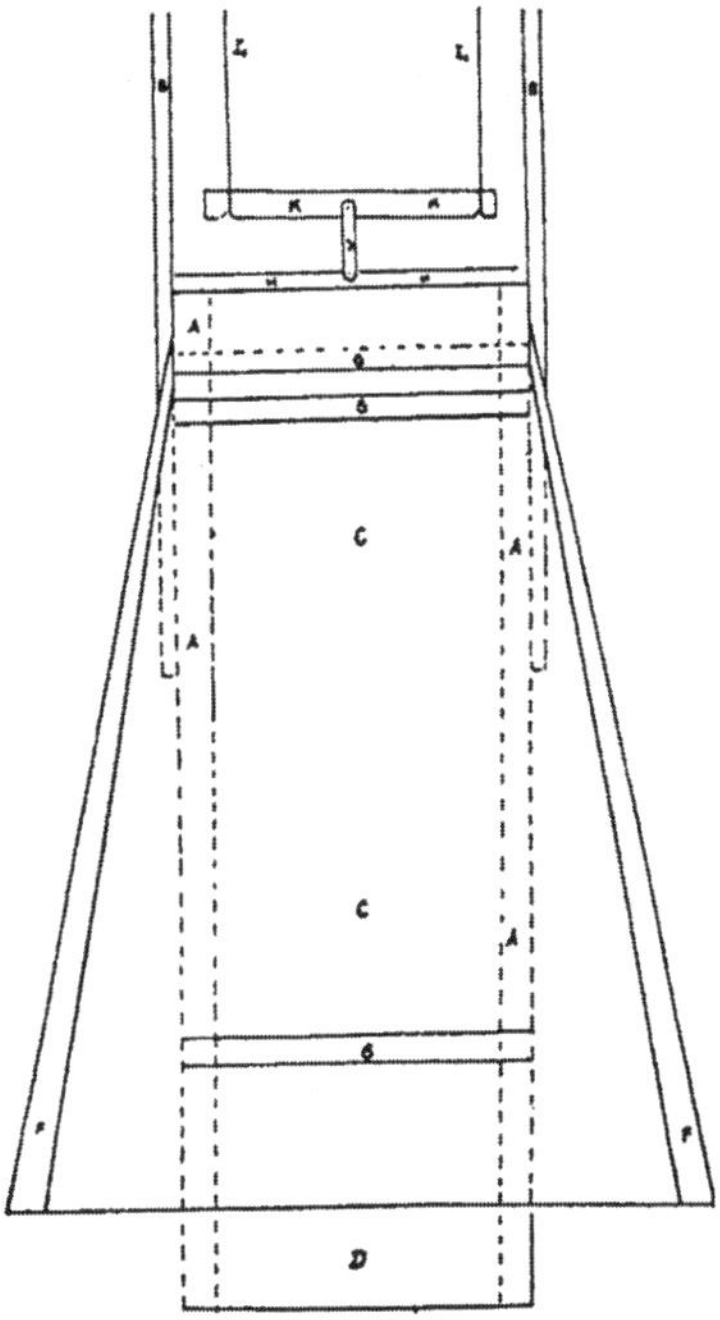

A．滑り木
B．ハサミ状ながえ
C．鉄板で床を張る
D．御者用踏み台
E．側壁
F．腕木
G．滑り板固定具
H．滑り木の前に横板を渡し、ここで固定具を使って、ハンドルを取り付ける
I〔J〕．固定具（可動）
K．ハンドル
L．引き具

註　負傷者を搬送する場合には、床に厚くワラを敷く。踏み台上の御者は、同時に負傷者に気を配ることができる。

橇の全長は200センチ。高さは80センチまで。

図九七ｂ。

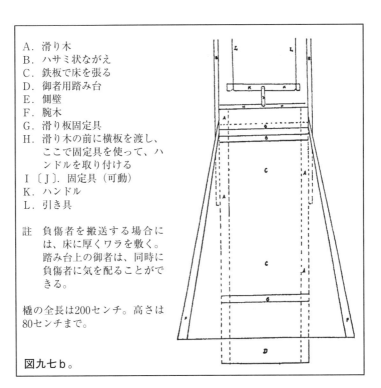

Ⅴ．大桶と樽

二六、大桶や樽による運搬が機能しないことが多々あるのは明白である。凍結した路面ではスリップするし、豪雪時には必要な負荷抗堪性が得られないからだ。雪中で、大桶や樽に積めないような重い荷（たとえば火砲）を運ぶ（とくに陣地転換）手段はほかにもある。

大桶や樽には、将兵が自作できるという利点がある。

大桶や樽の大きな欠点は、橇用臨時道を通れないことである（多くは、臨時道の幅より大きい）。

豪雪時には、個々の重兵器も大桶に積んで、道路脇にあらためて啓いた道を使って運ぶことができる。

VI. 牽引

二七、雪中、また、とくに泥濘期における輸送手段として、樹木牽引を行う。まったく道がない地域でも、それによって通過することが可能である。ロシアとフィンランドの森林において、何千回も試験された方法だ（フィンランドでは「プゥリラート」と呼ばれる）。

樹木牽引の種類は多様である。ほとんど枝を落としていない木の幹（図九八aからc）を使うものから、きれいに組み立てた牽引具（図一〇〇）まで、さまざまなのだ。まったく道路のない地域で、負傷者（または衝撃に弱い物資）を搬送するのに最適であるのは、図九八cに示したような牽引方法である。木の梢の部分が地面を引きずり、それによってスプリング効果が得られて、輸送の震動が大幅に緩和される（図九八c）。

図九八ａ。簡便な索き具。

図九八ｂ。索き具の積載部。

図九八ｃ。
索き具による負傷者搬送。

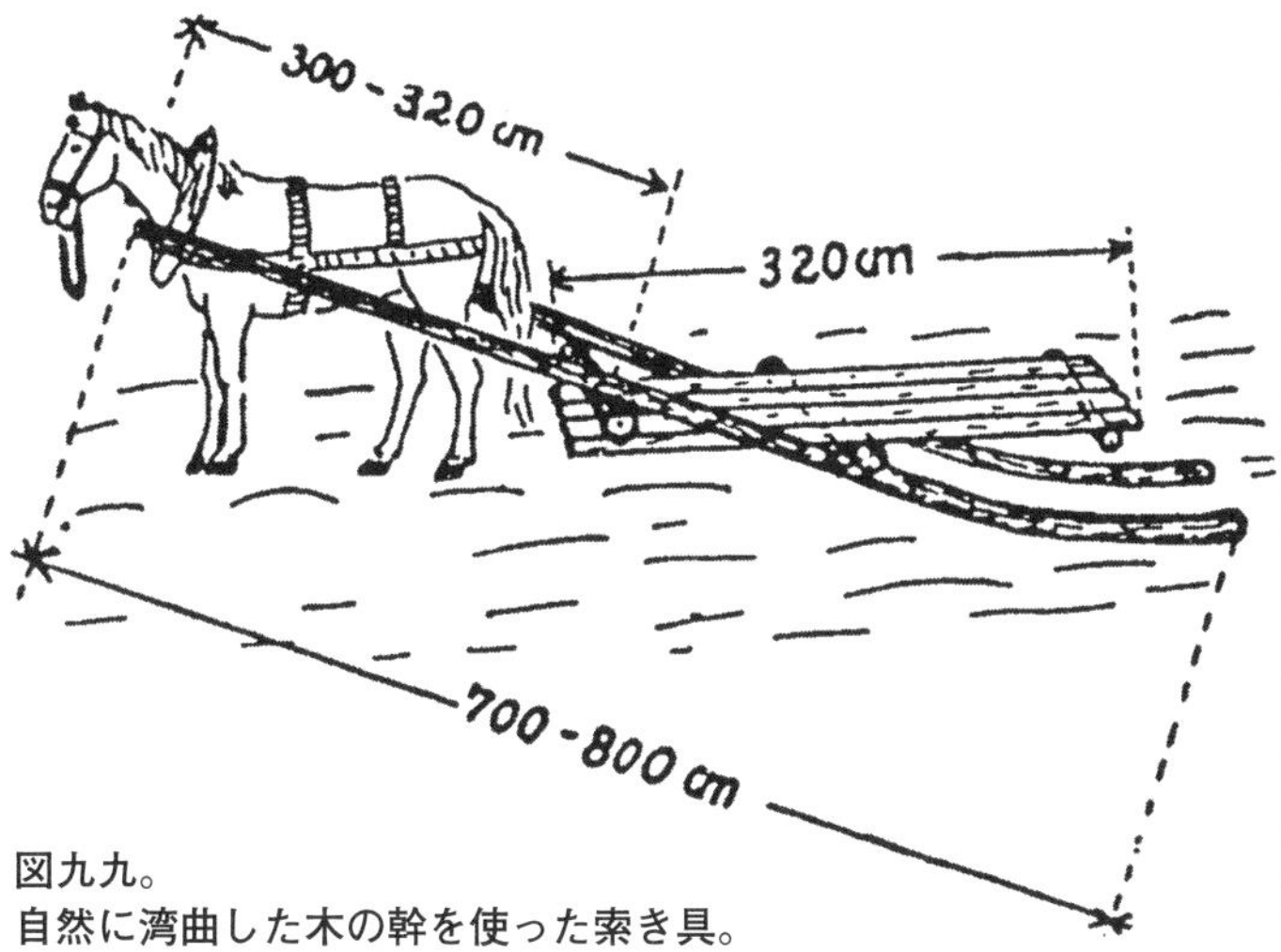

図九九。
自然に湾曲した木の幹を使った索き具。

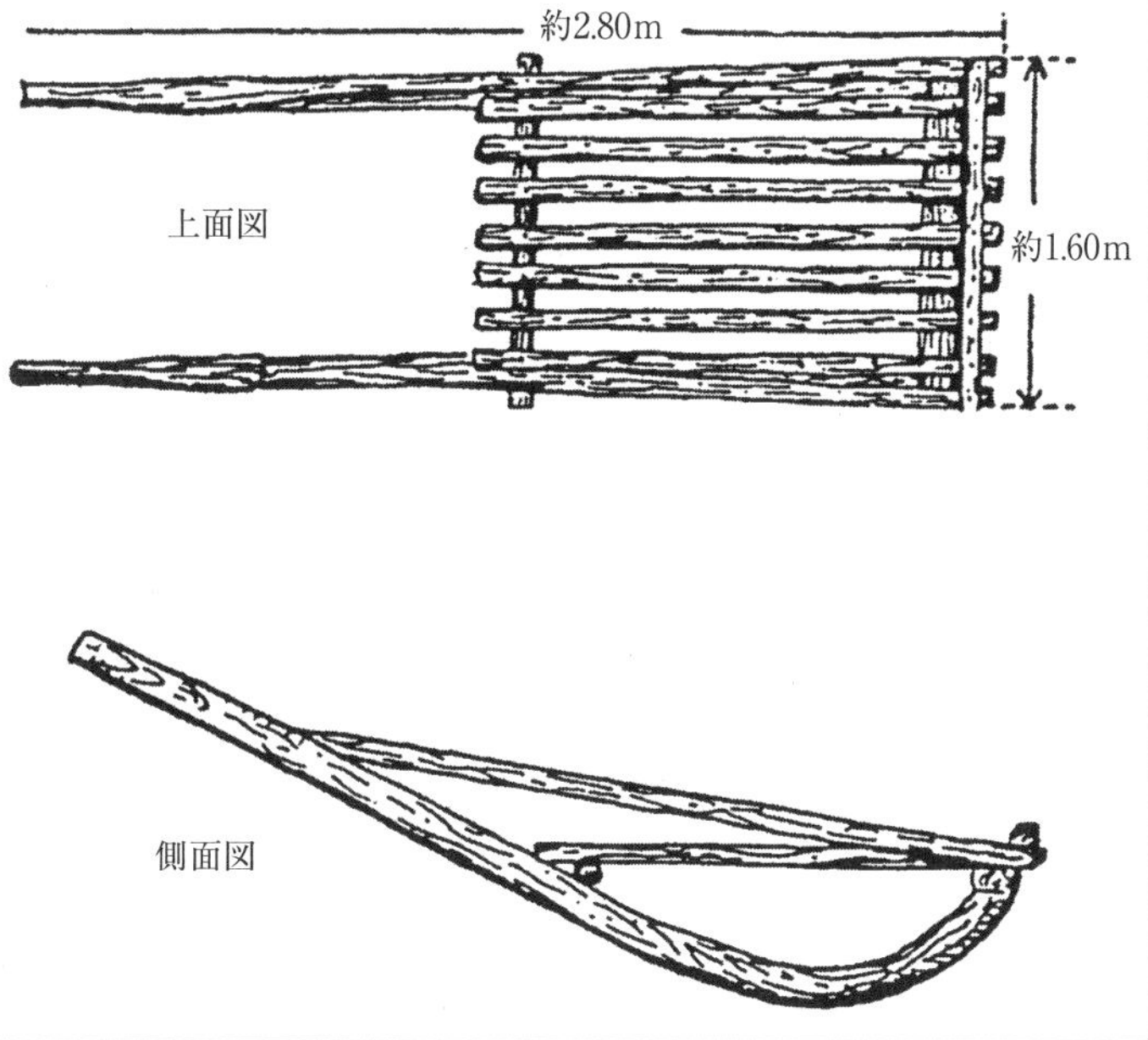

図一〇〇。自然に湾曲した木の幹を使った索き具。

M．冬季教育用資料

冬季教習映画

通し番号	映画の題名	概要
1.	『応急防寒処置』	応急防寒処置、何が調達できるか、凍傷防止の準備措置、身体の保護、装備、兵器の扱いなど。
2.	『冬季野営』	雪・針葉樹材による建物づくり、雪中の天幕野営、野営中の行動。
3.	『スキー戦業務』	集団で行動する際の個々のスキー小銃兵の戦闘訓練。教習方法の実例。馬匹、橇、自動車による牽引。
4.	『平坦な地形におけるスキー行』	平坦な地形におけるスキー初心者の訓練。教習方法にとくに注意した、長距離走行の基礎訓練。
5.	『スキー猟兵の捜索』	東部戦線のあるスキー大隊で撮影されたスキー斥候隊の模範例。任務下達とスキー作戦の遂行（馬匹による牽引）。
6.	『スキー追撃隊』	ある追撃隊の実例。敵後方地区の補給線に対する作戦の準備、装備、遂行。敵を誤導する軌跡の設置、待ち伏せの用意。
7.	『冬季工兵業務』	さまざまな兵科の陣地を設定するための地形偵察と構築要領。簡便な哨所、待避所から、

（次〔二九二〕ページに続く）

通し番号	映画の題名	概要
	(a)『冬季の陣地構築』	〔291頁から続く〕完全な地下壕まで。掩体された連絡壕と、半掩体状態の陣地。
	(b)『冬季の有刺鉄線による封鎖』	凍結した地面や氷に、杭を打つ穴を掘削・爆砕する。杭の設置、穴の凍結、補強。有刺鉄線の釘打ち、凍結した雪への杭の設置。架台の組立と設置、サイロ用ローラーの組み立て。
	(c)『流氷水域の渡河』	流氷水域で用いる渡河器材を組み立てる（大小の浮き袋、突撃ボート）。流氷が、防護措置をほどこしていない渡河器材におよぼす影響。突撃ボートのエンジンに対する防寒措置。
	(d)『氷層の強化』	さまざまな氷層の耐荷重性と氷厚を測る。氷層補強の方法（雪をかき、凍らせたワラ、木の枝、厚板を敷く）。
	(e)『氷の橋』	橋の長さを測り、のこぎりで切り出すための印をつける。小氷橋の構築。百二十メートル長の氷橋の構築と渡橋。車輛用道路の保持。
	(f)『氷の亀裂を使った障害物』	氷の亀裂を利用した障害物の構築。寒気を保った部分への支えの構築。
8.	『橇の応急製作』	弾薬・給養物資運搬用の合板製アクヤの組み立て。負傷者用牽き具の組み立て。弾薬・給養物資運搬用牽き具の組み立て。野外における牽き具の操作。

通し番号	映画の題名	概要
9.	『犬橇』	冬季において、輓畜として犬を用いる。
10.	『冬季の自動車運転』	凍結防止剤による冷却器の保護、バッテリーの整備、ブレーキの扱い、潤滑剤の使用、寒冷時のエンジン始動準備、チェーンの使用、野外の駐車。
11.	『フィンランド軍における応急宿営所の建築』	冬季のフィンランド軍における、針葉樹材の建物、暖房可能な布・板紙・木製天幕の組み立て。あり得る暖房手段。
12.	『イグルー』	イグルー（エスキモー式の雪の家）構築、撤去、偽装のための詳細な手引き。
13.	『フィンランド軍における冬季衛生業務』	紙を使った負傷者の手当て。アクヤ・衛生隊用橇による輸送。主包帯所。
14.	『野外サウナの構築』	応急サウナの構築。サウナの運用。

映画はすべてトーキー。同様のテーマに関する字幕付無声映画も制作中。

一部の映画には、より詳しい講習のための解説文を付したスライドも制作中。O.R.H./Gen.St.d.H./Ausb.Filmwesen（ベルリン、電話番号318201、642棟）に請求すべし。特別規定により支給。

付録

付録一　一般的な天気予報の原則

A．悪天候の兆候

一、星の光の揺れが続くときには、晴天が曇天に変わり、雪や雨が降る。光のちらつきが激しいほど、天候の変化が急激に訪れる。
二、太陽か、月のまわりに白っぽい環がかかるのは曇天のしるしで、多くの場合、大量の降水をともなう（しばしば、三十六時間前から環がかかる）。
三、空に絹雲が現れたら、降雨（もしくは降雪）を意味する。さまざまな種類の雲（積雲、層雲、ひつじ雲、絹雲）が同時に現れた場合は、天候悪化が迫っていることを示す。
四、晴天で、一日中、一定の方向から吹いていた風の向きが変わり、強くなったときには、多くの場合、翌日は曇天となり、降雨、もしくは降雪が予想される。無風で晴天だったところに、風が吹きはじめ、絹雲が現れた際も同様である。
五、積雲が広がり、厚みを増したら、土砂降り（夏季には雷雨）になり、しばしば霰《あられ》や雹《ひょう》をともなう。

B. 好天の兆候

六、高々度に絹雲がほとんど見られず、その下で層雲の塊が急速に流れていくときは、天候は安定し、晴れてくる。

七、大きくない層雲の塊が、地上に吹く風と同じ方向に流れていく場合は、同じく天候の好転を意味している。

八、大きな雲から、小さな白い雲の切れはしが取れて、流れていくときは、快晴になる。

C. その他の天候予兆

九、冬季の無風で晴れた日の夕方、低空に霧状の層雲（空中霧）が垂れ込めたなら、長期にわたり寒気が消えないことを意味する。夕方と夜に霧が低く垂れ込め、集まってきた場合（「地表霧」）も同様。その際、風は止み、煙はまっすぐに上る。

一〇、悪天候ののち、夕方に霧が出たら、天候が好転するしるしである。

一一、夜間に大量の霜が降り、それが日中に融け、夕方にまた凍結する場合は、冬の晴れた寒冷な天候が続くことを意味する。

一二、冬季に、黄色から茶色までの色合いの朝焼けが見られるのは、寒気の持続、場合によっては寒気が強まることを意味する。

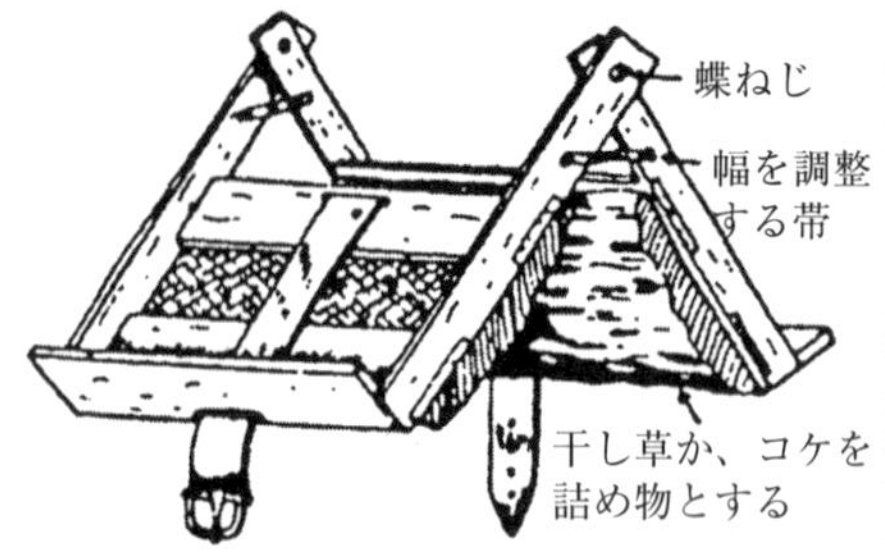

図一〇一ａ。応急に作成した位置調整可能な荷鞍。

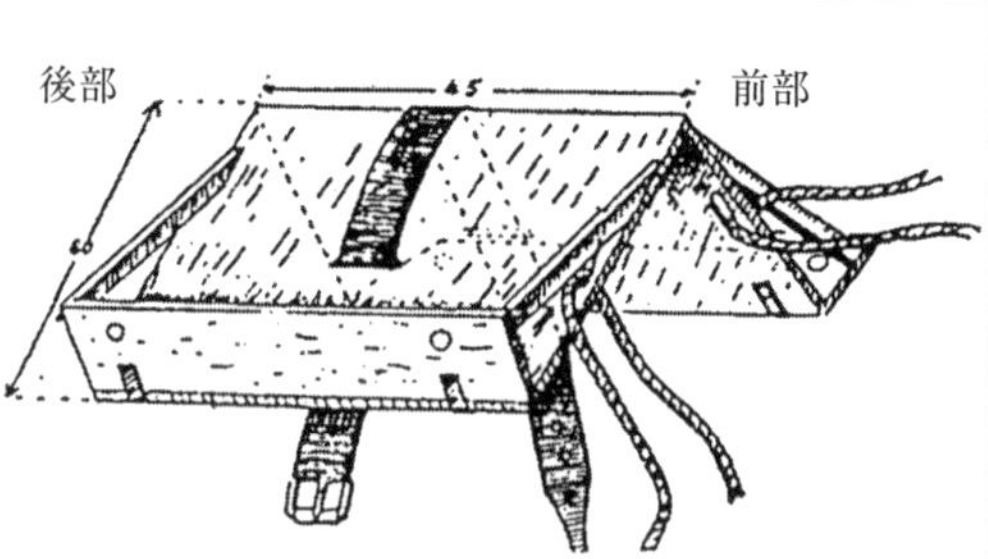

図一〇一。

付録二　冬季における馬匹の駄馬使用

泥濘期には、以下のような、将兵が速やかに自作することができる応急積載器具（パンジ馬・軽牽引馬用）が有効であることがあきらかになっている。総積載量は、中型パンジ馬で五十キロまで、大型馬で百キロまでとすることが可能である。

一、縫い合わせた袋、馬の背の左右に振り分けて提げることで、容易に応急積載器具とすることができる。

二、弾薬箱や硬い物資の積載器具。枠は木材からつくり、たがで補強する。かたちと大きさは、図一〇一および一〇一ａに明示した。木枠は図一〇二のように、腹帯で留め、二本のベルトか、縄で、胸がい〔馬の首輪〕に固定する。

三、かごや袋（カラスムギ、穀粉などを入れる）の固定器具。そのためには、鞍下クッションが必要である（図一〇三）。鞍下クッションは腹帯で、積荷は

図一〇二。

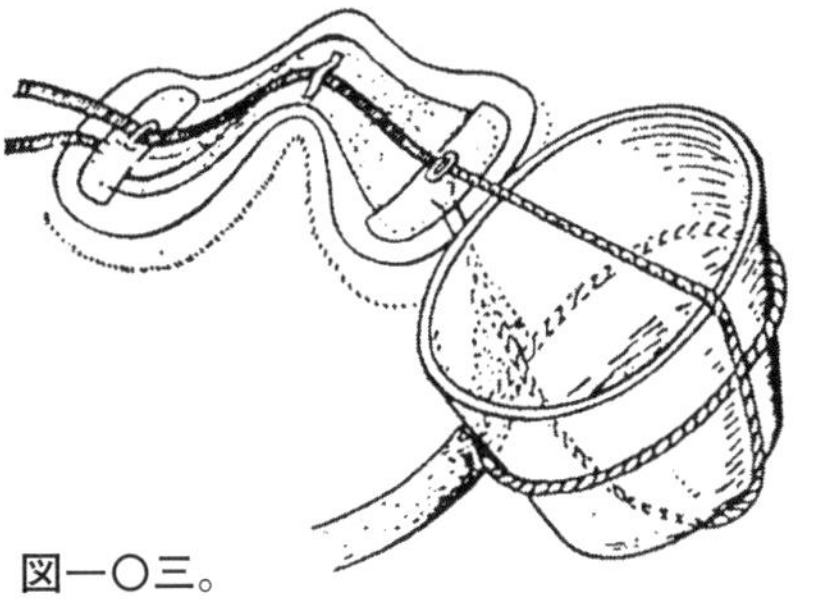
図一〇三。

縄で固定する。積荷はできるだけ高い位置に付けて、鞍下クッションに密着させる。

四、圧を受けた馬が傷を負うのを防ぐため、袋地、木枠、鞍下クッションの下に、六重に折り重ねた鞍敷き毛布を挟んでおく。また、積荷の荷重が、馬の左右に均等にかかるように注意すべし。

起伏のある土地で、積載器具がいつでもずれないようにするため、即製の前部・後部支えを付ける。尖った角や縁が馬の身体に触れないようにすること。

付録三　氷結層が崩れた場合の行動

I. 氷結層が崩れた場合の行動

一、氷結層が崩れて、水中に落ちたなら、何よりも氷層の下に入ってしまわないようにすること。肺いっぱいに空気を溜め、不必要に叫ばないようにすべし。腕は氷の上に広げる。水中に落ちた者がスキーを着けている場合は、浮いた状態を保つために、スキー板とストックにつかまっていることができる。そのため、スキー板を足から外すこと。

二、氷上に開いた穴は、おおむね落ちた者がやってきた方向の端が硬い。そこに這い上がるように努めるべし。なお氷が割れていった場合には、こぶしで氷を叩いて、大きな穴をつくり、そこに位置する。氷塊の硬い端にたどりついたなら、氷の端に背中を向け、水泳の要領で足を動かし、同時に腕を後ろに伸ばす。片足を反対側の氷の端にかけ、反動をつけずに、ゆっくりと突っ張り、身体を氷上に押し上げるようにしてみること。その後、足を氷上の穴の横に持っていき、氷上にあおむけになる。それから、身体を転がして、氷上の穴から遠ざかっていくのである。

三、水中に落ちた者が泳げないときには、以下の措置を取ることができる。他の者が、氷の端の硬い部分でうつぶせになり、腕を氷上前方斜めに伸ばすか、銃剣を持っていたら、それを水中に差し入れる。氷の端に腹部を置き、両足を氷上に突っ張って、身体を固定したのち、氷上を転がるようにして、水中に落ちた者を引き出す。水中から引き出す際に、足下の氷を割らないようにしなければならない。

Ⅱ．氷結層が崩れて、水中に落ちた者の救出

四、まず、氷が割れて、水中に落ちた者が氷層の下に入ってしまわないようにする。落ち着いて呼吸し、叫んだりせず、氷の縁の上に腕を伸ばすように言い聞かせる。

五、救援を試みる際、救援側は、ハシゴ、竿、スキー板などを利用し、それらを氷上において、氷の負荷抗堪性を高めるようにする。

事故者が進んでいたのと同じ方向から、氷が割れた場所に近づくのが最善策である。

六、事故者に接近することが不可能な場合には、氷上に狭い溝を掘り、水中に落ちた者が、岸か、氷の硬い部分に来られるようにする。

事故者を引きずり出すために、氷上に長い竿を置き、その一端は救援側が押さえてお

く。

七、救助後は、凍傷の場合と同様の処置をほどこすべし。

付録四　燃料としての木炭の確保

一、木炭にするのに（釜による炭焼き）適しているのは、直径七ないし二十五センチの広葉樹材と針葉樹材である。もっと太い幹の部分は、より炭化させるために割っておく。木材は一メートル長に切り、枝を落とす。生木よりも、乾燥させたものを使うのが適当である。

二、木炭製造は、一層式、二層式、三層式のそれぞれの炭焼き釜で行われる。一層式（積み上げた木材の層による）の炭焼き釜では充分な量をつくれない。時間がない場合は、二層式の炭焼き釜を築く。燃焼期間は三日。内容物は十ないし十五ラウムメートル〔林業用語で、木材の相互間隔を含む空間の体積単位。一ラウムメートルは一立方メートルに相当する〕。木材を三層に積んだ三層式炭焼き釜は、もっとも大量の木炭をつくることができる。およそ百ラウムメートルの木材を積み、燃焼期間として、十ないし十二日をかける。

　一ラウムメートルに積んだ木材から、一ないし一・五ツェントナーの木炭が取れる。

三、森林中の風よけされた場所に設置する。消火用の水と火にかぶせるための苔や野生の苗芝を、できるだけそばに置いておく。風よけは、炭焼き釜を均等に完全燃焼させるために重要である。それゆえ、必要な場合には、炭焼き釜の高さに合わせて枝を編んだ柵に苔を詰め、二メートル間隔で立てる。

　複数の炭焼き釜を同時に設置し、炭焼き係の宿営小屋から充分に見張ることができるようにするのは目的にかなっている。

四、炭焼き釜は、何よりも平らで円形に開放された場所につくること。たとえば、二層式の炭焼き釜をつくるには、直径六メートルの空き地が必要である。その場所の中心に、交差するように丸太を組み合わせてつくった、内のり幅三十センチの正方形の竪穴（煙出し）を、炭焼き釜の高さに合わせて立てる。この竪穴のぐるりに木材を積んでいき、できるだけ厚く、竪穴の高さまで達する層をつくること。木材の山（炭焼き釜）の外部は、最初に苔を充分に詰め、しかるのちに砂か、土（乾燥しすぎないようにする）を十ないし十五センチの厚さで均等に覆う。上部層の開口部のみ、開放したままにしておく。

五、竪穴（煙出し）は、その半分までを点火用の木材、もしくは木炭で満たす。炭焼き釜のまわりには、地面近くに約五十センチ間隔で通気孔を開けていく。それらは、先を尖らせた棒で、できるだけ深く掘ること。

図一〇四。

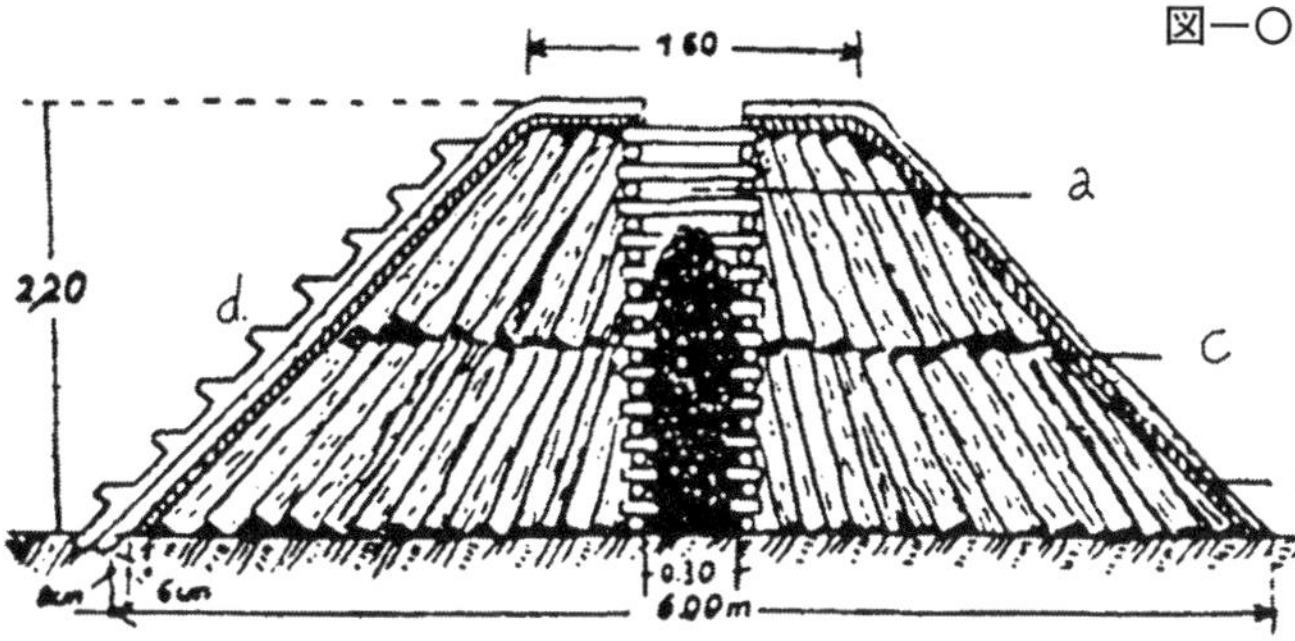

二層式炭焼き釜の断面図

解説
(a)燃料を投入する竪穴（煙出し）
(b)苔で炭焼き釜を密閉する
(c)砂か土で遮蔽する
(d)ハシゴ

六、炭焼き釜に点火するとともに、竪穴内で（上部から）炭化が進んでいく。その際、炭焼き釜自体が燃えるまで、熱を加えつづけるべし。

七、上部から下部へと火を通していかねばならない。燃焼が均等でない場合には（炭焼き釜の各層の沈降程度で確認可能である）、すでに付けた通気孔のほかに、炭焼き釜のいまだ沈み込んでいない部分に、さらに穴を開けていく。火が周囲にまんべんなくまわったら、通気孔の一部、またはすべてをふさぐ。同時に、燃焼しきった部分のワラ覆いを、あらたなものに換える。深く沈降した箇所には、木槌を使って、新しい木材を打ち込んで充填し、あらためて覆う（図一〇四）。そうしなければ、炭焼き釜が燃え尽くして、大部分が灰になってしまう。

八、適宜通気孔を開け、また、それをふさいでいくことは、とくに重要である。それによって、得られる木炭の量が大きくなるからだ。炭焼き釜への木材補充には、自作したハシゴを利用す

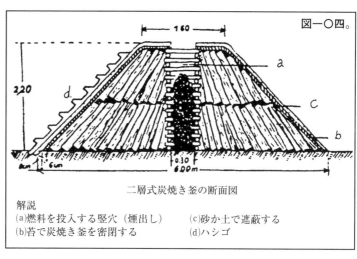

べし。

九、下部の通気孔から青いガスが洩れ出し、炭焼き釜の地面に接した部分が燃えはじめたら、木炭が「充分焼けた」ことになり、炭焼き作業は終了する。

ここで、炭焼き釜を再度完全に土で覆い、冷却のために一日放置する。

火搔き棒を使って、できあがった木炭を取り出し、水で冷やす。これは、ただちに使用可能である。

付録五　エスキモー式のイグルー

I. 一般

一、イグルーは、雪製のブロックを組み合わせてつくった半球状のドーム家屋である。イグルーは、防寒・防風機能があり、小銃・機関銃弾や砲弾の破片を防ぐ。これは多用途に使える。たとえば、宿営所、哨所、射撃陣地、地下壕、包帯所、食料品冷蔵庫、馬匹や自動車の格納所などである。

冬季のすべてを通じて、イグルーに居住できるし、外が寒くなるほど、そのなかは快適になる。外気温がマイナス五十度になったり、吹雪が生じても、イグルー内では感じられない。

二、大きさに応じて（内径二ないし八メートル）、四ないし五十名がイグルーに収容される。短期の宿営には小型のイグルー、長期の場合には大型のイグルーが適当である。降雪が激しいときには、大型イグルーを一つ構築するよりも、小型イグルーを複数つくるほうが早い。

三、とくに有用であると証明されているのは、外形五メートル、内径四メートル、内側のドーム部の高さ二メートル、雪壁の厚さ五十センチ（製作時）の「通常型イグルー」である。内部の空間には十二名を収容できる。これを構築するには、充分訓練されている場合で三十分、さもなくば二ないし三時間かかる。

以下、構築の手引きを述べる。

Ⅱ. 構築用工具

四、—雪製ブロックを切り出し、加工するための手のこか、回し引きのこぎり（刃の長さは四十ないし五十センチ）三本。
—ブロックを持ち上げて運ぶためのT型ハンドル付長柄スコップ四本。
—氷加工用の手斧二本。
—ブロック運搬用の小型橇一台。
—ブロック加工用の野戦鋤四本。
—構築の際に、内径を測る物差しや下げ振り糸として使う三メートル長の紐。

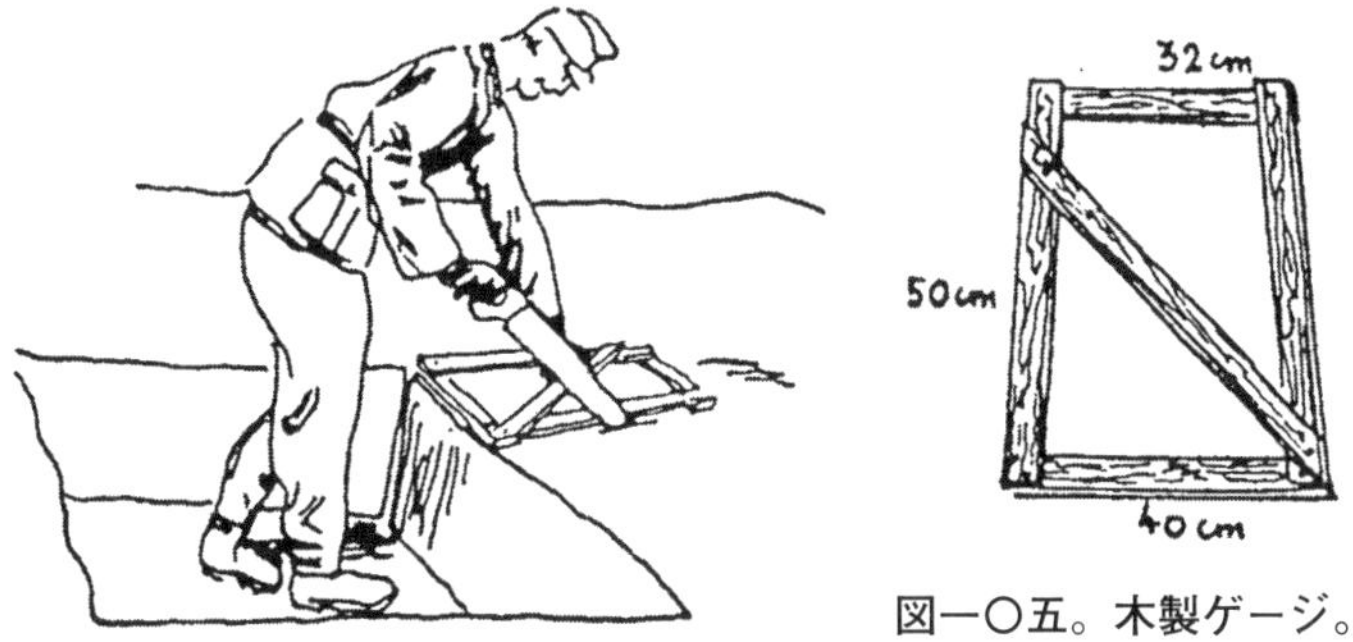

図一〇五。木製ゲージ。

緊急時には、銃剣と短い鋤だけで充分構築できる。応急手段として、雪を切る板、サーベル、大鎌、鎌などを使うことも可。

Ⅲ．雪材の調達

五、イグルー構築には、乾燥し、風に圧迫されて硬くなった雪が最適である。そこから、速やかにブロックを切り出すことができる。氷結した層ができた雪は適さず、さらさらの粉雪は使用不能だ。雪の厚さや硬さについては、あちこちの箇所にのこぎりを刺してみて、確認する。少なくとも三十センチの深さで雪を切り出すことが適当である。ブロックに厚みがあるほど、迅速に構築できる。粉雪が厚く積もっているときには、より深い層からブロックを切り出して、使用することが可能である。上層の緩く積もった雪は取り除く。融けはじめている雪も、常に構築に使用し得る。薄い積雪の場合は、雪を転がして、大きな雪玉にすること。

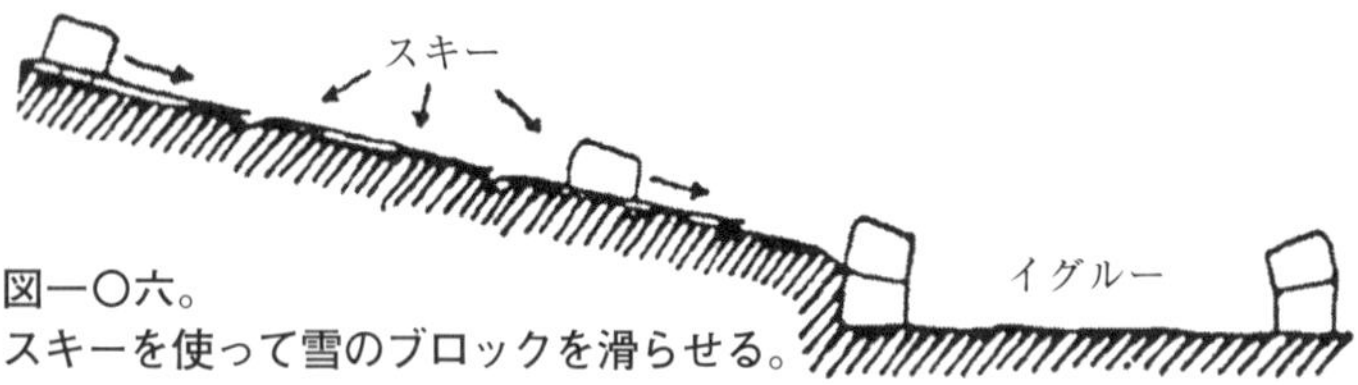

図一〇六。
スキーを使って雪のブロックを滑らせる。

Ⅳ. 構築準備

六、最初にイグルーの構築場所を定め、そこから数メートル離れたところの上方に斜面をつけ、雪製ブロックの受け場所とする（図一〇六）。

七、イグルーの中心に、野戦鋤か、木杭を刺して確定する。測量紐を、雪の表面の高さで鋤に結びつけること。そこから二メートル、さらに二・五メートルのところで、測量紐に結び目をつくる。この測量紐を使って、鋤から半径二メートルならびに二・五メートルの範囲に円を描く。こうしてできた環がイグルーの壁を立てる床となる。一名が周囲を回り、雪のなかに足跡を残すことで、床の範囲が定まる（図一〇七）。構築のためには、平らで堅固な土台を得ることが不可欠である。構築場所の地面を均し、柔らかい雪は踏み固めるか、取り除く。豪雪の場合、必要となるのは、イグルーの下半分の部分を掘り下げ、丸天井を付すことのみである。

Ⅴ. 雪製ブロックの切り出し

八、スコップか、のごぎりを使って、三十ないし五十センチの深さの切り出し壕から、垂直な壁材を取る。切り出し壕では、一人が続けてブロックを切り出し、し

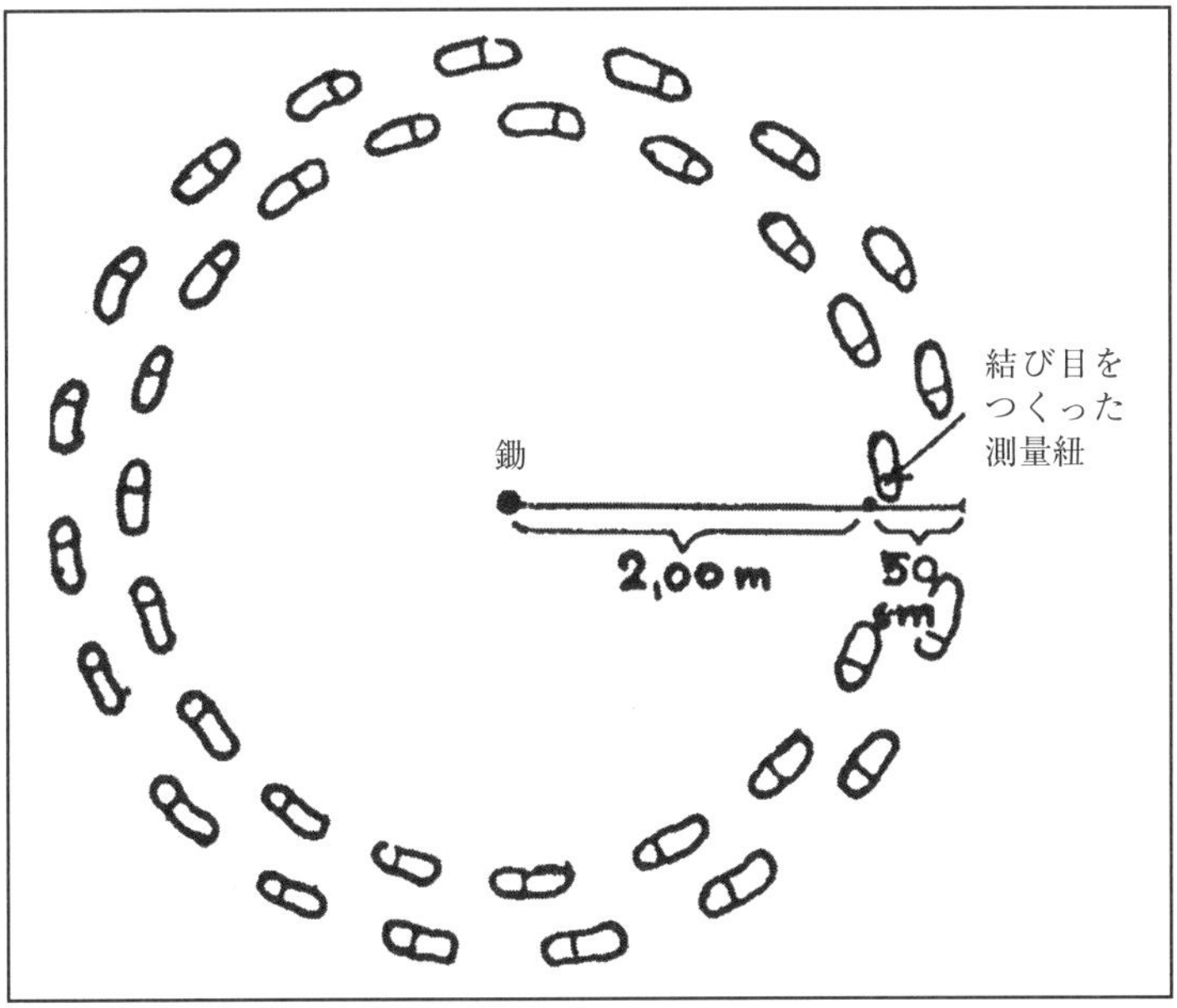

図一〇七。イグルーの基本形。

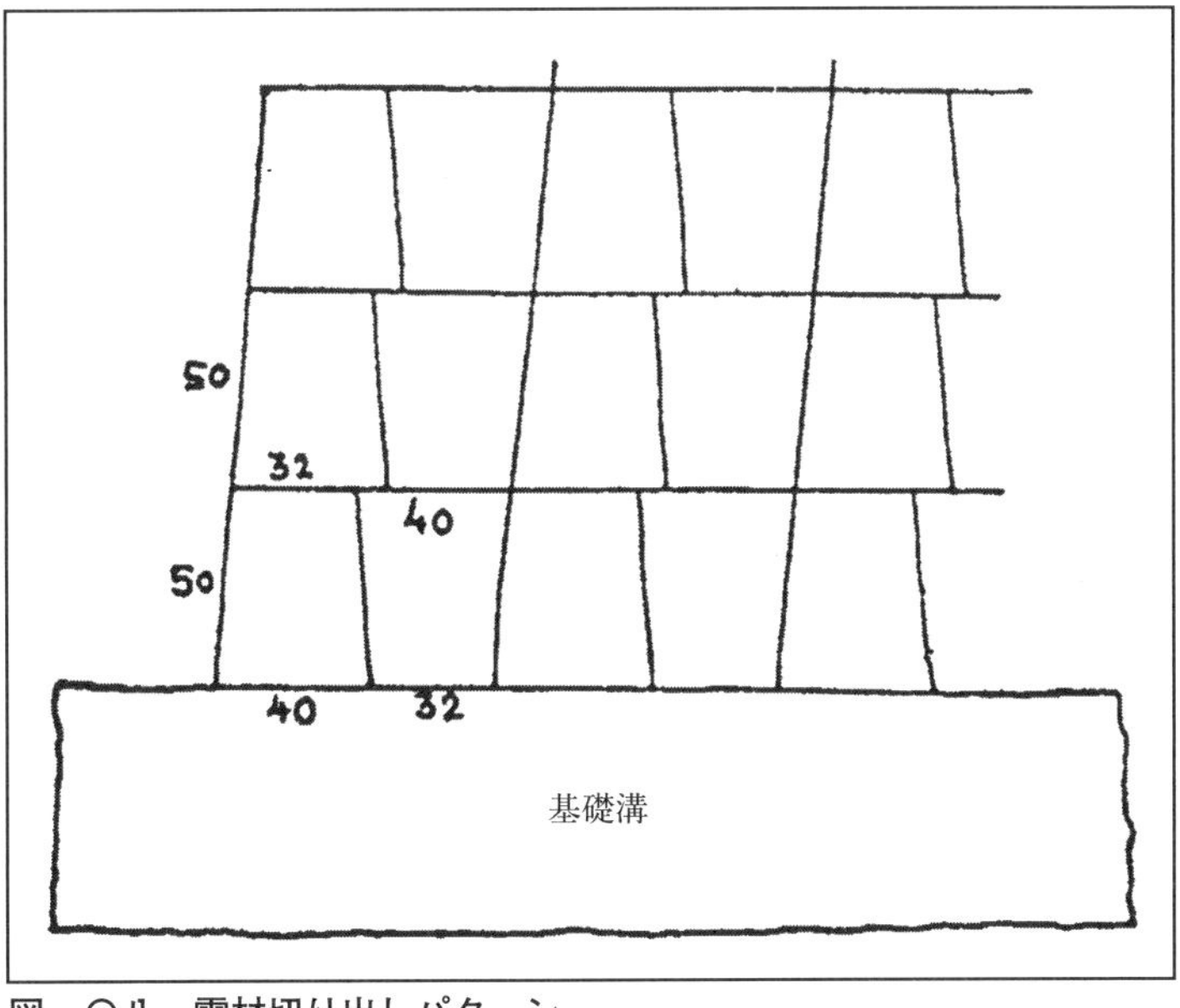

図一〇八。雪材切り出しパターン。

かるのちに半球状に組み立てていく。その際、規格化のため、ブロックに合わせて台形につくった木製の木枠を用いるのが適当である（図一〇五）。これを切り出し壕の端に、台形の上端と下端の向きを順番に変えて、あてがっていく。のこぎりを木枠に沿って動かしていけば、垂直に切り出されていく（斜めに切り出してはならない！）。そうした簡単な切り出しパターンは、図一〇八に示した。

九、切り出し壕から、下部を水平にしたブロックを切り出し、スコップ一ないし二本で取り出して、小型橇に積む。その際、橇の荷台をできるだけ傷つけないようにすること。ブロックを小型橇で構築現場まで運ぶ。スキーがある場合には、一組をレールのように前後に並べ、先端のはね上がった部分を上に向ける。このスキーの上にブロックを積み、構築現場まで滑らせていくことができる（図一〇六）。この運搬法が最適なのだ。

一〇、構築のスピードは、ブロックの切り出しに一《いっ》にかかっている。よって、この任にあたる要員は、頻繁に交代させるべし。

VI. 最初の四環の構築

一一、内径四メートル、外径五メートルの環のかたちにブロックを組み立てていく。内側

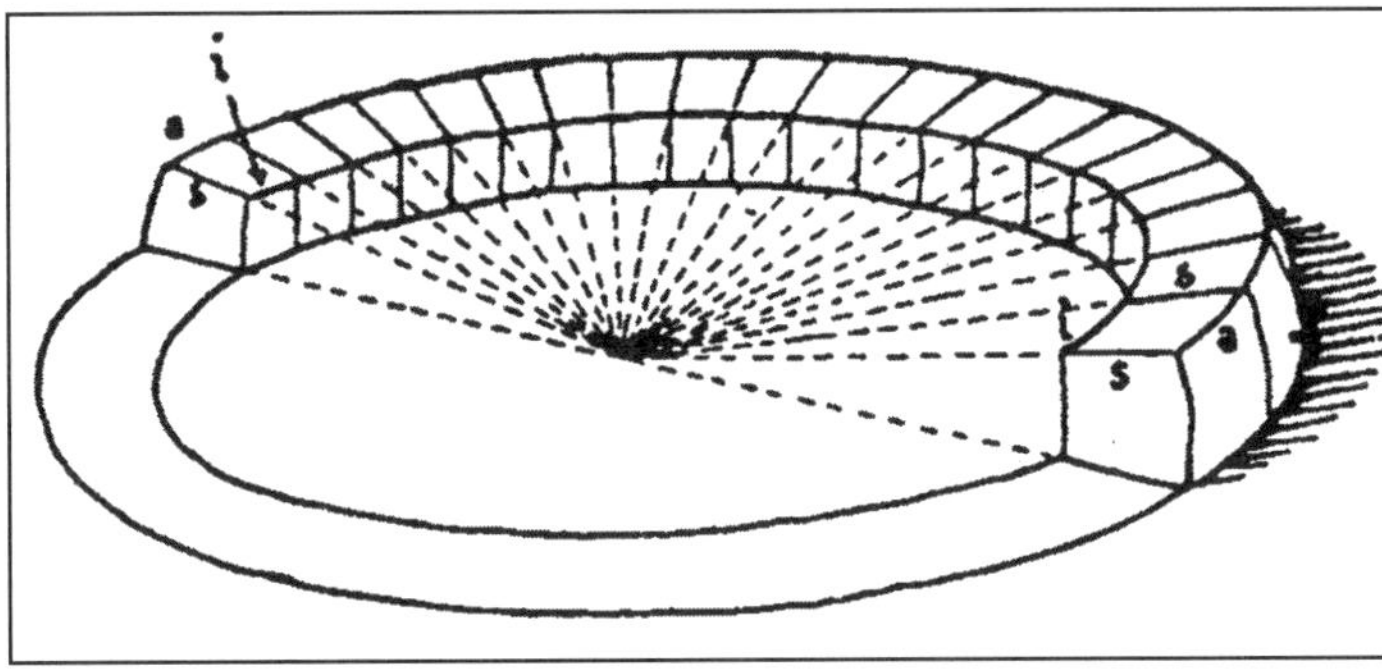

図一〇九。イグルーの最初の環。半完成状態。

の縁(i)は三十二センチ長、外側の縁(a)は四十センチとする。環の壁の厚さ(S)は五十センチ。円形になっているかどうか、測量紐を使って点検する。入り口として、環の、敵陣からみて反対側の部分に六十センチ幅の空隙部を開けておく。のこぎりで、ブロック上部内側を、やや斜めに切る。ぴんと張った紐で、傾斜の度合いを測る。これによって、各ブロックが最終的に形成される。ブロックの四つの角と側面が、イグルー床の中心を指すようにしなければならない（図一〇九および一一二）。
一二、最初の環の上に、二番目の環となるブロックを積み重ね、さらに三番目の環を積む。入り口となる隙間の部分からはじめること。構築中、切り出したブロックは内部に置き、あとで丸屋根を葺く際に、構築要員の踏み台とする。半球形になっているか、また環の上部の傾斜が適切かを点検するため、測量紐を常に利用すべし。
一三、構築スピードを上げるため、最下部の環はおおまかに切るだけで足りる。重要なのは、さらに構築を進めるための堅固な土台を築くことのみである。

図一一〇。イグルーの四番目の環には、迫台《せりだい》を四つ設置する。

環状の雪壁が百ないし百二十センチの高さに達したら（三ないし四層の環）、入り口となる隙間の上部に、より長いブロックを置く。このブロックは、小型橇から高く持ち上げ、注意深く設置すること（図一一〇）。

Ⅶ・迫台の設置により、枠組みなしに丸屋根を葺く

一四、高さが増すにつれ、環を小さく、また、内側に急傾斜させていく。すべてのブロックを、きっちり均等に切り出さなければならない。それによって、ブロックが互いに密着する（表面摩擦）。

傾斜した下のブロックに載せた新しいブロックが摩擦で固定されない場合は、それぞれの環に、少なくとも四か所、通常より十ないし二十センチ高いブロックを配する（図一一〇）。これらは側面迫台《せりだい》の機能を果たす。それぞれの環は、曲がり歯傘歯車に似たかたちとなる。ブロックがずり落ち

る前に、適宜、迫台の設置を開始すること。迫台のあいだをブロックで埋めていくべし。これらは、二名の要員により、丸屋根部分の最後のブロックが他のブロックのあいだに挟みこまれ、内部に落ち込まなくなるようになるまで、肩と腕で支えてやる。この最後のブロックは、のこぎりで適当に切りそろえ、強い圧力が生じて、隙間が埋まるようにすること。

一五、ある環を構成するブロックを積み終えたら、しっかりはまるまで、外側から両のこぶしで押し込んでやる。このとき、必要ならば、隙間に沿って、のこぎりで垂直の切れ目をつけ、環が狭まった場合に備えて、余裕をつくってやる。両側からブロックをはめこみ、環を狭め、ついで、環の結び目として迫台をつけることは、枠組みなしに丸屋根を葺くための要点である。

一六、予定されるイグルー高のおよそ三分の二に達したあたりで、構築は難しくなる。そこからまた傾斜をつけていくことになるからだ。丸屋根を葺くには、上へのブロック積み上げ、適切なブロック切り出し、ブロックの支えと組み合わせといった作業における協力が必要とされる。だが、けっして困難ではなく、驚くほど短期間で完了できるものである。最後の部分のブロック、いわゆる「要石《かなめいし》」は、おのずから固定される。最後の環は急速に狭まるからだ。

Ⅷ．仕上げ作業

一七、ブロックの内部に張り出した部分を適宜切り落とし、室内を半球状にする。ブロックの外側の突出部は切り落とさない。イグルーの外では雪が吹き付けて、支えを強化し、雪壁を厚くするからである。こうして雪が吹き付けられると、下部の壁は三メートル以上の厚さになる。それによって、銃弾や砲弾の破片に対する防護が得られる。遠距離から見れば、イグルーは雪の吹き溜まりと思われるだろう（図一一二）。イグルーの下部、およそ一・四メートルの高さまで、水をかけて凍らせることで、より堅固にすることができる。しかし、丸屋根の部分は、乾いた雪だけでつくるべし。防寒と通気効果が得られるからである。

内部に残った雪を集めて、スコップでかき出す。それによって、床が深くなり、半球状の空間があらためてつくられる。

一八、充分な時間があるときは、入り口に、長さ三ないし四メートル、幅六十センチ、高さ百二十センチのS字型トンネルを掘ることができる。直角に切ったブロックで垂直な側壁を付け、水平な板を切妻型に組み合わせて、天井をつくる。トンネルをS型にすることで、風や射撃から守られ、内部の光が洩れるのを防ぐことができる。イグルー本体と接するところで、トンネルを広げ、小さな前室（直径二メートルの小イグルー）とすることも可。前室は、機材置場やイグルー入室時に被覆の雪を払う場所として使用する（図一一二）。

Ⅸ．内装

一九、イグルーの雪床を凍結防止材で覆う。それには、シラカバ、ヤナギ、カラマツ、モミ、松などの枝、乾燥させた木の葉、灌木《かんぼく》、野草、乾かした苔、干し草、ワラ、紙、段ボール、獣皮、天幕布地、羊毛毛布、橇、スキーなどが適している。層状につくり、間隙部に多くの空気を含ませることが有効である。たとえば、最下部に天幕布地を敷き、その上に灌木を置き、さらに別の天幕布地を敷くといったやり方だ（「冬季野営」の節を参照せよ）。

二〇、イグルー内は、コンロ、ベンジンランプ、ロウソクなどで、容易に二十度以上に暖めることができる。ただし、頭の高さのところで、五度以上にならない程度に暖めるほうがよい。暖房は節約すべし。それによって、雪は乾燥し《ママ》、空気を含んだ状態のままになる。丸屋根のランプの直上にある部分は、立ち上る暖気に当たらないようにすること。丸屋根が凍ったときには、氷の部分をかき取り、外側から雪をかぶせる。イグルー内部を滑らかにし、突出部がないようにしておけば、融けた水も、ただ壁沿いに流れていくだけである。

　就寝前には、イグルー入り口の外側を雪製ブロックでふさぐべし。

二一、室内の明かり取りとして、雪壁の肩の高さに穴を四つ開け、氷片をはめこむ。この氷片は、枠のなかで水を凍らせてつくるか、天然のものを使用する。

　この窓は、氷片を割れば、銃眼として機能する。

X. 大型イグルーの構築

二二、イグルーを大きくしようとするほどに、構築は難しくなるから、最初は練習として、直径二ないし三メートルのイグルーをつくってみるのが適当である。

　実例として、いくつかのイグルーの規格寸法を次ページに示す。

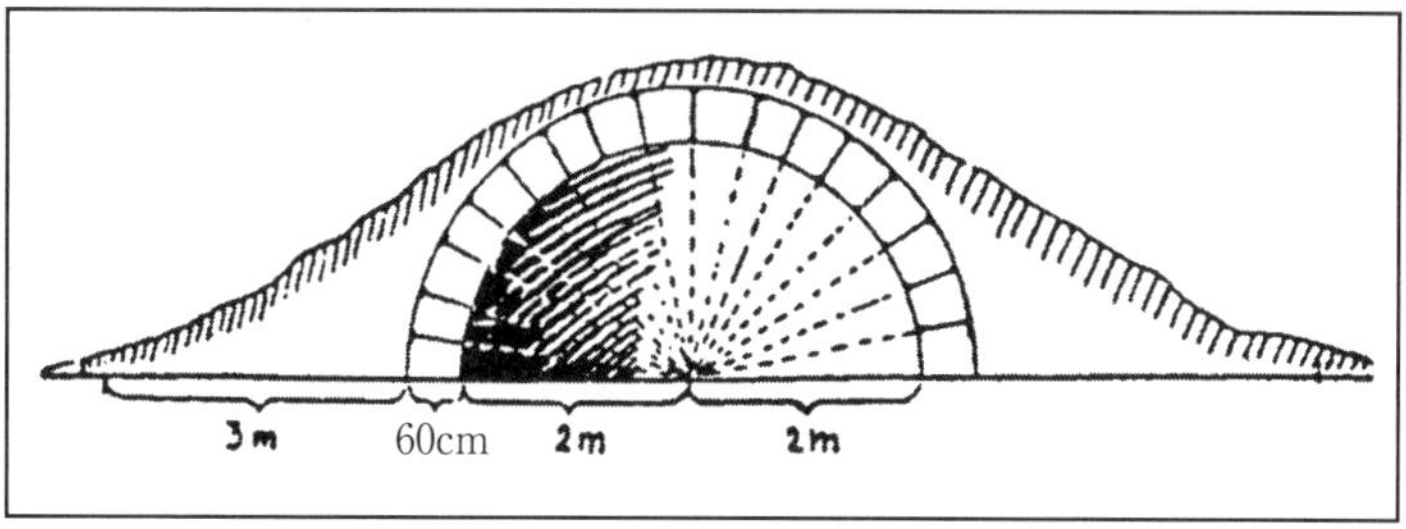

図一一一。雪を塗りかためたイグルーの断面図。

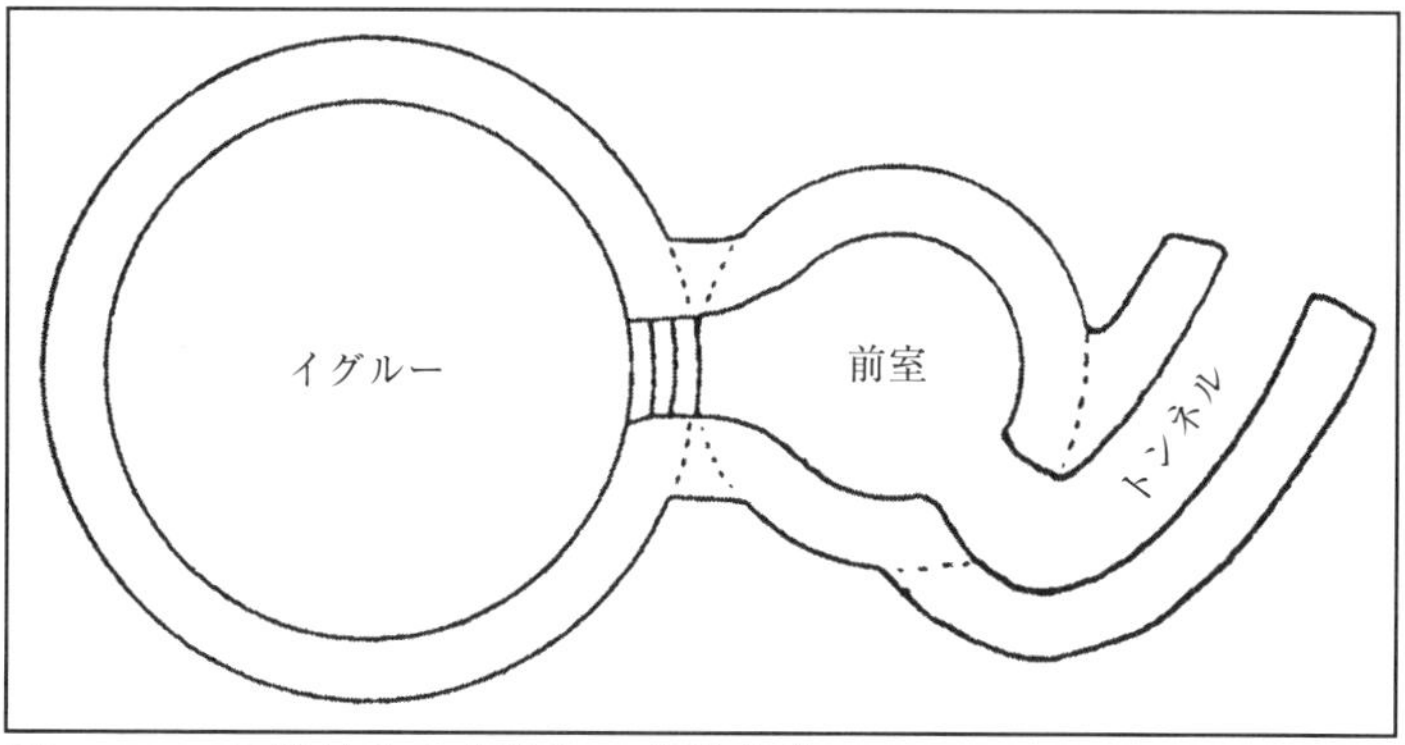

図一一二。前室付きのイグルー（平面図）。

直径			ゲージ、または雪製ブロックの寸法			宿泊収容人数
内径	外径		短辺（cm）	長辺（cm）	椀木部分の壁の厚さ（cm）	
(1) 200	300	もしくは	30	45	50	2－3
			40	60	50	
			30	40	50	
(2) 300	400	もしくは	45	60	50	5
			32	40	50	
(3) 400	500	もしくは	40	50	50	12
			35	42	50	
(4) 500	600	もしくは	50	60	50	18
			42	49	50	
(5) 600	700	もしくは	48	56	50	25

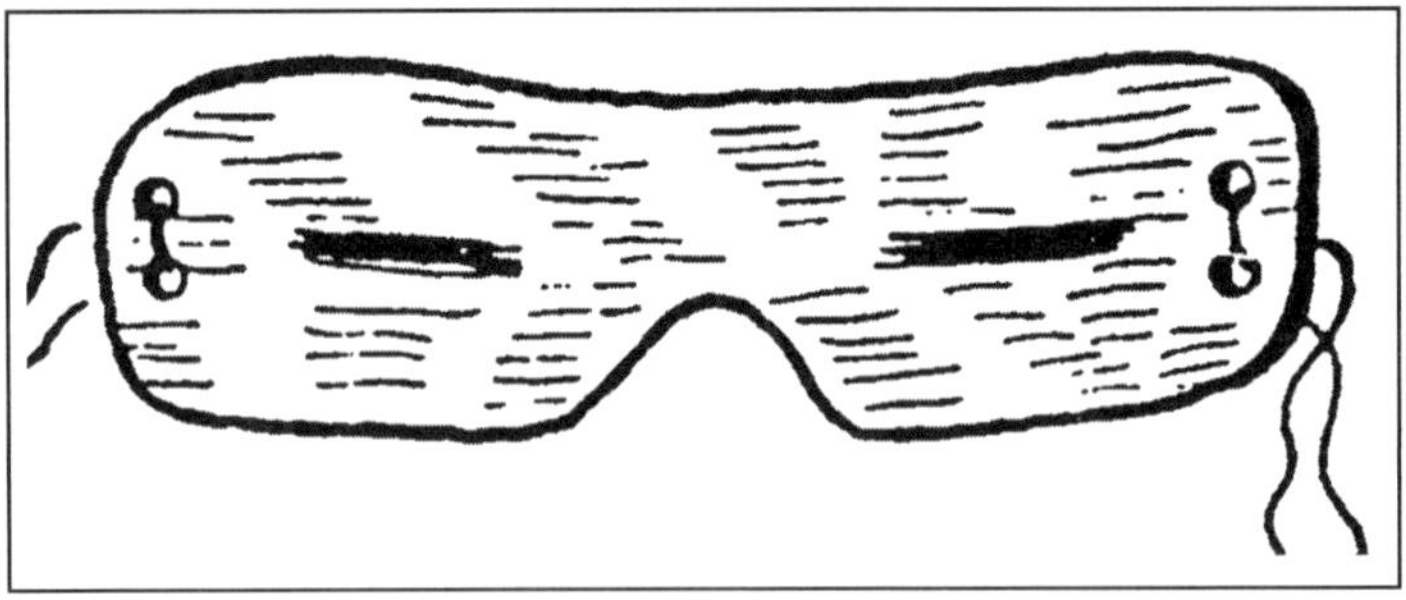

図一一三。

付録六　雪めがねの組み立て

冬の晴れた日には、白雪の反射光で眩惑される。

雪眼炎にかからないよう、雪めがねを自作すべし（図一一三）。シラカバの皮、樹皮、ボール紙を十八×七センチの大きさに切り取り、端の部分を落として、眼のところに穴（二ないし四ミリの切れ目）を開ける。下方に鼻をあてる切り欠きをつけ、両側に吊り紐を通す穴を開ける。雪めがねの内側には布を張る。

眼のあたる部分を切ったハンカチや布で巻くことも可。これは顔の防護や偽装にも役立つ。

付録七　泥濘・融雪期の靴の手入れ

一、手入れされ、良好な状態に保たれた靴類は、とりわけ湿った季節には、健康維持に貢献する。そのことを将兵に教え込むべし。

長靴の点検は、できるかぎり頻繁に行う。戦況の許す範囲で、現実に即した靴の手入れがなされているかどうかを点検すること。

二、融雪水はすぐに靴革に染みこみ、皮革、また、とくに縫合部の糸を傷める。靴革が防水されていなくとも、適当な処置をほどこすことにより、一定の耐水性を得ることが可能である。それゆえ、融雪期には、徹底的な靴の手入れがとりわけ重要となる。以下のヒントに注意すべし。

I．革靴

三、小さな傷でも可及的速やかに修繕してやること。融雪水で軟らかくなった皮革についた傷は、すぐに大きくなるからである。

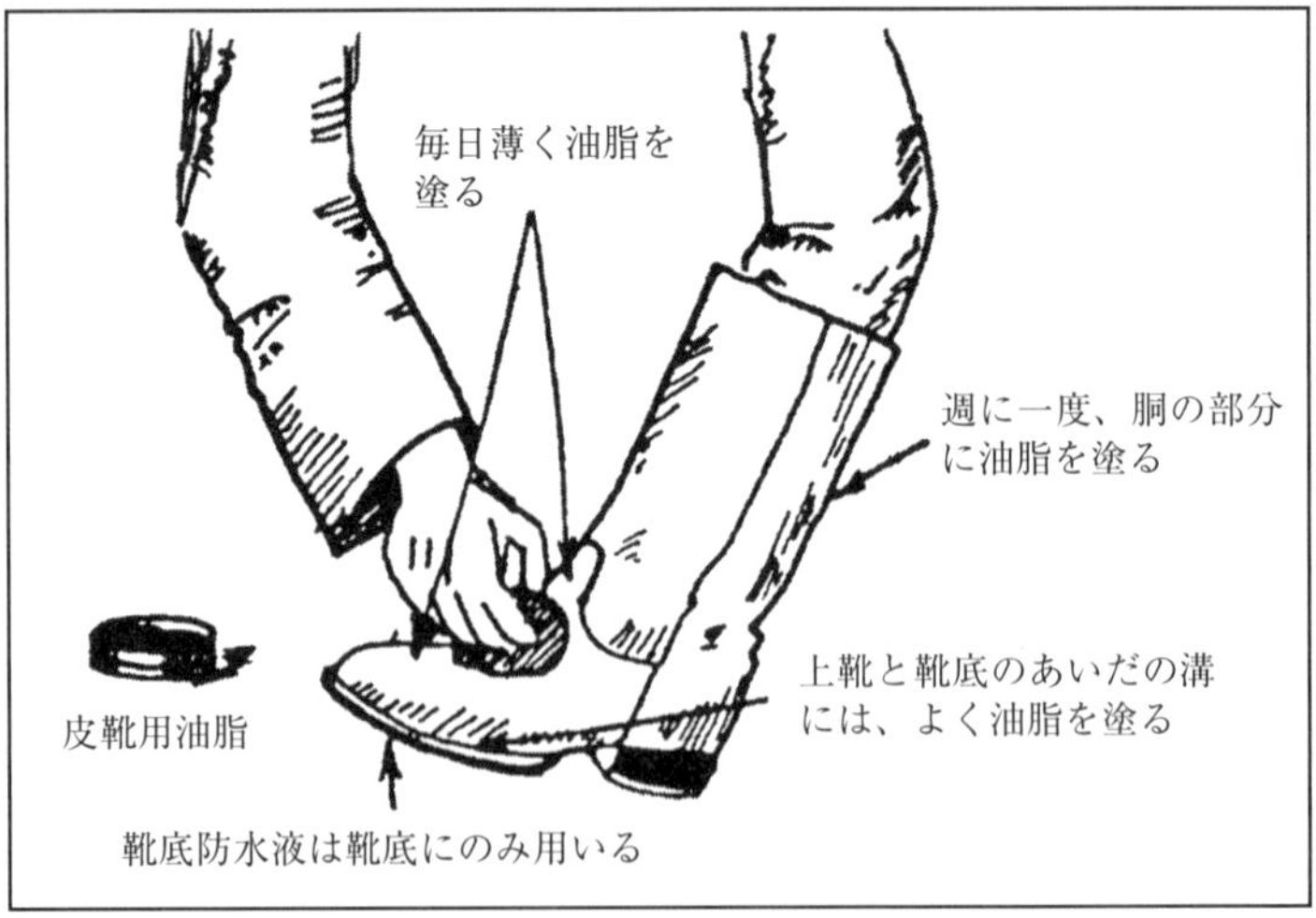

図一一四。

四、すり減った靴底鋲を引き抜いてはならない。そこに開いた穴から、融雪水が染みてくるからだ。その鋲のそばに、新しい鋲を打ち付けること。

五、靴底の摩滅を放置すると、底敷きが痛むので、そうならないようにする。

六、靴の部品が濡れたら、なるべく交換し（靴紐は付け直す!）、靴の内部は、布きれで拭き、紙、ワラなど水分を吸収する物を詰めておく。靴類は、適当な温度の場所で、ゆっくりと乾かす。靴が濡れているほど、熱い場所、ストーブ、焚火などで急速に乾かした際に、皮革部が割れる恐れが高まる。

七、毎日、ブラシや布きれで靴の汚れを落とすこと。上革からくるぶし下の部分まで、軽く油脂を塗る。布（指球〔親指付け根のふくらみ〕を使えば、もっとよい）に皮革用油脂をつけ、強くこすりつけること。油脂を温めれば、より皮革に染みこむようになる。だが、けっして油脂を塗りすぎてはならない。そうすれば、皮革から油脂が染みだし、靴下や足を汚すことになる。ただし、上革と靴底のあいだの溝には、防水のため、、たっぷりと油脂を塗ること。

八、週に一度、靴と清掃用具をぬるま湯で洗い、汚れや付着して樹脂化した油脂を徹底的に拭う。よく乾かしてから、前述のように上革に油脂を塗る。長靴の胴部に油脂を塗るのは、週に一度で充分である。

九、皮革用油脂の塗布により、靴革は柔軟な状態を保つ。なめし牛革の場合、靴クリームだけでは硬くなり、ひびが入りやすくなる。また、皮革の毛穴をふさぐため、足から出る湿気が長靴内部で結露し、凍傷を起こしやすくなる。

一〇、支給可能な場合は、靴底用の化学剤を使い、靴底の防水性を高め、より酷使に耐えられるようにする。

使用方法。まず靴底を清掃してから、化学剤を塗り、乾燥させる。靴底に化学剤が染みこまなくなるまで、この手順を繰り返す。月に一度か二度、この処置をほどこすこと。

靴底用化学剤は、皮革製の靴底にだけ使用し、ゴム靴底や上革に塗ってはならない。

Ⅱ．ゴム靴

一一、ゴム製の長靴や長靴上掛けは、原料不足に鑑みて、とくに大事にすべし。道路上行軍の際に履いてはならない。

一二、柔らかい布と冷水か、ぬるま湯で清掃する。熱湯、油、ベンジンなどは絶対に使ってはならないし、汚れ落としにアルコールを含んだ薬品を用いるのも不可である！　適当な温度の場所に吊り、乾燥させる。けっして熱いストーブのそば、もしくは、その上で乾かしてはならない。

一三、破損した場所は、ゴム用接着剤でゴム片を貼って修繕する。

Ⅲ．フェルト長靴

一四、雪が水を含むようになったら、もはやフェルト長靴を履いてはならない。濡れてしまったフェルト長靴では、もう保温効果は得られない。むしろ、フェルトのなかに入り込んだ湿気が、フェルト長靴の上革で結露し、足の体温を奪うのである。それゆえ、濡れたフェルト長靴は、寒気が少ないときであっても、凍傷を引き起こしかねない。

枠革、皮革・ゴム製の靴底、フェルト長靴には注意を払い、適当な温度の場所で乾かすべし！

付録八　緊急時の給養

ロシア軍は、パルチザンや敗残兵などに、以下の応急給養品を推奨している（わが調理教習部の実験によって、これらの方策は有効であると証明された）。

冷凍肉

一、冬季に食肉を保存するためのもっとも簡便な方法は、冷凍してしまうことである。調理したり、焼く前に、軽く濡らすか、かまどの上で解凍する。急いで準備することが必要な場合には、解凍しないまま、肉を小片に切り分け、飯盒の蓋に載せて、脂肪と少量の塩を加える。試食して適当な味になるまで、それを火にかけておく。融雪期には、温めた肉は腐りやすくなる。これを予防するには、肉を薄片に切り分け、かまどの上の鉄板で乾かして、塩をふりかける。このようにした肉は、比較的保存が利く。

そぎ切りにした魚、生魚、干し魚

二、冷凍した魚を切り身にする。これは、緊急時に、さらなる処理を加えなくとも、そのまま摂食できる。口中で冷凍は解けるが、胃を冷やさないようにすること。より質のよい魚は、切るのではなく、ナイフでスライスして、上等の魚片とする。

野生の果物

三、針葉樹林では雪の下にコケモモが、苔に覆われた湿地ではツルコケモモが見いだされる。松やモミのまつかさを火であぶると、それが開く。なかには栄養のある種子が入っている。黄色い地衣類は有毒であるが、他の地衣類、とくにアイスランド苔（鉄灰色）は、緊急時には、長時間の調理を加えた上で（洗浄し、細かく砕いて、油で一時間ほど蒸し、塩で味付けする）摂食することができる。

河川や湖の岸に生えるヨシの根の先は、焼くか、ゆでるかすれば、摂食できる（およそ三センチほどの切片を、油で四十五分蒸し、塩で味付けする）。

普通は苦いナナカマドや野生のリンゴも、霜が降りたあとには甘みを帯びる。

木粉

四、練り粉食品のかさを増すために、シラカバやトウヒ、松の若木の内皮からつくった木粉を使用することができる。内皮が露出するまで、外側の樹皮を注意深く剝ぎ取っていく。ついで、内皮を細く長く削りだす。何度もゆでたのちに（樹脂分除去のため）、内皮の切片を乾かし、細かく刻んで、粉末に砕く。一対二の割合で、木粉をライ麦粉に混ぜ、薄いパン生地に伸ばす。塩を加え、熱い油で焼いて、パンケーキにする。このようなパンケーキは消化しやすく、味もよい。

付録九　飯盒によるパン焼き

パン種とふくらし粉を飯盒に入れ、熱い灰のなかで温めることで、パンを焼くことが可能だ。ただし、これを行うのは、他の手段ではパンを調達できない場合のみである。ふくらし粉を使えば、簡単かつ迅速に、飯盒でパンを焼くことができる。

作業要領

(a)　**材料**

飯盒の蓋二杯分のライ麦粉、または小麦粉（約五百四十グラム）、飯盒の蓋半分ほどの冷水（約二百八十、もしくは三百立方センチ）、ふくらし粉一包み（十七グラム）、入手できる場合は茶さじ半分ほどの塩（約六グラム）。

(b)　**調理**

テーブル板などの堅固な土台の上に粉をぶちまけ、ふくらし粉と、もし手に入るようであれば塩を加え、よく混ぜる。

混ぜた粉にくぼみをつくり、そこに冷水をゆっくりと注ぐ。この粉と水を混ぜれば、中程度の硬さのパン生地が得られる。パン生地は、粥状であってはならず、また、硬すぎてもいけない。このパン生地を、平らに置いた飯盒の長さに応じて、ロール状のかたちにする。パン生地ロールを粉の上で転がしてから、飯盒のなかに水平に入れる。飯盒の蓋を閉め、水平に火の上にかけるか、すぐに燃えている木炭のなかに平らに置く（たとえば、キャンプファイアが燃え尽きるまで、およそ二時間かかる）。燃えている木炭のなかに入れた場合は、熱い灰で覆う。

パン生地を入れた飯盒は傾けてはならない。さもなくば、パン生地が飯盒に焦げ付いたり、燃えてしまうからである。

(c) **パン焼きの時間**　約一時間半。

マッチや木片を刺しておけば（パン生地に刺して、また引き抜く）、パン生地が飯盒に貼り付いてしまうことはなくなる。

飯盒を冷やしたのちに（約三十分）、そこからパンを注意深く取り出すこと。

付録一〇　スキーおよび小型橇での負傷者の搬送・後送

（衛生隊のみならず、すべての兵科に有用である）

一般

一、冬季戦の困難な事情のもとでは、負傷者の救出と後送について、特別の措置が必要となる。そのための訓練は、負傷者・凍傷者の応急手当の訓練における最優先事項である。負傷者の搬送には、なるべく優れたスキー手を使うべし。

二、スキー手が負傷者を背負って進むのは、例外に属する。きわめて熟練したスキー手のみが、そうした荷を背負って走ることができるからである。

三、天幕布地、野戦用担架、小型橇（衛生隊用橇）の使用によって、比較的速やかに、かつ安定した搬送を保証することができる。その際、救出側が移動を続けるのに、かんじきやスキーを使うか否かは、そのつどの戦況や地形・天候事情による。

時間と状況が許せば、負傷者搬送用に、臨時道を啓くか、踏み分け道をつくる。

図一一五。

要員一名による担送・搬送の方法

要員一名で負傷者を背負って運ぶ

四、担い手が負傷者を支える体勢。担い手は、右手で負傷者の左手首関節を抱く。負傷者の左手首関節を曲げて、できるだけ負傷者の足に密接させたかたちで、担い手の右肩にあてる。しかるのちに、担い手は、右手で負傷者の身体を前方に引き、可能なかぎり、担い手の首筋に乗るようにする。姿勢を正してから、担い手の左手で負傷者の左腕をつかみ、しっかりと背負う。平衡を保ち、ストックをあやつるために、右手は空けておく（図一一五）。

天幕布地を使った牽引

五、負傷者を天幕布地でくるみ、ベルトや綱と結びつける。それによって、この「包み担架」の頭側を握り、担送者のすぐあとを牽いていくことができるようになる（図一一六）。負傷者を銃撃戦の場から、掩護された地域に後送する際に使う。

要員二名による、天幕布地、もしくは野戦担架を使った担送

六、進行方向に向かって、横になるかたちに、負傷者を天幕布地の上に寝かせる。担送者二名が天幕布地の両端をつかみ、そのあいだで負傷者がかつがれる態勢になるから、担送者二名の両外側の腕は、スキーのストックをあやつるのに使えるようになる（図一一七）。この短距離用の担送方法には、天幕布地を提げている腕が疲れたら、担送手の位置を交代し、「あいだの荷物」を比較的容易、かつ安全に運べるという利点がある。

応急スキー橇

六a、スキー二組を使い、負傷者後送用の応急スキー橇を速やかにつくることが可能である。前端と後端には、強靱な木の枝を、針金か、紐で結びつける。その枝に牽き綱をつなぐこと（図一一七a）。木の枝、苔、毛布などを、負傷者の体温を保つ下敷きとして、スキーの上に置く。

野戦用担架

七、野戦用担架を使う際には、スキーよりもかんじきを優先して用いること。担架手は縦

図一一六。

図一一七。

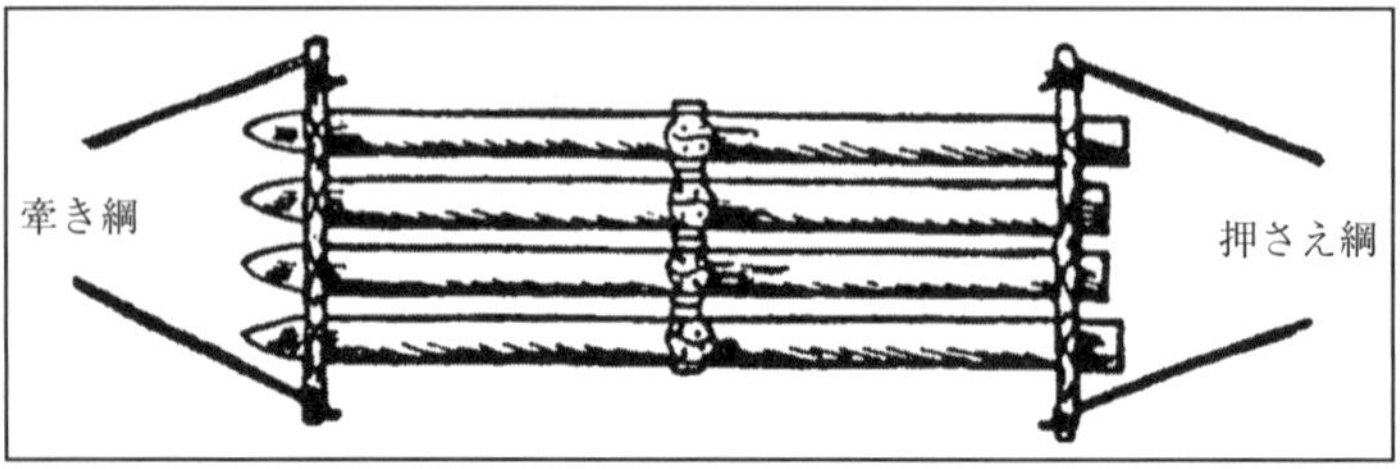

図一一七ａ。負傷者搬送にスキーの滑り板を用いる。

図一一八。

図一一九。

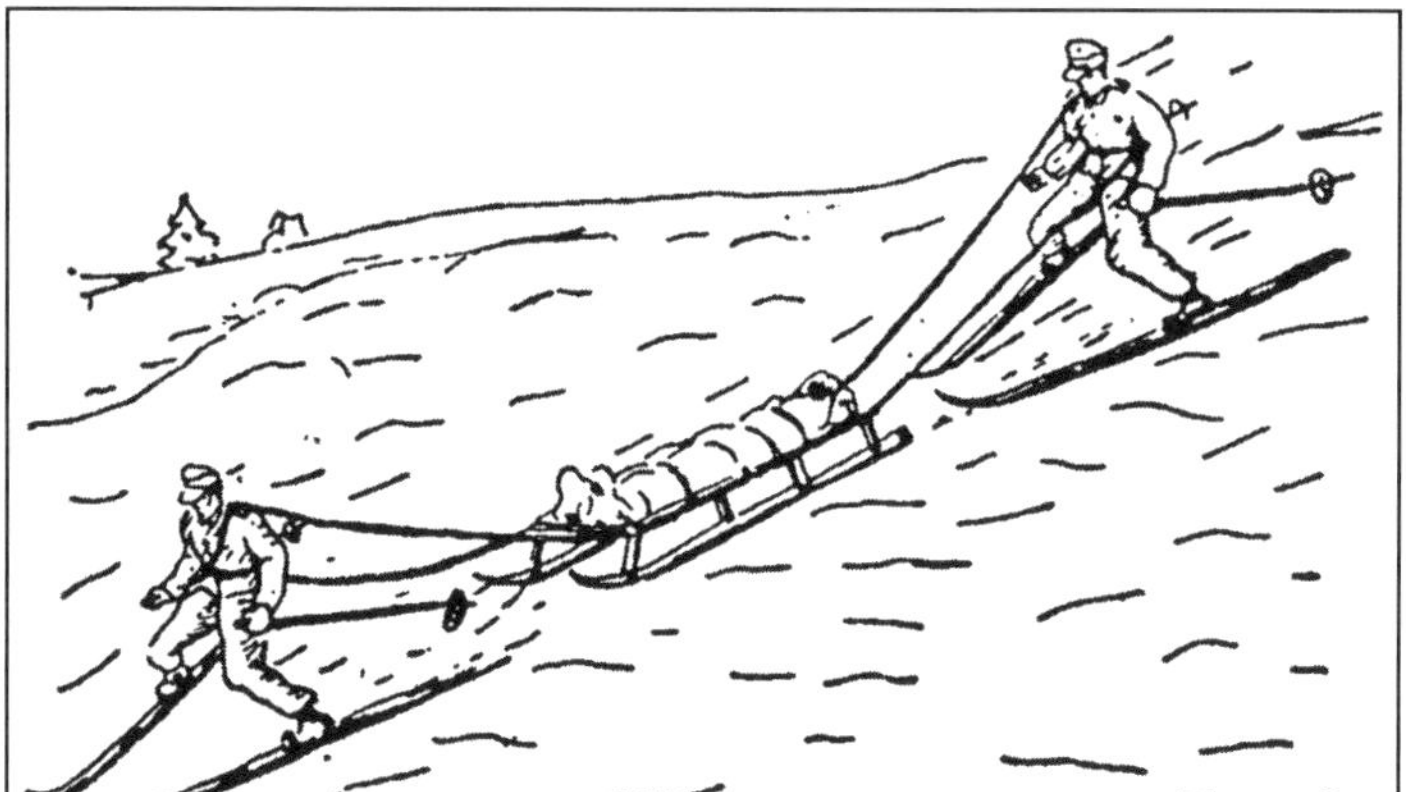

図一二〇。

隊で行軍しなければならないため、スキーのストックで担架を停止させることができないからである。

小型橇の使用

匍匐時

八、敵の視界内にあり、直接射撃を受けている地区で使う。スキーよりも、かんじきを優先して用いる。

ベルトや綱を使い、羊毛・毛皮製の毛布でクッションをつけた小型橇に負傷者をくくりつけ、担架手が匍匐した状態で引くか、押してやる（図一一八）。これは、たとえば、掩護された地区に負傷者を後送する場合に実行する。

スキー行

九、右記と同様の方法で負傷者を固定する。小型橇の前端につないだ綱を使い、スキー手が負傷者を牽引する（図一一九）。障害物がなく、積雪が好適な状態にある場合には、もう一名の要員を輸送補助につけることも可。通常、要員二名を配すれば、軽度の障害物を乗り越え、最大速度で進むことができる（図一二〇）。

付録一一　サウナ構築

構築

一、集落等に宿営する際には、可能なかぎり、所期の要求に応じた既存の部屋にサウナを構築する。部隊宿営所をあらたに設置する場合には、できるだけ、通常の宿営所のサウナ構築方法に従うこと。

野戦陣地においても、地下小屋のかたちでサウナを設置することが考慮の対象となり得る。しかしながら、排水に適切な配慮を払わなければならない。

二、周囲の壁や天井がよく保温効果を発揮することが、サウナを有用なものとする大前提になる（たとえば、丸太小屋では、ワラを混ぜた粘土で隙間をふさいだり、砂を包んだ粘土層をつくって、天井を遮蔽する）。

三、いかなる場合においても、内壁や天井、床に、木材を敷いてやること。

床の下に石材製の溝を設け、誘導排水路とする。

石の土台の上に、標石（最適なのは花崗岩《かこうがん》である）を緩く積み上げて、釜をつくり、漆喰は塗らない。

部屋から屋根に通風口を貫き、自在に排気されるようにする。

構築の詳細は、図一二一a～dに示した。

運用手順

四、室内の気温が六十ないし七十度になるまで、サウナの暖炉を数時間燃やす。シラカバ、ハンノキ、松の木材を燃料とする。

五、暖炉の火を消したあとに、そこで熱した石の表面に少量の湯をかける。この湯は、サウナ暖炉のなかに設置した温水容器から取る。そうして立ち上った水蒸気で、なお室内に残った煙を押しだし、屋根の通風口にみちびく。排煙が終わったら、排気口の跳ね蓋を閉ざし、水蒸気だけが室内に残るようにする。このとき、サウナでの入浴準備が整う。

六、入浴中にも、必要に応じて、ときに暖炉の熱石に湯をかけることを繰り返す。空気中の水分を維持、もしくは増加させるためである（図一二一a～d）。

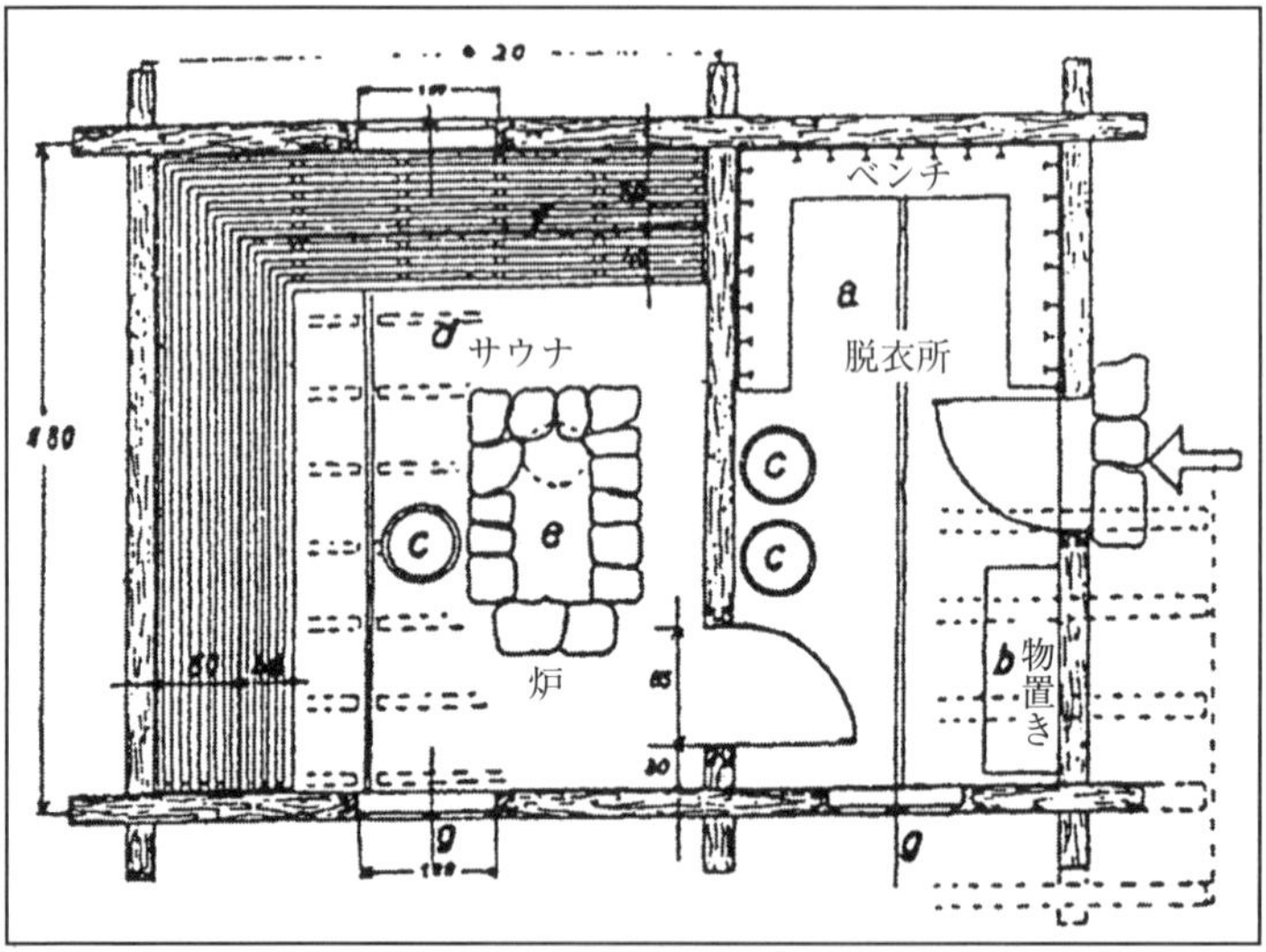

図一二一a。丸太小屋に設えたサウナ風呂。

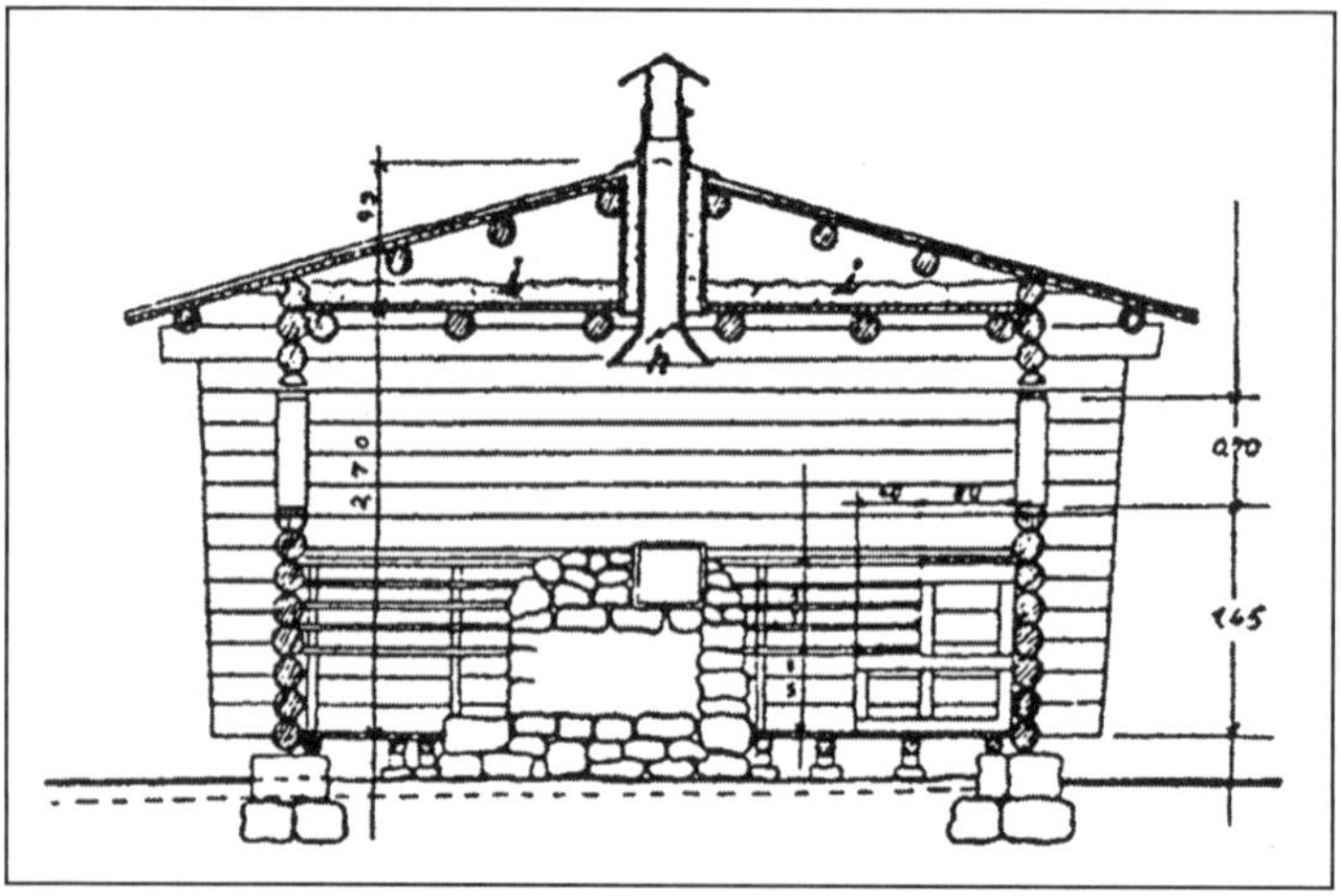

図一二一b。丸太小屋に設えたサウナ風呂（縦断面図）。

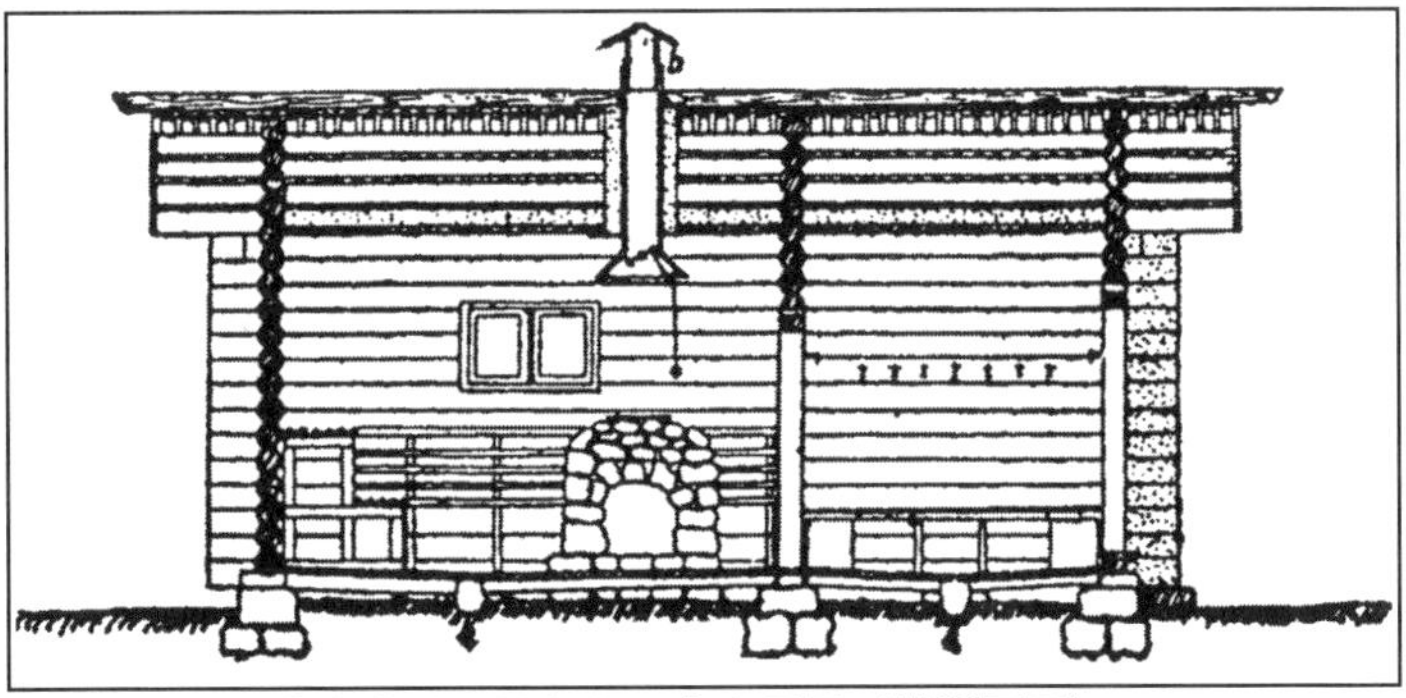

図一二一c。丸太小屋に設えたサウナ風呂（横断面図）。

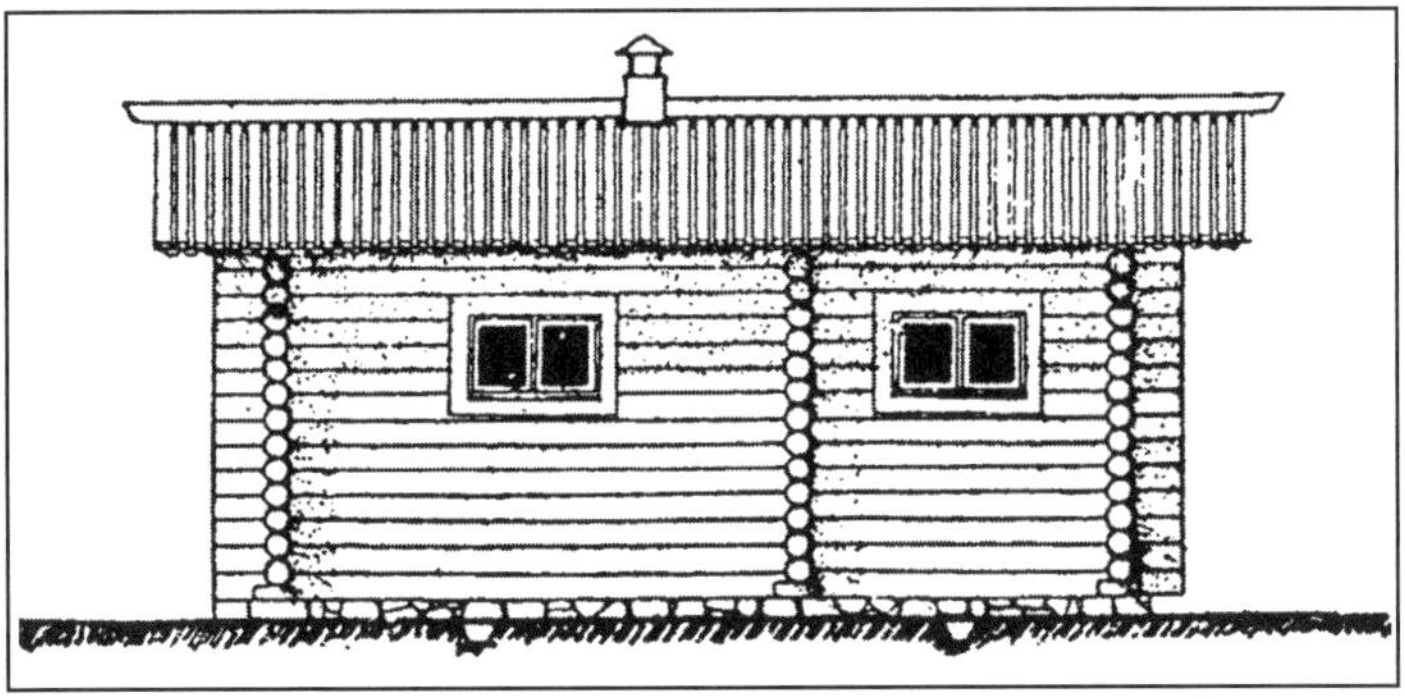

図一二一d。丸太小屋に設えたサウナ風呂（側面から見た図）。

付録一一a　スキー用具の割り当て

一、スキー初心者の上達には、長靴を含むスキー用具がその者に正しく合っているかどうかが重要だ。スキー用具の調整は、積雪前にすでにはじめておくことが可能である。最初に滑ってみて、必要だとわかれば、充分な改善をほどこす。

二、スキーの長さは、身長に相応していなければならない。腕を上に伸ばして、垂直に立てたスキーの先を容易につかめるようであれば、適切なスキーを選んだことになる。以下の表を手がかりとせよ。

身長	スキー長
一・六五～一・七メートル	二～二・〇五メートル
一・七～一・七五メートル	二・〇五～二・一メートル
一・七五～一・八メートル	二・一～二・二メートル
一・八メートル以上	二・一五～二・二メートル

体重が多い者には、幅広で安定したスキーか、中央部がよく湾曲したスキーを支給すること。さらに、一組となったスキーの、それぞれの重さや形態、木材の種類をなるべく一致させることに注意する。

三、より安全なスキー行のためには、適切な位置にバインディングを付すことが必要である。バッケンは、つま先まで靴に詰めた状態で、靴底の縁に合わせなければならない。靴のつま先は、バッケン前部の縁から三センチ以上高くならないようにすべし。

丸くなった靴底部分のエッジは、なるべくまっすぐに削る。バッケンとのあいだに革の靴底を挟めば、靴をより確実に固定し、靴底部分のエッジを守ることになる。バインディングは、広い歩幅が取れ、大股に進めるように留めなければならない。それらは、速やかに、かつ、いかなる態勢からも脱着できるようにすべし。かかと部分のベルトやケーブルが脱落するのを防ぐため、かかと部分に溝を刻んだり、革帯や留め金を付すことは目的にかなっている。

四、ストックは、固い地面に立てたときに、乳首の高さに届く程度に長いものを使うこと。ストックの手革として、手袋を二重に取り付け、こぶしを心地好く握れるようにする。

手革が大きすぎると、ストックの長さを完全に使いこなせず、ストックさばきが困難になる。スキーの雪輪は、あらゆる方向に回せなければならない。

五、獣皮のカバーや帯は、スキーの大きさに合わせること。ぴんと張ることに注意すべし。スキーの縁は、どの側でも、獣皮のカバーや帯から二ミリほどはみだしているようにする。それによって、スキー縁の清掃が容易になるのである。

付録一二　スキー・橇用具の手入れ

前置き

一、スキーや小型橇を装備した部隊の機動性や即応性は、何よりも、スキー・橇用具がそくざに使用できるか否かにかかっている。従って、そうした用具を継続的に注意深く手入れすることは当然の義務なのである。この作業には、武器の手入れと同様の意義がある。業務・訓練計画においても配慮すべし。

二、上官は頻繁に点検を行い、スキー・橇用具の状態と手入れについて、継続的に確認しておかねばならない。出動時には、用具にごくわずかな傷があっても、部隊の打撃力を損ないかねないものである。それゆえ、いかなる出撃においても、事前に、すべてのスキー・橇用具の修理と点検を徹底的かつ細心の注意を払って実施すべし。

Ｉ．スキー用具

滑走面の準備

三、スキーを保護し、寿命を延ばすために、原材料そのままの状態にある滑走面に、ラックニスか、木材保護剤（亜麻仁油《あまにゆ》、トウヒから取ったタール、大量にタールを含んだワックス）を塗ること。トーチランプや薪で焼きを入れることも目的にかなっている。その際、燃やした薪の上に、スキーの滑走面を当てる。その後、温めたタールを、手でていねいに滑走面に延ばしていく。スキーの木材がタールを吸わなくなるまで続けること。

　これによって、スキーの素材である木の穴が、染みこんだ液体でふさがれ、ワックスの粘着性が高まり、滑走面の寿命が延びる。

ワックス

四、一般に、ユニヴァーサル印の登行・滑降ワックスがもっとも適当である。雪の状態によって、種類や厚さを使い分け、さまざまに塗っていく。手で均等に塗り、延ばしていくこと。アイロンをかけるのは適当ではない。それによって、雪質に合わせたワックスの効果が損なわれるからである。

図一二二。

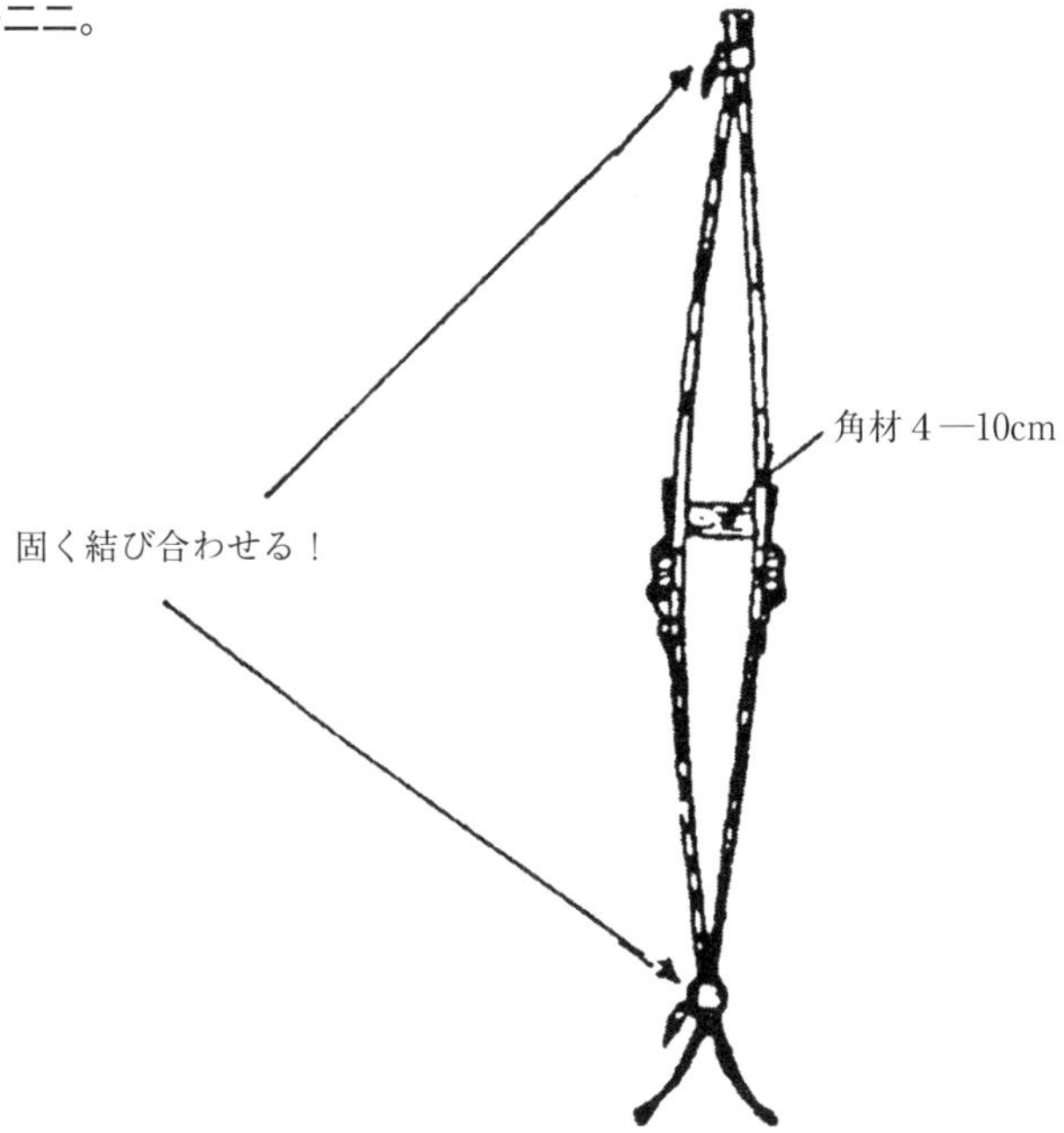

五、気温がマイナス二十ないし二十五度に下がったら、滑走面にもワックスを塗る。

六、氷結により凹凸ができた場合には、へらやナイフで雪や氷をこそげ落とす。ただし、後端部から先端部に向けて刃をあてていくこと。その後、滑降ワックスを塗る。

七、古くなったワックス屑は、ベンジンで洗うか、トーチランプ（薪）で燃やしてしまう。

保管

八、使用したスキーは、雪を落とし、傷がないか、点検する。原則として、スキーは先端部を下にして立てる。後端部を長期間、あるいは頻繁に湿った雪に立てると、スキーを傷める（滑走面が湿気を吸い込む）。

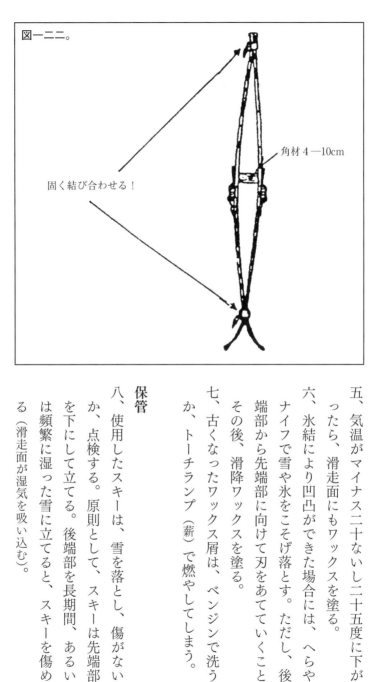

九、使用したスキーは、できるかぎり、つなぎあわせておく（図一二二をみよ）。あいだに角材を挟み、緊張を保つが、その具合はスキー手が必要とする湾曲度に合わせる（スキー手の体重が軽いほど、中央部を湾曲させる。重ければ、その逆とする）。

一〇、つなぎあわせたスキーは平らに置くか、先端部を下にして立てる。

一一、濡れたスキーは、一ないし二時間つなぎあわせておく。いかなる場合でも、滑走面を下にして、スキーを長時間雪中に置くことは避けるべし。それによって、滑走面が凍結してしまうからである。

一二、可能であれば、適当に暖められ、乾燥した部屋を倉庫とする。どんな場合であろうと、スキーをストーブや焚火で乾燥させてはならない。反ったり、ゆがんだりするからだ。

修繕

一三、注意深い取り扱いと点検によって、大きな損傷を防ぐことができる。

一四、工具、釘、ねじ、ブリキ板（空き缶からつくる）、先端部に当てる金具の予備、紐（ベルト）を常に携行すべし。

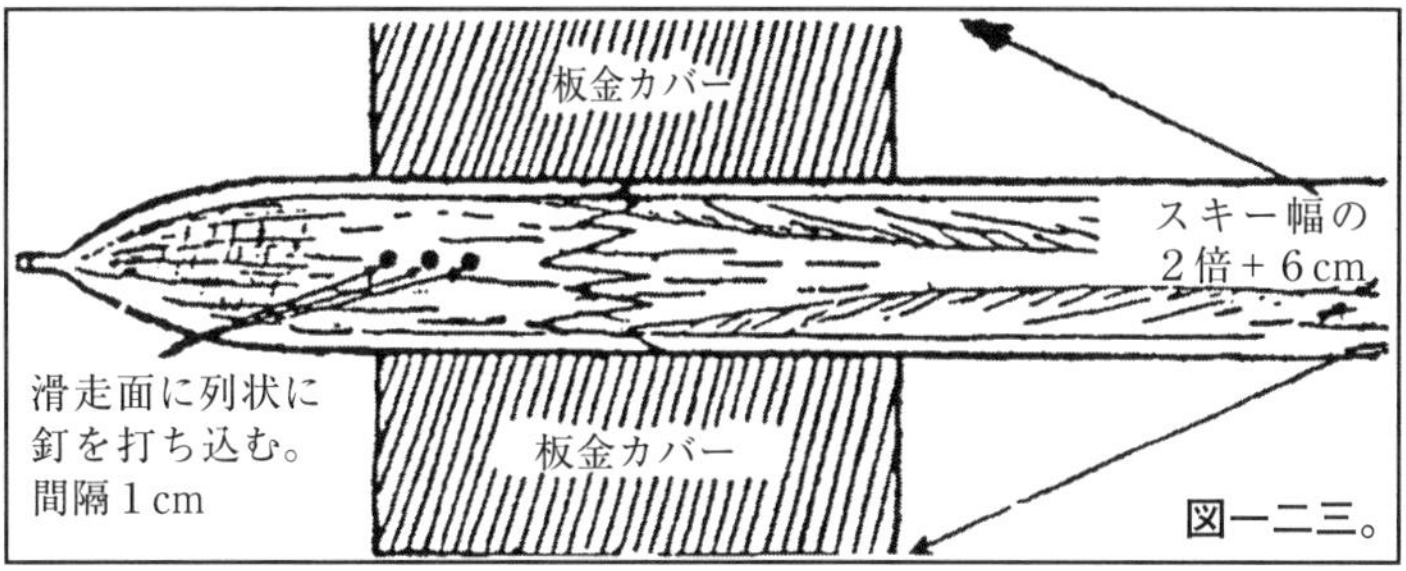

図一二三。

一五、スキーの先端部がこわれたら、携行した先端部用金具と交換し、宿営時にブリキ板のカバー（空き缶からつくる）を当ててやる。滑走面がこわれた場合にも、同様の処置が有効である（図一二三をみよ）。

バインディング

一六、スキーの能力は、バインディングの位置に左右される。加えて、付録「スキー用具の割り当て」を参照せよ。

一七、バインディングの皮革部分は、軽く油脂を塗った状態にしておく。ただし、塗りすぎると、革がぶよぶよになってしまう。皮革部分の手入れはなるべく、気温がマイナス五度を下回らないような、比較的暖かい日か、一ないし二日、室内（室温が氷点下にならないところ）にスキーを置いておけるときに行う。

　スキーの鋭い縁にかぶさるベルトやケーブルは、できるかぎり、その位置を変えてやる（すり切れる恐れがある）。

一八、バッケンのねじは毎日点検すること（油を差す）。すり減ったねじは、糸や麻くず、のこくずを詰めて固定することができる。

スキーのストック

一九、スキーのストック、とくに籐《とう》のストックは、急激な気温の変化にさらされないようにしなければならない。ストックの保管は、スキー板のそれと同様の原則に従うべし。いかなる場合でも、ストーブや焚火で乾かしたり、そのそばで保管してはならない。そさもなければ、割れて、使いものにならなくなるからである。

ストックの皮革部分は、結び目のところに軽く油脂を塗っておく。

二〇、ひびの入ったストックは、紐や絶縁テープを巻きつけて、ほぼ修繕前の強度に戻すことができる。

折れたストックには、木の枝か、他のストックを使って、副木を当てる。

二、橇用具

橇の手入れ

二一、木製の部分、とくに滑り木には、それに適した油（木材に浸透する油）を使って、手入れしてやる。

二二、金属製のブレードには、頻繁に油脂（錆止め油脂）を塗らなければならない。

二三、橇に荷物を積載するときには、荷重過多にならぬよう、また、高すぎる位置に積まぬように注意する。それによって、橇の損傷がもっとも効果的に防止される。

二四、長距離行軍の際には、時おり橇を点検し、何らかの障害（ねじの緩みなど）があれば修繕する。こうした処置は、どんなかたちであれ、橇を長時間使用する場合に適用される。

保管

二五、いつでも橇を使ったら、雪と氷を落とし、乾いた、風よけのある場所に保管すること。木材や木の枝を敷けば、滑り木の凍結防止になる。

皮革部分の手入れ

二六、皮革部分には、ごく少量の油脂を塗る。ただし、塗りすぎると、革がぶよぶよになってしまう。皮革部分の手入れはなるべく、気温がマイナス五度を下回らないような、比較的暖かい日か、一ないし二日、室内（室温が氷点下にならなところ）に橇を置いておけるときに行う。

二七、硬く凍りついた皮革は、火のそばか、暖かい部屋で融かし、乾燥させるのが、もっとも適切である。

付録一三　雪板による塹壕の掩蔽

以下のやり方で、塹壕を雪板で掩蔽することが可能である。

一、建　材

たとえば、零度以下で風に圧迫されるか、固着した窓ガラス状の雪。障害物付近の雪の吹き溜まりで、もっともよく見つかる。

二、構築用具

のこぎり、スコップ、鋤、スキー、大鎌、鎌、板、銃剣など、雪の切り出しに適するもののすべて。手のこや回し引きのこぎりが最適であることがわかっている。組み合わせた雪板を支える手段として、木製のT字型支柱をつくる。

三、作業手順

(a) 六十×四十センチの大きさで（塹壕の幅に合わせる）、厚さ十五センチの長方形の雪板を切り出す。

(b) 雪板を塹壕に運び（イグルー構築の場合と同様、橇、斜面、スキーなどを用いる）、その両端に並べる。

(c) 向かい合うかたちで、塹壕両側に置かれた雪板二枚の両端を斜めに削ぎ、断面が台形（下底六十センチ、上底五十センチ）を描くようにする。塹壕の縁も斜めに削ぐ。

(d) 雪板三枚をスパン百二十センチ（塹壕の幅に合わせる）のアーチ状に組み合わせる。両側面の雪板は、水平の線からおよそ四十五度に傾け、そのあいだ、塹壕の上に三番目の雪板を水平に置く。中間の雪板は、要員一名が、両手か、T字型支柱を使って、支えておく。三枚の雪板が貼り合わされるまでの時間は、ほんの数秒ほどである。その際、雪板を隙間なく密着させなくともよい。同様に、アーチ屋根の高さを均等にする必要もない。

(e) アーチ屋根には、固まっていない雪をかぶせる。溝や穴を埋めること。それによって、数時間のうちにアーチ屋根が凍って、人間を乗せられるほどの強度が得られる。

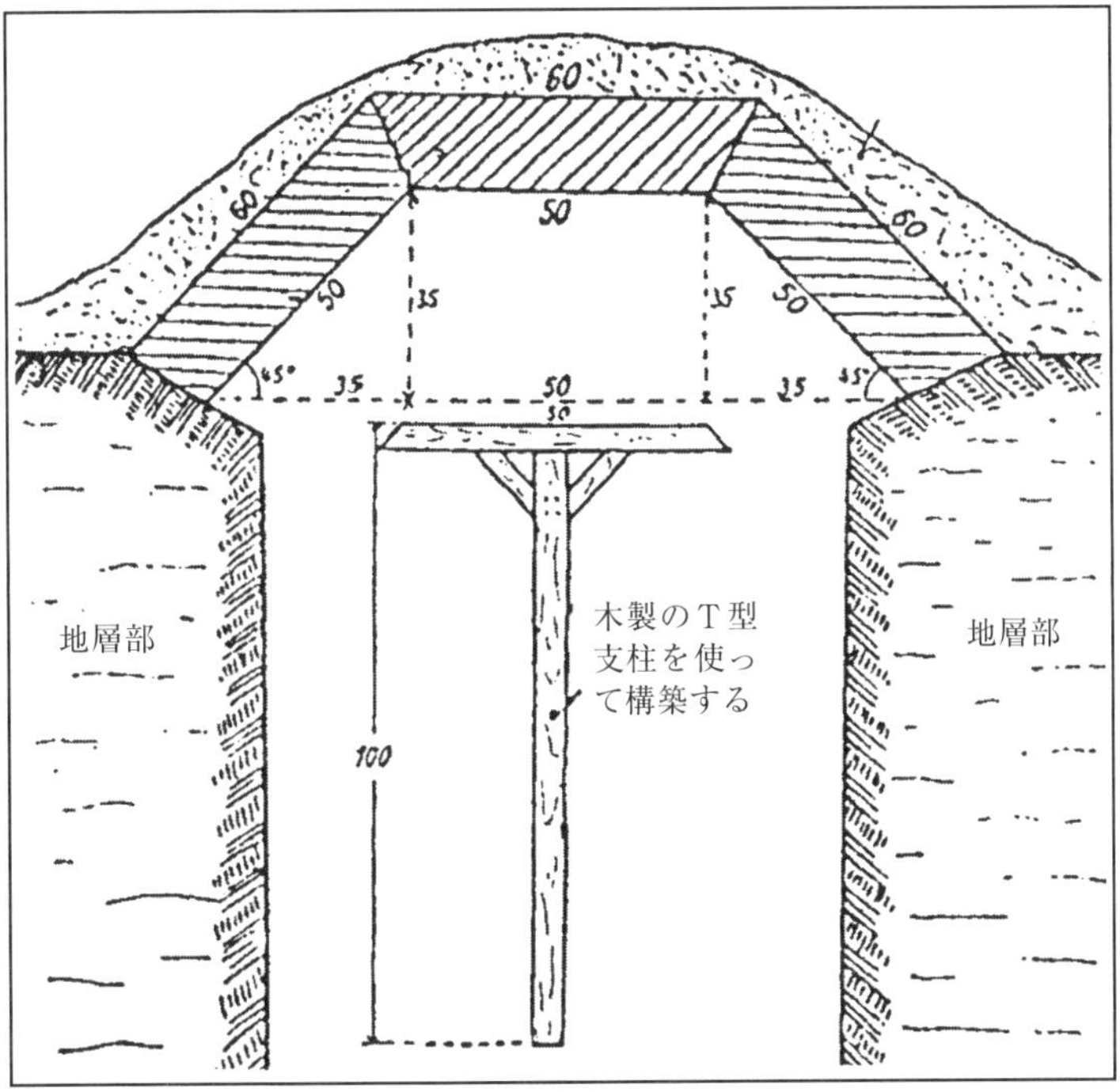

図一二四。雪板を使った掩体壕の構造図。

図一二五。雪板を使った掩体壕。

(f) 銃眼を開けることも可。その前に雪板を置いて、偽装すること。

(g) 詳細については、図一二四ならびに一二五に示す。

付録一四　宿営所および地下壕における一酸化炭素ガスの防護

Ⅰ．一　般

一、防寒のために、宿営所や地下壕を密閉する場合も、自然の換気を止めることは許されない。

二、以下の目的のため、換気が必要となる。

(a)　ストーブの燃焼による一酸化炭素中毒を防ぐため。

(b)　常に一酸化炭素を含んでいる砲煙・硝煙による中毒を防ぐため。

Ⅱ．ストーブから生じる一酸化炭素の防護

三、あらゆる種類の宿営所、また地下壕に設置されたストーブには、支障なく戸外に通じる排気管を付さなければならない。ドアを開くか、とくに通気孔を設けることにより、常に外気が流入するようにしなければならない。

四、外気が入らないよう、ストーブを燃やしている地下壕などを密閉することは不可。ド

アを開くか、とくに通気孔を設けることにより、常に外気が流入するようにしなければならない。

五、ストーブを焚くときには、空気取入口とつながっていないかぎり、けっして密閉してはならない。密閉すれば、不完全燃焼が起こり、一酸化炭素が発生するからである。排気管に、引き戸や調整用の蓋などを設置してはならない。そうした装置がすでにある場合には、けっして密閉しないこと。

六、ストーブを焚いている宿営所や地下壕の扉に施錠してはならない。そんなことをすれば、外から開けられなくなる。

七、就寝中も火を焚きつづけなければならないときには、ストーブの管理と必要な換気を実行させるため、火の番を配する。

八、応急暖房装置（横木焚火、穴を開けた空き缶に熱した灰や木炭を詰めたものなど）を用いる場合には、直接の排気がなされないため、一酸化炭素中毒の危険が高まる。そのような際には、燃焼ガスを適当に戸外にみちびく開口部をつくり、新鮮な空気が充分に流入するように配慮しなければならない。

解　説

命もて購われた教訓――
『ドイツ国防軍　冬季戦必携教本』を読む

大木《おおき》　毅《たけし》

本書は、一九四二年十一月に刊行された『ドイツ国防軍 冬季戦必携教本』[1]の全訳であり、すでに翻訳刊行されている『ドイツ国防軍 砂漠・ステップ戦必携教本』[2]の姉妹編ともいうべき文献である。ただし、この冬季戦教本は、軍の教育訓練に使用されたのみならず、一般にも市販されたらしい。戦時下の燃料不足にみまわれた国民にも有益だと判断されたものか。おそらくは、必要に迫られて、急ぎ製作されたものと思われ、節や項目のナンバリングなどに、若干の混乱もみられる。

ともあれ、こうした教本が編纂された背景には、砂漠・ステップ戦教本の場合と同じく、ドイツ国防軍が、想定していなかった地域、しかも、予想だにしなかった気候での戦闘を強いられたことがある。

一九四一年六月二十二日、ヒトラーの命により、ドイツ国防軍はロシアに侵攻した。秘匿名称「バルバロッサ」を付せられた、北はフィンランドから南は黒海までの広大な戦線における一大攻勢作戦であった。この「バルバロッサ」作戦の緒戦で、ドイツ軍は圧倒的な戦果を挙げたが、しだいにその進撃は鈍り、ついには反撃を受けて、攻勢の挫折に至る。その過程でドイツ軍を苦しめたのは、ソ連軍だけではなかった。雨が降れば泥沼になるような道、巨大な湿地、ステップ地帯……。西欧や中欧の平原や森林で戦うための訓練・装備をほどこされたドイツ軍にとっては、ロシアの自然もまた危険な敵となったのである。

秋の泥濘期（長雨によって、地表が泥沼と化す）が過ぎ、冬が到来するとともに、彼らの困難はいや増した。名にし負うロシアの厳寒が襲いかかったのである。ちなみに、一九四一年から一九四二年にかけての冬は、一種の異常気象、観測史上稀《まれ》な厳寒だったという。

この冬将軍に加えて、ソ連軍が総反攻に出たために、ドイツ軍前線部隊は悲惨な状況におちいった。クルト・グルーマンというドイツ陸軍中尉の日記をもとにした、あるノンフィクションから引用しよう。

容赦のない寒さが、絶望感に追い打ちをかけた。グルーマンは、二着の外套の上から毛布を被り、体を温めようとした。それでも寒さが、「体全体を刺し通した」。間に合わせの野戦病院は、第二度、第三度の凍傷にかかった兵士で満杯だった。「腫れ上がった足は、水ぶくれになり、足というより、形を失った醜い肉塊と化している。壊疽《えそ》が始まっている兵士もいた。雨あられと降ってくる榴散弾をかろうじて切り抜けた兵士も、ここでは傷病兵になっている」。この期間に凍傷により、身体障害者になった兵士の数が、戦場での負傷が原因でそうなった者よりも、はるかに多い部隊もあった。❖3

ドイツ軍がかかる窮境におちいった理由の一つに、ヒトラーと国防軍首脳部が、短期戦でソ連を打倒できると確信していたために、冬季装備が充分に支給されていなかったことがある。少なからぬ数の将兵が夏服のままで、厳冬を迎えるはめになったのである。

しかし、この指摘は、事実ではあるが、ことの一面しかみていない。本質的な問題は、冬季装備の有無ではなく、ドイツ軍の輸送能力にあった。当時、東部戦線の兵站維持は、主として鉄道に頼っていた。だが、ロシアの鉄道は広軌であり、ドイツの鉄道機材を使用するには、標準軌に敷き直す必要がある。その作業は遅々として進まず、ドイツ軍の進撃とともに前線が東に移るにつれて、鉄道による補給はやせ細っていった。にもかかわらず、決戦によりソ連軍を屈服させることを追求したドイツ軍は、兵器の補充や弾薬・燃料の輸送を優先したため、冬季装備の前送をないがしろにしていた。ロシアの冬がやってくるとともに、そのつけがまわってきたのである。ポーランドその他の策源地には、滞留した冬季装備が山と積まれているのに、前線には、ほとんど届かぬというありさまだったのだ。

かくて、ドイツ軍将兵は、現場の応急処置によって、ロシアの冬、それも観測史上有数の厳冬を過ごさなければならなくなった。彼らは、ときに戦友の生命を代償としながら、極寒を耐え忍ぶすべを覚えていった。そのような知見をまとめ、続く味方部隊のための手引きとしたのが、『ドイツ国防軍　冬季戦必携教本』なのである。

本書は、冬はいかなる影響をおよぼすのか、雪とは何かという大前提からはじまり、具体的な対策に移っていく。そこでは、単に厳寒をしのぐだけではなく、逆に雪や寒さを利用し、味方とするわざまでも記されていく。その内容は、訓練、位置標定、捜索や見張、行軍や宿営の要領、馬匹の扱いやスキーの手入れなど多種多様で、ドイツ国防軍が予期していなかったロシアの冬季戦を乗りきるために知恵を振り絞ったさまがうかがわれる。たとえば、雪のブロックでイグルーを構築する、あるいはスキーで応急の橇をつくるといったことへの詳細な記載には、軍隊という存在を通り越して、人間の生き残ることへの執念といったものを感じさせるほどだ。

それらについては、本文をお読みいただきたいが、ただ一点だけ、当時ドイツの盟邦だったフィンランドの軍隊のやりようが、しばしば参照されていることを指摘しておこう。近代的な軍隊としては、ドイツ軍はフィンランド軍よりもずっと進んでいたものの、こと冬季戦となれば、極北の風土に鍛えられたフィンランド兵のほうが一日の長があり、彼らに教えを乞わざるを得なかったものとみえる。

いずれにせよ、本教本は、ロシアの厳冬のなかで、ドイツ兵が命懸けで学び取った教訓をまとめたもので、その一部は現在でも有効だ。加えて、間接的ではあるが、当時の東部戦線の実相を、兵士の視座からうかがわせてくれる貴重な史料であるといえよう。これを全訳・刊行できたことを喜びたい。

また、今回も、作品社の福田隆雄氏に、多数の図版作成を含む、面倒な編集作業を引き受けていただいた。末筆ながら、記して感謝申し上げたい。

❖註

(1) *Taschenbuch für den Winterkrieg*, Berlin, 1942.

(2) Merkblatt 18a/23 (Anhang 2 zu H.Dv.1a Seite 18a lfd. Nr.23), Taschenbuch für den Krieg in Wüste und

Steppe vom 11.12.1942. ドイツ国防軍陸軍総司令部『ドイツ国防軍　砂漠・ステップ戦必携教本』、大木毅訳、作品社、二〇一九年。

(3)　アンドリュー・ナゴルスキ『モスクワ攻防戦――20世紀を決した史上最大の戦闘』、津守滋監訳、津守京子訳、作品社、二〇一〇年、三六二頁。

【訳・解説者】

大木　毅（おおき・たけし）

1961年東京生まれ。立教大学大学院単位取得退学。DAAD（ドイツ学術交流会）奨学生としてボン大学に留学。千葉大学その他の非常勤講師、陸上自衛隊教育訓練研究本部講師を経て、現在著述業。主な著作に『ドイツ軍事史』（作品社、2016年）、『灰緑色の戦史』（作品社、2017年）、『「砂漠の狐」ロンメル』（角川新書、2019年）。主な監修書に『軍隊指揮』（作品社、2018年）、R・J・エヴァンズ『第三帝国の到来』上・下（『第三帝国の歴史』〔全六巻〕、白水社、2018年〜　）。主な訳書にイェルク・ムート『コマンド・カルチャー――米独将校教育の比較文化史』（中央公論新社、2015年）、M・メルヴィン『ヒトラーの元帥 マンシュタイン』上・下（白水社、2016年）、W・ネーリング『ドイツ装甲部隊史1916-1945』（作品社、2018年）など。

ドイツ国防軍 冬季戦必携教本

2019年7月5日　第1刷印刷
2019年7月10日　第1刷発行

著　　者　ドイツ国防軍陸軍総司令部
訳・解説者　大木　毅
発 行 者　和田　肇
発 行 所　株式会社 作品社
〒102-0072 東京都千代田区飯田橋 2-7-4
電　話　03-3262-9753
ＦＡＸ　03-3292-9757
http://www.sakuhinsha.com
振　替　00160-3-27183

装　　丁　小川惟久
本文組版　(有)一企画
印刷・製本　シナノ印刷㈱

落・乱丁本はお取替えいたします。
定価はカバーに表示してあります。

Ⓒ 2019 by Sakuhinsha, Takeshi Oki

ISBN978-4-86182-748-8 C0031

ドイツ国防軍砂漠・ステップ戦
必携教本

1941年から42年にかけての、北アフリカのロンメル軍団の砂漠戦経験、ソ連南部のステップ地帯でのドイツ軍戦闘体験から抽出された教訓。実践マニュアルをドイツ語原文から初訳！ドイツ国防軍陸軍総司令部／大木毅編訳・解説

ドイツ装甲部隊史
1916－1945

ヴァルター・ネーリング　大木毅 訳

ロンメル麾下で戦ったアフリカ軍団長が、実戦経験を活かし纏め上げた栄光の「ドイツ装甲部隊」史。不朽の古典、ついにドイツ語原書から初訳。

マンシュタイン元帥自伝
一軍人の生涯より

エーリヒ・フォン・マンシュタイン　大木毅 訳

アメリカに、「最も恐るべき敵」といわしめた、“最高の頭脳”は、いかに創られたのか？“勝利”を可能にした矜持、参謀の責務、組織運用の妙を自ら語る。

パンツァー・オペラツィオーネン
第三装甲集団司令官「バルバロッサ」作戦回顧録

ヘルマン・ホート　大木毅 編・訳・解説

将星が、勝敗の本質、用兵思想、戦術・作戦・戦略のあり方、前線における装甲部隊の運用、そして人類史上最大の戦い独ソ戦の実相を自ら語る。

戦車に注目せよ
グデーリアン著作集

大木毅 編訳・解説　田村尚也 解説

戦争を変えた伝説の書の完訳。他に旧陸軍訳の諸論文と戦後の論考、刊行当時のオリジナル全図版収録。

ドイツ軍事史
その虚像と実像

大木毅

戦後70年を経て機密解除された文書等の一次史料から、外交、戦略、作戦を検証。戦史の常識を疑い、“神話”を剥ぎ、歴史の実態に迫る。

軍隊指揮
ドイツ国防軍戦闘教範

現代用兵思想の原基となった、勝利のドクトリンであり、現代における「孫子の兵法」。【原書図版全収録】旧日本陸軍／陸軍大学校訳 大木毅監修・解説

歩兵は攻撃する
エルヴィン・ロンメル

浜野喬士 訳　田村尚也・大木毅 解説

なぜ、「ナポレオン以来の」名将になりえたのか？そして、指揮官の条件とは？　“砂漠のキツネ”ロンメル将軍自らが、戦場体験と教訓を記した、幻の名著、ドイツ語から初翻訳！【貴重なロンメル直筆戦況図82枚付】

「砂漠の狐」回想録
アフリカ戦線 1941～43

エルヴィン・ロンメル　大木毅 訳

DAK（ドイツ・アフリカ軍団）の奮戦を、自ら描いた第一級の証言。ロンメルの遺稿遂に刊行！【自らが撮影した戦場写真／原書オリジナル図版、全収録】